融会贯通——工程软件应用系列丛书

序号	书　　名	著　译　者	出版时间	定价
1	SAP2000 中文版使用指南(附盘)	北京金土木软件技术有限公司	2006	88
2	FLAC 原理、实例与应用指南(附盘)	刘波 韩彦辉(美)	2006	80
3	SAP2000 桥梁结构分析应用方法与实例(附盘)	张洪俊	2005	22
4	SAP2000 结构分析简明教程(附盘)	陈世民等	2005	22
5	Algor 有限元分析软件实例教程(附盘)	刘长利等	2005	36
6	Algor、Ansys 在桥梁工程中的应用方法与实例	张立明等	2003	30
7	AutoCAD2006 道桥制图	张立明	2006	35
8	从基础到实战——AutoCAD 在建筑设计中的应用与技巧	张　喆	2007	50
9	桥梁设计专业软件应用方法与实例	张文学	2008	待出版
10	桥梁结构软件 MIDAS/CIVIL 应用方法与工程实例	MIDAS 公司	2007	待出版
11	桥梁结构软件 MIDAS/CIVIL 常见问题解答	MIDAS 公司	2007	待出版
12	建筑结构有限元分析指南	王　建	2007	待出版
13	ANSYS 工程结构数值分析	王新敏	2007	68
14	AUTOCAD 桥梁实例教程	陈世民	2007	待出版
15	ADINA 入门与实例详解	陈权等	2007	待出版
16	多高层结构计算机辅助设计——PKPM 软件应用	邓　芃	2007	待出版
17	PKPM 设计软件参数定义丛书——S-1	中华钢结构论坛	2007	待出版
18	PKPM 设计软件参数定义丛书——S-2	中华钢结构论坛	2007	待出版
19	PKPM 设计软件参数定义丛书——S-3	中华钢结构论坛	2007	待出版
20	PKPM 设计软件参数定义丛书——S-4	中华钢结构论坛	2007	待出版
21	PKPM 设计软件参数定义丛书——S-5	中华钢结构论坛	2007	25
22	PKPM 设计软件参数定义丛书——STS	中华钢结构论坛	2007	待出版
23	COMSOL Multiphysics 有限元法多物理场建模与分析	上海中仿科技	2007	40
24	Fluent 全攻略	周华 上海[illegible]飞昂软件	2008	待出版

编辑出版垂询：

人民交通出版社土木与建筑图书出版中心

陈志敏　010-852859[illegible]8　cz[illegible]@ccpres[illegible].com.cn

邮购垂询：

兴通交通书店：010-85[illegible]5659

融会贯通·工程软件
Mastering Engineering Software

中华钢结构论坛推荐出版

PKPM设计软件参数定义丛书

S-5

常彦斌　钟志宪【编】

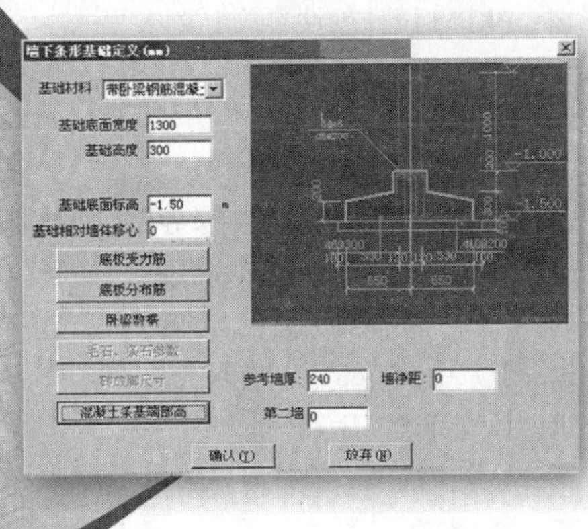

人民交通出版社

内 容 简 介

PKPM系列结构设计软件是当前业界应用最广泛的软件系列，其中定义设计参数是软件应用的重点和难点。本套丛书从结构设计人员实际应用的角度出发，并结合现行国家规范讲解设计参数的定义方法和步骤，力求实用、深入。

本书为PKPM设计软件参数定义丛书之S-5分册，按照PKPM软件的界面顺序讲解各模块参数定义方法，便于结构设计人员根据需要查找相关参数并指导初学者熟悉软件操作流程，尽快掌握软件的使用方法。

本书可供从事结构工程设计的工程师使用，也可供高等学校土木工程专业的本科生及研究生参考使用。

图书在版编目（CIP）数据

S－5/ 常彦斌，钟志宪编．—北京：人民交通出版社，2007.10

PKPM设计软件参数定义丛书

ISBN 978－7－114－06694－8

Ⅰ.S… Ⅱ.①常…②钟… Ⅲ.建筑结构－计算机辅助设计－应用软件，PKPM Ⅳ.TU311.41

中国版本图书馆CIP数据核字（2007）第107414号

书　　名：PKPM设计软件参数定义丛书—S－5
著 作 者：常彦斌　钟志宪
责任编辑：杜　琛
出版发行：人民交通出版社
地　　址：（100011）北京市朝阳区安定门外外馆斜街3号
网　　址：http：//www.ccpress.com.cn
销售电话：（010）85285838，85285995
总 经 销：北京中交盛世书刊有限公司
经　　销：各地新华书店
印　　刷：北京宝莲鸿图科技有限公司
开　　本：787×960　1/16
印　　张：14.5
字　　数：268千
版　　次：2007年10月　第1版
印　　次：2007年10月　第1次印刷
书　　号：ISBN 978－7－114－06694－8
定　　价：25.00元

PKPM 系列结构设计软件是当前业界内应用最广泛的软件系列，它按软件锁 S-1、S-2、S-3、S-4、S-5 分块向用户发行。软件锁以外，还包括 EPDA、BOX、PMSAP、STS、STPJ、STXT、PREC、QIK、SILO 等多个模块，单独设锁。

掌握和使用 PKPM 系列结构设计软件，是每个结构设计人员必须具备的一项技能，而掌握和使用的前提是对各个模块的性能和功能有全面的了解。

各个锁及模块的性能和功能，简要介绍如下：

S-1 锁。包括以下四个模块：

1. PMCAD：结构平面 CAD 设计软件，楼面配筋、砖混结构的抗震及其他验算在本模块进行，在 PKPM 系列中承担着为 PK、TAT、SATWE、PMSAP 提供平面数据的功能。

2. PK：钢筋混凝土框架、排架及连续结构计算与施工图绘制软件，在系列中承担着为 TAT、SATWE、PMSAP 计算次梁和绘制施工图的功能。

3. TAT（≤8 层）：多层建筑结构三维分析程序。

4. SATWE(≤8 层)：多层建筑结构空间有限元分析软件。

S-2 锁。包括以下四个模块：

1. TAT：多层及高层建筑结构三维分析与设计软件(薄壁柱模型)。在 PKPM系列中可承担钢结构框架、底框结构的计算。

2. TAT-D 结构的弹性动力时程分析。

3. FEQ 框支剪力墙有限元分析。

4. 转换层厚板墙有限元分析。

S-3 锁。包括以下五个模块：

1. SATWE：多层及高层建筑结构空间有限元分析与设计软件(墙元模型)。在 PKPM 系列中可承担钢结构框架、底框结构的计算。

2. TAT-D 结构的弹性动力时程分析。

3. FEQ 框支剪力墙有限元分析。

4. 转换层厚板有限元分析。

5. SLABCAD 复杂楼板有限元分析。

S-4 锁。包括以下三个模块，用于楼梯、剪力墙、砖混结构的辅助构件设计。

1. LTCAD 楼梯计算机辅助设计。

2. JLQ 剪力墙结构计算机辅助设计。

3. GJ 钢筋混凝土基本构件设计计算。

S-5 锁。只有一个模块，箱型基础需到 BOX 模块进行设计。

JCCAD：独基、条基、钢筋混凝土地基梁、桩基础和筏板基础设计软件。

S-1 至 S-5 锁以外，PKPM 系列结构设计软件还有以下模块，单独设锁。

EPDA：多层及高层建筑结构 弹塑性动力时程分析软件。

BOX：箱形基础计算机辅助设计。

PMSAP：复杂多层、高层建筑结构分析与设计软件。

STS：钢结构 CAD 软件，其中包括：门式刚架、框架、桁架、支架、框排架、工具箱六个模块，框架部分的建模在本模块完成，其整体计算用 TAT 或 SATWE 进行，然后在本模块进行节点设计。

STPJ：钢结构重型工业厂房。

STXT：钢结构详图设计软件。

PREC：预应力混凝土结构设计软件。

QIK：混凝土小型空心砌块 CAD 软件。

用 PKPM 系列结构设计软件做工程设计，首先要根据工程实际情况合理地选定运行模块，应以满足设计深度、保证工程设计质量为标准。做好工程设计，在操作中需把握两点：一是网格的建立要准确，做到 PMCAD 的数检无误；二是设计参数的定义要合理，做到在数检报告文件中没有出错信息的提示。

PKPM 系列结构设计软件中的设计参数内容繁多，涉及许多建筑结构方面的设计概念，同时，这些参数选择与结构设计规范条文有着密切的关系。因此，对于那些刚刚接触结构设计的人来说，就会感到 PKPM 系列结构设计软件中设计参数定义难以准确地把握。本书编辑出版的目的是为这些同行提供方便，帮助这些同行尽快掌握设计参数定义的方法和步骤。

本书以丛书的方式出版，以软件锁块为单元，结合工程设计的实际需要，丛书每一分册包括若干个锁块单元。

PKPM 系列结构设计软件结合现行规范较好，其中的设计参数都是为执行现行规范而设置的。难点在于有时一个参数的准确定义，需要掌握多本、多条现行规范的相关规定。

PKPM系列结构设计软件，经常进行版本升级，本书的编写以对用户发行的锁、块的内容为准。编写方法用操作说明及规范连接描述。

本书的读者对象是建筑结构专业大学生（包括研究生）和教师，结构设计初学者，以及广大工程设计人员。欢迎广大读者提出批评建议，以便再版时完善补充。

编者

2007年8月

一、地质资料输入参数

地质资料是基础工程设计的基础资料，由地质勘察单位给设计单位提供，地质勘察单位应对其准确性负责。设计单位对地质数据有异议时，应和地质勘察单位协商解决。

进入程序后，屏幕显示如图 1-1 所示。

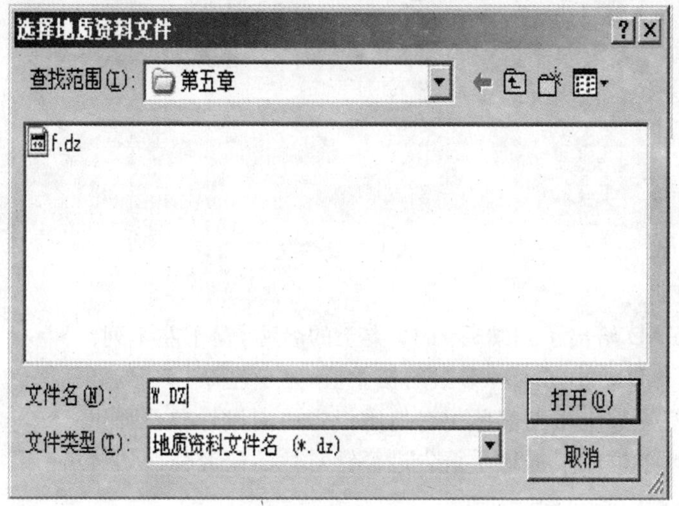

图 1-1　选择地质资料文件对话框

操作说明：

○ 用于打开地质资料文件。

打开地质资料后屏幕显示位置菜单(图 1-2)。

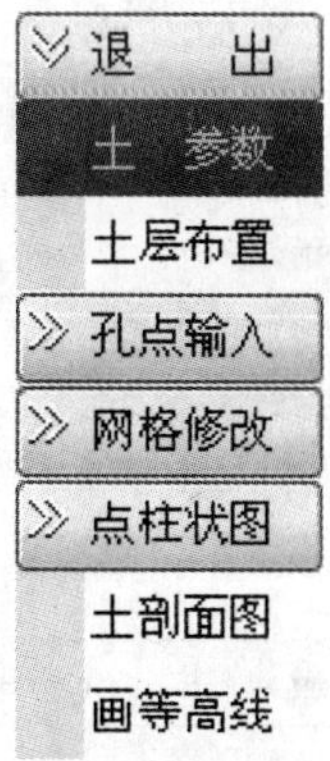

图 1-2　位置菜单

1. 土参数(图 1-3)

位置:位置菜单\土参数

默认土参数表

土名称	压缩模量	重度	摩擦角	粘聚力	状态参数	状态参数含义
(单位)	(MPa)	(KN/M3)	(度)	(KPa)		
1 填土	10.00	20.00	15.00	0.00	1.00	(定性/-IL)
2 淤泥	2.00	16.00	0.00	5.00	1.00	(定性/-IL)
3 淤泥质土	3.00	16.00	2.00	5.00	1.00	(定性/-IL)
4 粘性土	10.00	18.00	5.00	10.00	0.50	(液性指数)
5 红粘土	10.00	18.00	5.00	0.00	0.20	(含水量)
6 粉土	10.00	20.00	15.00	2.00	0.20	(孔隙比e)
71 粉砂	12.00	20.00	15.00	0.00	25.00	(标贯击数)
72 细砂	31.50	20.00	15.00	0.00	25.00	(标贯击数)
73 中砂	35.00	20.00	15.00	0.00	25.00	(标贯击数)
74 粗砂	39.50	20.00	15.00	0.00	25.00	(标贯击数)
75 砾砂	40.00	20.00	15.00	0.00	25.00	(标贯击数)
76 角砾	45.00	20.00	15.00	0.00	25.00	(标贯击数)
77 圆砾	45.00	20.00	15.00	0.00	25.00	(标贯击数)
78 碎石	50.00	20.00	15.00	0.00	25.00	(标贯击数)
79 卵石	50.00	20.00	15.00	0.00	25.00	(标贯击数)
81 风化岩	10000.00	24.00	50.00	200.00	100000.00	(单轴抗压)
82 中风化岩	20000.00	24.00	50.00	200.00	200000.00	(单轴抗压)

OK Cancel HELP

图 1-3　土参数

操作说明:

○ JCCAD 给出了归纳后的 19 类土的名称,置于左 1 列。

○ JCCAD 给出了六种参数的初始值,置于左 2～7 列。

○ 这些参数应由勘察单位在地质报告中向设计单位提供。

○ 设计单位应根据地质报告进行针对性的研究修改,方可使用。

2. 土层布置(图 1-4)

位置:位置菜单\土层布置

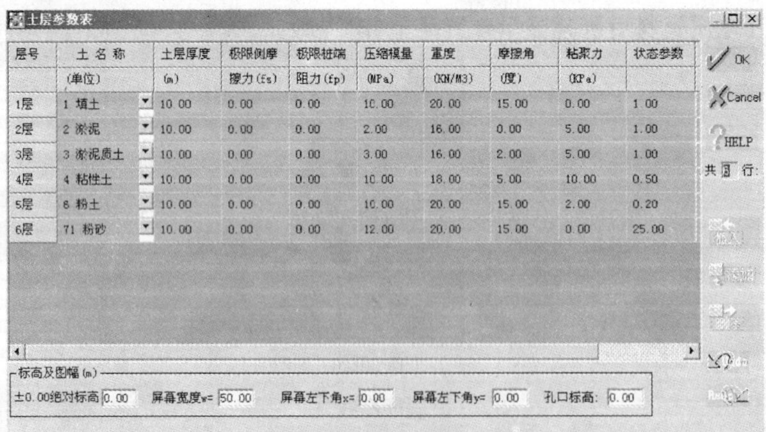

土层参数表

层号	土 名 称	土层厚度	极限侧摩	极限桩端	压缩模量	重度	摩擦角	粘聚力	状态参数
	(单位)	(m)	擦力(fs)	阻力(fp)	(MPa)	(KN/M3)	(度)	(KPa)	
1层	1 填土	10.00	0.00	0.00	10.00	20.00	15.00	0.00	1.00
2层	2 淤泥	10.00	0.00	0.00	2.00	16.00	0.00	5.00	1.00
3层	3 淤泥质土	10.00	0.00	0.00	3.00	16.00	2.00	5.00	1.00
4层	4 粘性土	10.00	0.00	0.00	10.00	18.00	5.00	10.00	0.50
5层	6 粉土	10.00	0.00	0.00	10.00	20.00	15.00	2.00	0.20
6层	71 粉砂	10.00	0.00	0.00	12.00	20.00	15.00	0.00	25.00

OK Cancel HELP 共 行:

标高及图幅(m)

±0.00绝对标高 0.00　屏幕宽度w= 50.00　屏幕左下角x= 0.00　屏幕左下角y= 0.00　孔口标高: 0.00

图 1-4　土层参数表

操作说明及规范链接:

○ 实用工程土的名称不会是图 1-3 中的 19 类,只能是其中的若干种,可根据地质报告填入。

○ 土层厚度、极限侧摩擦力、极限桩端阻力、压缩模量应根据地质报告进行补充。

○ 其他参数应和图 1-3 统一。

○ 用“极限侧摩擦力”、“极限桩端阻力值”求得的单桩承载力,应除以 2 为单桩承载力的特征值。单桩承载力应经静荷载试验,方能最后确定。

参见《建筑地基基础设计规范》(GB 50007—2002)第 Q. 0. 10 条第 7 款。

3. 孔点输入(图 1-5)

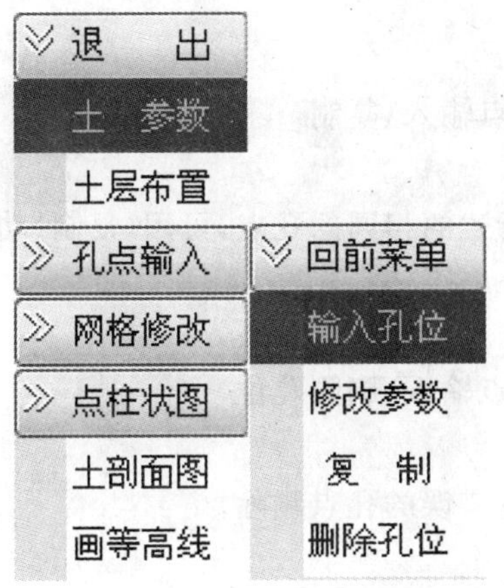

图 1-5 位置菜单

(1) 输入孔位

位置:位置菜单\孔点输入\输入孔位

操作说明:

○ 在屏幕上输入任意孔点为参照点,据其他各孔点和参照点的坐标关系,依次输入其他各孔点,形成地质资料单元网格线。

○ 此时的单元网格线是任意的,使用时应处理好和建筑网格坐标的相对关系。

(2) 修改参数(图 1-6)

位置:位置菜单\孔点输入\修改参数

操作说明:

○ 根据地质报告的各个孔点的不同地质数据逐个修改。

孔点土层参数表

标高及图幅(m)

孔口标高: 9.00　探孔水头标高: 0.20　孔口坐标: X= 31.80　孔口坐标: Y= 31.95

(用于所有点　用于所有点)

序号	土名称(单位)	土层底标高(m)	压缩模量(MPa)	重度(KN/M3)	摩擦角(度)	粘聚力(KPa)	状态参数	状态参数含义
		用于所有	用于所有	用于所有	用于所有	用于所有	用于所有	
1	填土	-10.00	10.00	20.00	15.00	0.00	1.00	(定性/-IL)
2	淤泥	-20.00	2.00	16.00	0.00	5.00	1.00	(定性/-IL)
3	淤泥质土	-30.00	3.00	16.00	2.00	5.00	1.00	(定性/-IL)
4	粘性土	-40.00	10.00	18.00	5.00	10.00	0.50	(液性指数)
5	粉土	-50.00	10.00	20.00	15.00	2.00	0.20	(孔隙比e)
6	粉砂	-60.00	12.00	20.00	15.00	0.00	25.00	(标贯击数)

OK　Cancel　HELP

图 1-6　孔点土层参数表

(3) 复制

位置:位置菜单\孔点输入\复制

操作说明:

○ 根据地质报告所述的相同的孔点,可用〈复制〉功能快速布置。

(4) 删除孔位

位置:位置菜单\孔点输入\删除孔位

操作说明:

○ 可用于修改布置错误的孔点删除。

4. 网格修改(图 1-7)

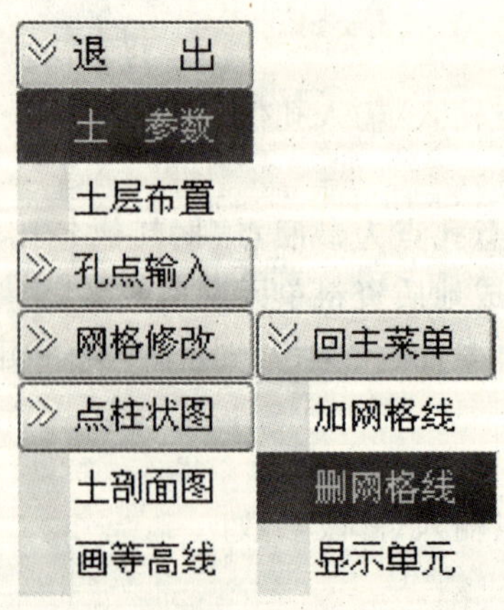

图 1-7　位置菜单

(1) 加网格线

位置:位置菜单\网格修改\加网格线

操作说明:

○ 执行完〈**孔点输入**〉后,程序自动形成单元网格线。〈加网格线〉用于补充自动生成单元网格线的不足。

(2) 删网格线

位置:位置菜单\网格修改\删网格线

操作说明:

○ 可用于删除单元网格线。

(3) 显示单元

位置:位置菜单\网格修改\显示单元

操作说明:

○ 完成网格线的增加或减少后,用〈**显示单元**〉显示形成的三角形单元网格线。

5. 点柱状图(图 1-8)

图 1-8 位置菜单

(1) 桩承载力(图 1-9～图 1-11)

位置:位置菜单\点柱状图\桩承载力

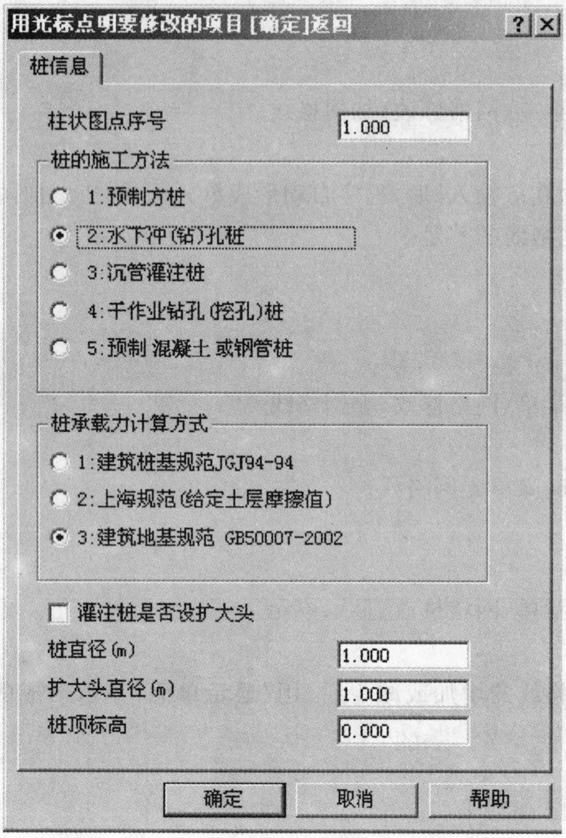

用光标点明要修改的项目 [确定]返回

桩信息

柱状图点序号 1.000

桩的施工方法

1:预制方桩

2:水下冲(钻)孔桩

3:沉管灌注桩

4:干作业钻孔(挖孔)桩

5:预制 混凝土 或钢管桩

桩承载力计算方式

1:建筑桩基规范JGJ94-94

2:上海规范(给定土层摩擦值)

3:建筑地基规范 GB50007-2002

灌注桩是否设扩大头

桩直径(m) 1.000

扩大头直径(m) 1.000

桩顶标高 0.000

确定 取消 帮助

图 1-9 桩信息

操作说明及规范链接：

○〈**柱状图点序号**〉:选定后即确定了地质层剖面。

○〈**桩的施工方法**〉:据实点选。

○〈**桩承载力计算方式**〉:推荐 3 或 1。

○〈**灌注桩是否设扩大头**〉:据实勾选。

参见《建筑地基基础设计规范》(GB 50007—2002)第 8.5.2 条第 2 款；

《建筑桩基技术规范》(JGJ 94—94)第 4.1.5 条。

图 1-10 桩长对话框

操作说明：

○ 输入桩长，点击确定。

○ 程序将给出桩承载力计算结果（图 1-11）。

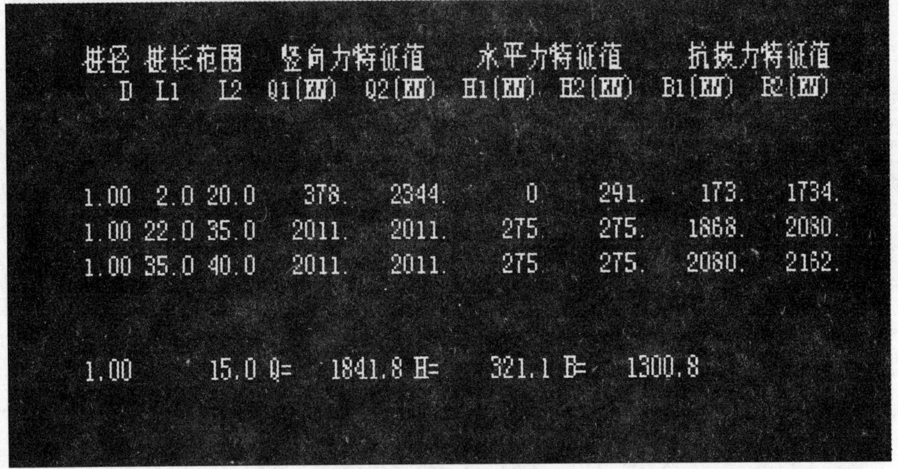

桩径	桩长范围		竖向力特征值		水平力特征值		抗拔力特征值	
D	L1	L2	Q1(KN)	Q2(KN)	H1(KN)	H2(KN)	B1(KN)	B2(KN)
1.00	2.0	20.0	378.	2344.	0	291.	173.	1734.
1.00	22.0	35.0	2011.	2011.	275.	275.	1868.	2080.
1.00	35.0	40.0	2011.	2011.	275	275.	2080.	2162.

1.00　15.0 Q=　1841.8 H=　321.1 B=　1300.8

图 1-11　桩承载力计算结果

操作说明：计算结果可作为第二节桩定义的依据。

(2) 沉降计算（图 1-12）

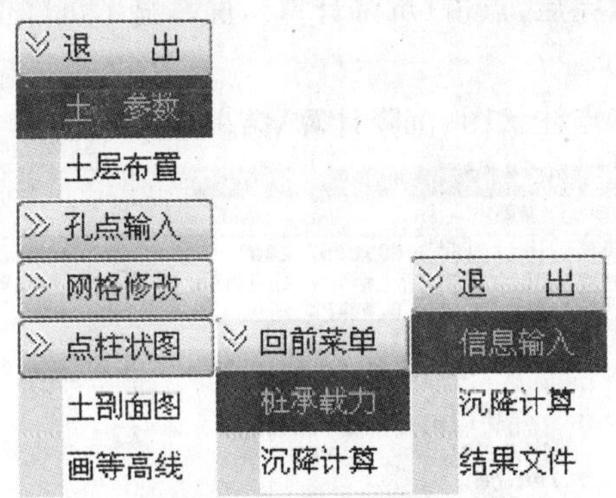

图 1-12　位置菜单

①信息输入（图 1-13）

位置：位置菜单\点柱状图\沉降计算\信息输入

操作说明：

○ **〈承台类型〉**：据实填写。

○ **〈荷载、承台参数〉**：据实填写。

○ **〈方桩〉**：用时勾选。

用光标点明要修改的项目 [确定]返回

沉降计算

承台类形

◉ 桩基承台

○ 独基承台

荷载值	P(KN)	:	1.000
承台长度	B(m)	:	1.000
承台宽度	L(m)	:	1.000
承台底标高	E(m)	:	0.000
承台下桩数	NPI	:	4.000
桩径	DP(m)	:	0.600
桩长	PL(m)	:	20.000

□ 方桩

确定　取消　帮助

图 1-13　沉降计算

②沉降计算

位置:位置菜单\点柱状图\沉降计算\沉降计算

操作说明:

○〈**信息输入**〉填完后,点击〈**沉降计算**〉,屏幕显示沉降值。

③结果文件(图 1-14)

位置:位置菜单\点柱状图\沉降计算\结果文件

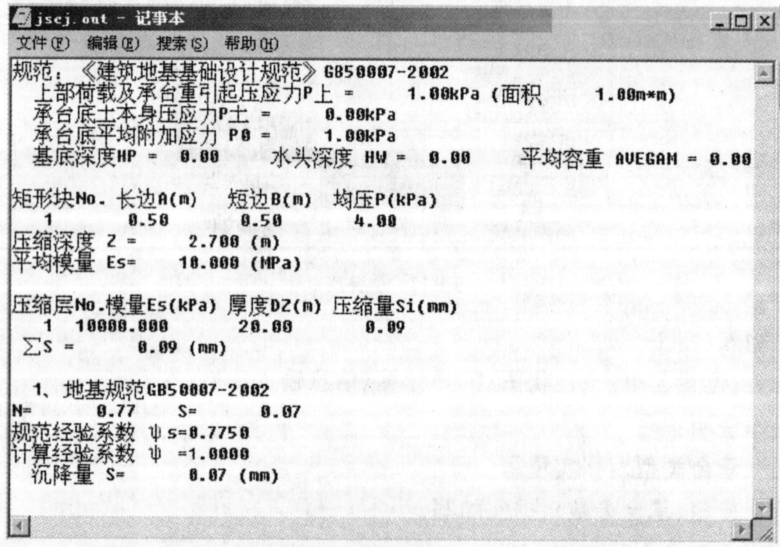

```
jscj.out - 记事本
文件(F) 编辑(E) 搜索(S) 帮助(H)
规范:《建筑地基基础设计规范》GB50007-2002
  上部荷载及承台重引起压应力P上 =       1.00kPa (面积      1.00m*m)
  承台底土本身压应力P土 =       0.00kPa
  承台底平均附加应力 P0 =       1.00kPa
  基底深度HP =  0.00        水头深度 HW =  0.00      平均容重 AVEGAM = 0.00

矩形块No. 长边A(m)   短边B(m)  均压P(kPa)
   1      0.50        0.50       4.00
压缩深度 Z =      2.700 (m)
平均模量 Es=     10.000 (MPa)

压缩层No.模量Es(kPa) 厚度DZ(m) 压缩量Si(mm)
   1  10000.000       20.00       0.09
 ∑S =        0.09 (mm)

  1、地基规范GB50007-2002
N=      0.77     S=      0.07
规范经验系数 ψs=0.7750
计算经验系数 ψ =1.0000
  沉降量 S=       0.07 (mm)
```

图 1-14　结果文件

6. 土剖面图

位置:位置菜单\土剖面图

操作说明:

○ 进入〈**土剖面图**〉,在地质资料网格平面图上,任取两点连线,屏幕自动显示该两点连线的土剖面图。

7. 画等高线(图 1-15)

位置:位置菜单\画等高线

图 1-15　画等高线

操作说明:

○ 进入〈**画等高线**〉命令,选定要画的内容,屏幕自动显示等高线。

二、基础人机交互输入参数

本节的操作很重要，是为各类基础建立计算数据，例如地基梁、筏板、桩等数据。其中，柱下独立基础以及墙下条形基础的设计，可在本节中计算并形成结果文件，而其他的基础形式，则要通过后续的操作才能完成。

进入〈基础人机交互输入〉，屏幕显示如图 2-1 所示。

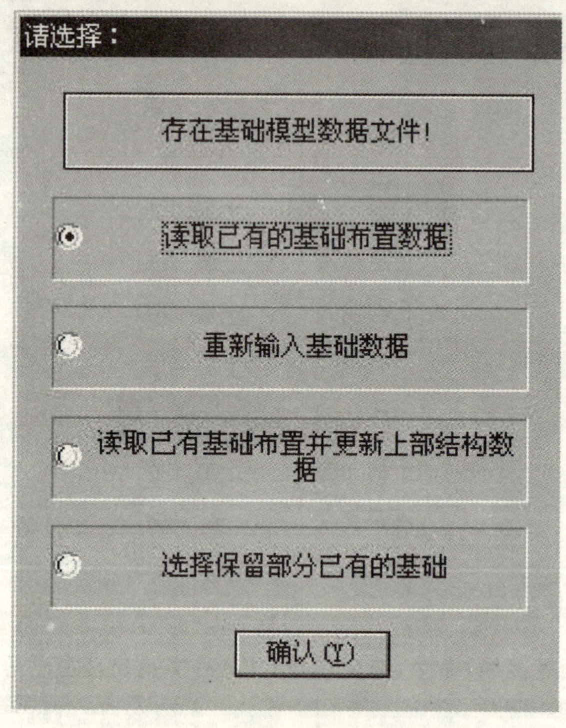

图 2-1

操作说明：

○〈**读取已有的基础布置数据**〉：复次操作时点选，以前的数据有效。

○〈**重新输入基础数据**〉：初次操作时点选，以前的数据无效。

○〈**读取已有的基础布置并更新上部结构数据**〉：基础数据可保留，上部有变化时点选。

○〈**选择保留部分已有的基础**〉：只保留部分基础数据时点选，点选后屏幕显示如图 2-2 所示，根据需要，勾选保留内容。

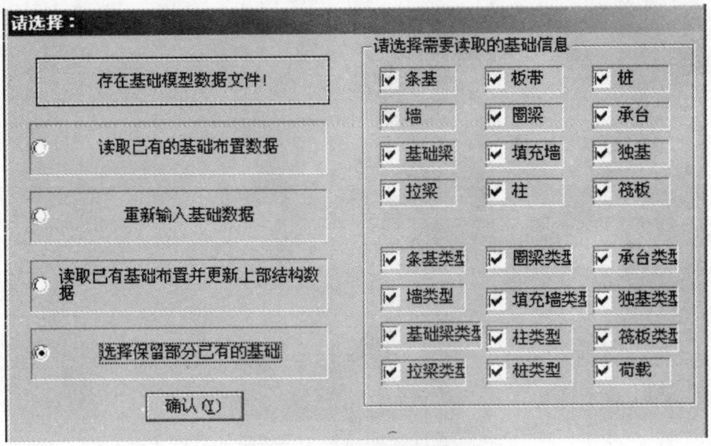

请选择：

请选择需要读取的基础信息

存在基础模型数据文件！

读取已有的基础布置数据

重新输入基础数据

读取已有基础布置并更新上部结构数据

选择保留部分已有的基础

确认(Y)

条基 板带 桩 墙 圈梁 承台 基础梁 填充墙 独基 拉梁 柱 筏板

条基类型 圈梁类型 承台类型 墙类型 填充墙类型 独基类型 基础梁类型 柱类型 筏板类型 拉梁类型 桩类型 荷载

图 2-2　确定保留内容对话框

屏幕同时显示位置菜单(图 2-3)，用于后续操作。

图2-3　位置菜单

1. 地质资料(图 2-4)

位置：主位置菜单\地质资料

操作说明：

○ 点击〈**地质资料**〉，屏幕显示地质资料网格单元图。

○ 点击〈**平移对位**〉，可将地质资料网格单元图平移，通过平移，处理好地质

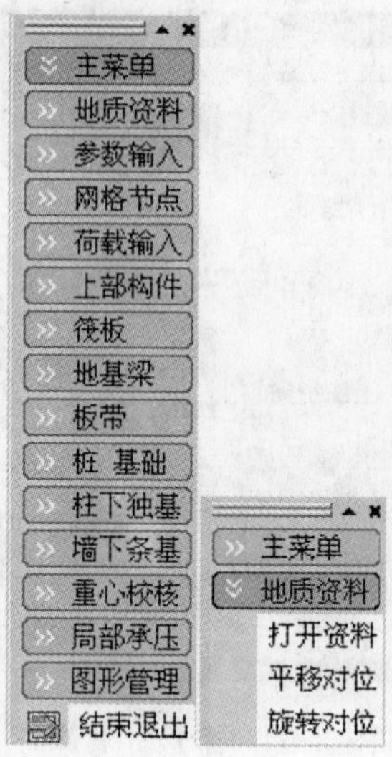

图 2-4 位置菜单

资料网格单元与基础平面网格的坐标关联关系。

○ 点击〈**旋转对位**〉，可将地质资料网格单元图进行旋转，通过旋转，处理好地质资料网格单元与基础平面网格的关联关系。

2. 参数输入(图 2-5)

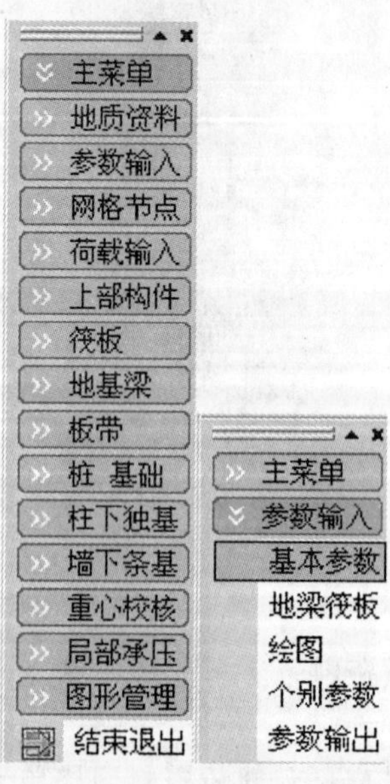

图 2-5 位置菜单

(1) 基本参数共 2 页(图 2-6～图 2-7)

位置:位置菜单\参数输入\基本参数

操作说明及规范链接:

○ **〈规范选择〉:**

程序提供了 5 种规范选择,分别为:

• 国家标准《建筑地基基础设计规范》(GB 50007—2002)——综合法(5.2.4 条);

• 国家标准《建筑地基基础设计规范》(GB 50007—2002)——抗剪强度指标法(5.2.5 条);

第 1 页

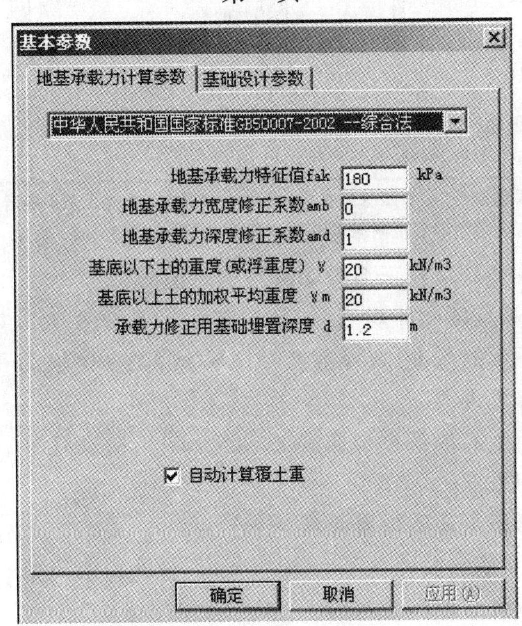

图 2-6 地基承载力计算参数

• 上海市工程建设规范《地基基础设计规范》(DGJ 08—11—1999)静桩试验法;

• 上海市工程建设规范《地基基础设计规范》(DGJ 08—11—1999)抗剪强度指标法;

•《北京地区建筑地基基础勘察设计规范》(DBJ 01—501—92)综合法。

设计人员根据实际情况选择不同的规范。

○ **〈地基承载力特征值 f_{ak}(kPa)〉:**

应据地质报告填入。

○〈**地基承载力宽度修正系数amb**〉:初始值为0。

应据《建筑地基基础设计规范》(GB 50007—2002))第5.2.4条确定(表2-1)。

承载力修正系数 表2-1

土的类别		η_b	η_d
人工填土 e 或 I_1 大于等于0.85的粘性土		0	1.0
淤泥和淤泥质土		0	1.0
红粘土	含水比 $\alpha_w \geqslant 0.8$	0	1.2
	含水比 $\alpha_w < 0.8$	0.15	1.4
大面积压实填土	压实系数大于0.95,粘粒含量 $\rho_c \geqslant 10\%$ 的粉土	0	1.5
	最大干密度大于 $2.1t/m^3$ 的级配砂石	0	2.0
粉土	粘粒含量 $\rho_c \geqslant 10\%$ 的粉土	0.3	1.5
	粘粒含量 $\rho_c < 10\%$ 的粉土	0.5	2.0
e 或 I_1 小于0.85的粘性土		0.3	1.6
粉砂、细砂(不包括很湿与饱和时的稍密状态)		2.0	3.0
中砂、粗砂、砾砂和碎石土		3.0	4.4

注:1.强风化和全风化岩石,可参照所风化成的相应土类取值,其他状态下的岩石不修正;
2.地基承载力特征值按本规范附录D深层平板载荷试验确定时amd取0。

○〈**地基承载力深度修正系数amd**〉:初始值为1。

应据《建筑地基基础设计规范》(GB 50007—2002)第5.2.4条确定。

○〈**基底以下土的重度(或浮重度)γ(kN/m^3)**〉:初始值为20。

应据地质报告填入。

○〈**基底以上土的加权平均重度 γ_m(kN/m^3)**〉:初始值为20。

应取加权平均重度。

○〈**承载力修正用基础埋置深度 d(m)**〉:

应据《建筑地基基础设计规范》(GB 50007—2002)第5.2.4条确定。

○〈**自动计算覆土重**〉:应勾选。

操作说明:

○〈**室外自然地坪标高**〉:初始值为-0.3,应由建筑工程师提供。

○〈**基础归并系数**〉:初始值为0.2,可采用。

○〈**混凝土强度等级C**〉:和上部结构统一或降低一个等级。

○〈**拉梁承担弯矩比例**〉:初始值为0。一般取0.1。

○〈**结构重要性系数**〉:初始值为1。应和上部结构统一。

○〈**一层上部结构荷载作用点标高**〉:初始值为-0.9。指上部结构底部标高。

○〈**柱插筋连接方式**〉:初始选择为闪光对接焊接,可选用。

第 2 页

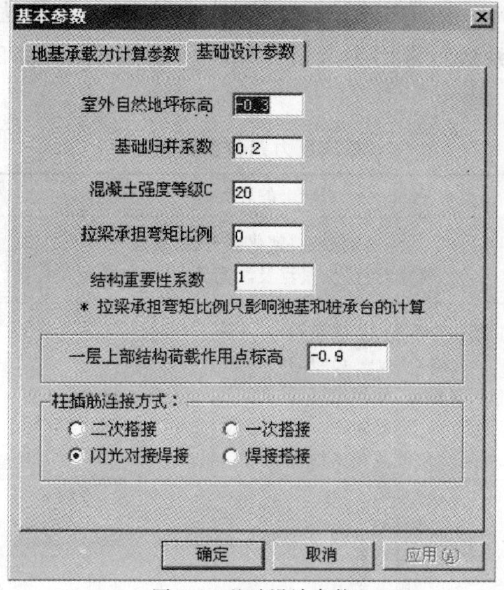

图 2-7　基础设计参数

(2) 地梁筏板参数共 4 页(图 2-8～图 2-11)

位置:位置菜单\参数输入\地梁筏板

第 1 页

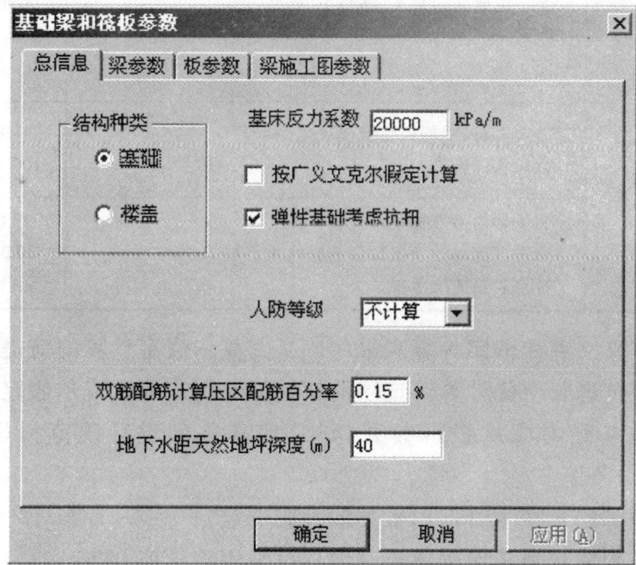

图 2-8　总信息

操作说明及规范链接：

○〈**结构种类**〉：一般情况下，点选基础。采用倒楼盖算法时可点选楼盖。

○〈**基床反力系数**〉：常用参考值见用户手册附录 C(表 2-2)。也可用程序计算。

基床反力系数推荐值 表 2-2

地基一般特征	土的种类	$K(kN/m^3)$
松软土	流动砂土、软化湿土、新填土	1 000～5 000
	流塑粘性土、淤泥及淤泥质土、有机质土	5 000～10 000
中等密实土	粘土及亚粘土：软塑的	10 000～20 000
	可塑的	20 000～40 000
	轻亚粘土：软塑的	10 000～30 000
	可塑的	30 000～50 000
	砂土：松散或稍密的	10 000～15 000
	中密的	15 000～25 000
	密实的	25 000～40 000
	碎石土：稍密的	15 000～25 000
	中密的	25 000～40 000
	黄土及黄土亚粘土	40 000～50 000
密实土	硬塑粘土及粘土	40 000～100 000
	硬塑轻亚土	50 000～100 000
	密实碎石土	50 000～100 000
极密实土	人工压实的亚粘土、硬粘土	10 000～20 000
坚硬土	冻土层	20 000～100 000
岩石	软质岩石、中等风化或强风化硬岩石	20 000～100 000
	微风化的硬岩石	100 000～150 000
桩基	弱土层内的摩擦桩	10 000～50 000
	穿过弱土层达密实砂层或粘性土土层的桩	50 000～150 000
	打至岩层的支承桩	8 000 000

○〈**按广义文克尔假定计算**〉：采用广义文克尔假定计算的前提条件是必须用刚性底板假定进行沉降计算。选项的初始值是用一般文克尔假定计算。

○〈**弹性基础考虑抗扭**〉：参见《建筑地基基础设计规范》(GB 50007—2002)第 8.3.2 条第 5 款。

○〈**人防等级**〉：按主管部门批准的等级选定。

○〈**双筋配筋计算压区配筋百分率**〉：可采用隐含值 0.15%。

○〈**地下水距天然地坪深度(m)**〉：据地质报告填写。

第 2 页

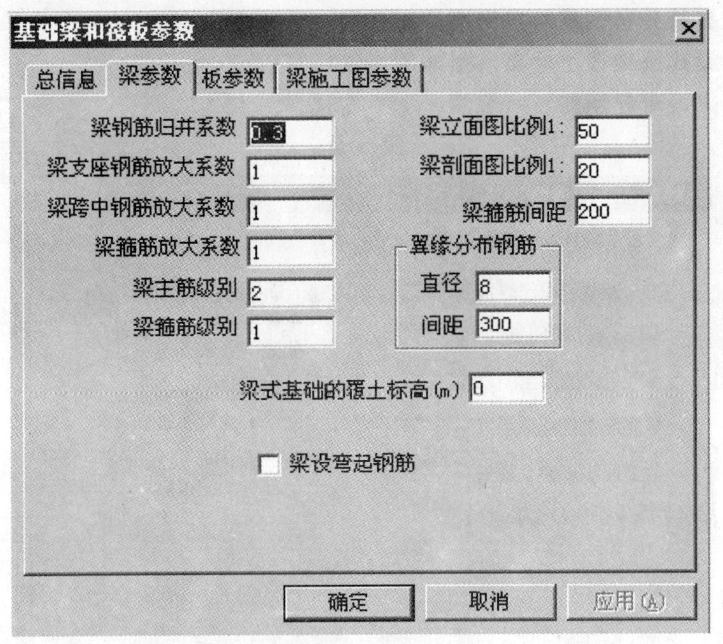

图 2-9 梁参数

操作说明及规范链接：

○ **〈梁钢筋归并系数〉**：可采用隐含值。

○ **〈梁支座钢筋放大系数〉**

○ **〈梁跨中钢筋放大系数〉**

○ **〈梁箍筋放大系数〉**

以上三个放大系数可不放大。

○ **〈梁主筋级别〉**：以和混凝土等级相匹配的原则确定。

○ **〈梁箍筋级别〉**：以和混凝土等级相匹配的原则确定。

参见《混凝土结构设计规范》(GB 50010—2002)表 4.2.3-1(表 2-3)。

普通钢筋强度设计值(N/mm²) 表 2-3

种　类		符号	f_y	f_y
热轧钢筋	HPB 235(Q235)	ф	210	210
	HRB 335(20MnSi)	ф	300	300
	HRB 440(20MnSiV、20MnSiNb、20MnTi)	ф	360	360
	400(K20MnSi)	ф^R	360	360

○ **〈梁立面图比例〉**：可采用隐含值。

○ **〈梁剖面图比例〉**：可采用隐含值。

○〈**梁箍筋间距**〉:可采用隐含值。

○〈**翼缘分布钢筋**〉:按构造规定选用。可采用隐含值。

○〈**梁式基础覆土标高**〉:据地质报告填写。

○〈**梁设弯起钢筋**〉:一般情况下不勾选。

第 3 页

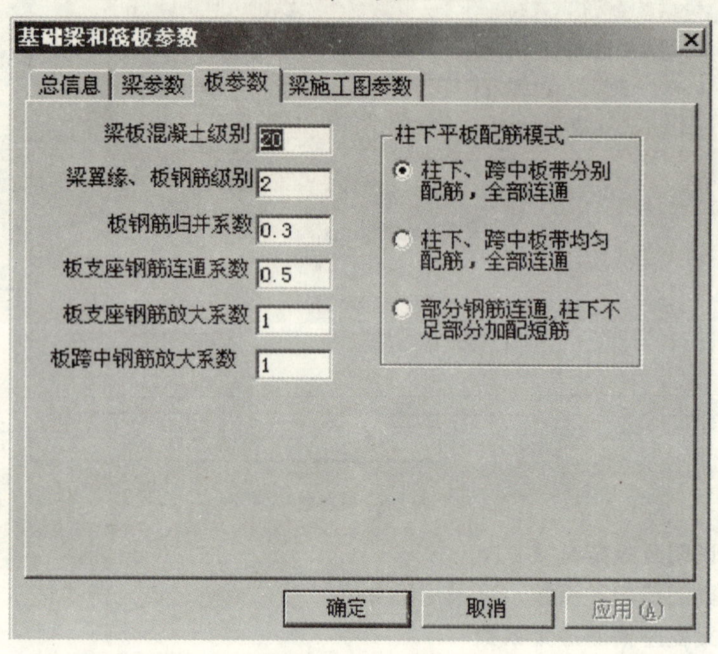

图 2-10　板参数

操作说明及规范链接：

○〈**梁混凝土级别**〉:参见《混凝土结构设计规范》(GB 50010—2002)表 4.1.4(表 2-4)。

混凝土强度设计值(N/mm²)　　表 2-4

强度种类	混凝土强度等级													
	C15	C20	C25	C30	C35	C40	C45	C50	C55	C60	C65	C70	C75	C80
f_c	7.2	9.6	11.9	14.3	16.7	19.1	21.1	23.1	25.3	27.5	29.7	31.8	33.8	35.9
f_t	0.91	1.10	1.27	1.43	1.57	1.71	1.80	1.89	1.96	2.04	2.09	2.14	2.18	2.22

○〈**梁翼缘、板钢筋级别**〉:以和混凝土等级相匹配的原则确定。

参见《混凝土结构设计规范》(GB 50010—2002)表 4.2.3-1，具体取值参见表 2-3。

○〈**板钢筋归并系数**〉:可采用隐含值。

○〈**板支座钢筋连通系数**〉:1/2～1/3。

参见《建筑地基基础设计规范》(GB 50007—2002)第 8.4.11 条。

○ **〈板支座钢筋放大系数〉**

○ **〈板跨中钢筋放大系数〉**

以上两个放大系数,可不放大。

○ **〈柱下平板配筋模式〉**:点选部分钢筋拉通,柱下不足部分加配短筋。

第 4 页

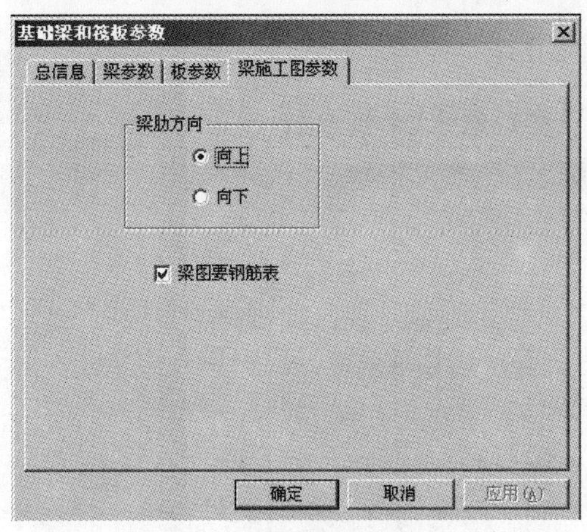

图 2-11　梁施工图参数

操作说明及规范链接:

○ **〈梁肋方向〉**:选向上。

○ **〈梁图要钢筋表〉**:不勾选。

(3) 绘图参数(图 2-12)

位置:位置菜单\参数输入\绘图参数

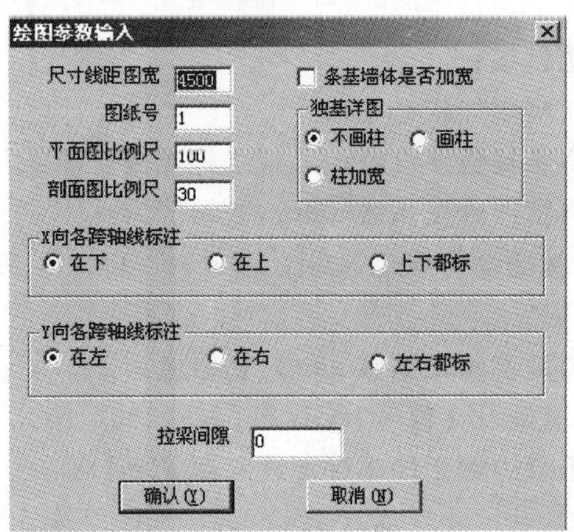

图 2-12　绘图参数

操作说明：

○ **〈尺寸线距图宽、图纸号、平剖面比例〉**：可采用隐含值。

○ **〈条基墙体是否加宽〉**：可不勾选。

○ **〈独基详图〉**：选画柱。

○ **〈*X*、*Y* 向轴线标注〉**：可采用隐含值。

○ **〈拉梁间隙〉**：指拉梁端与柱边的距离，可填 0。

(4) 个别参数(图 2-13)

位置：位置菜单\参数输入\个别参数

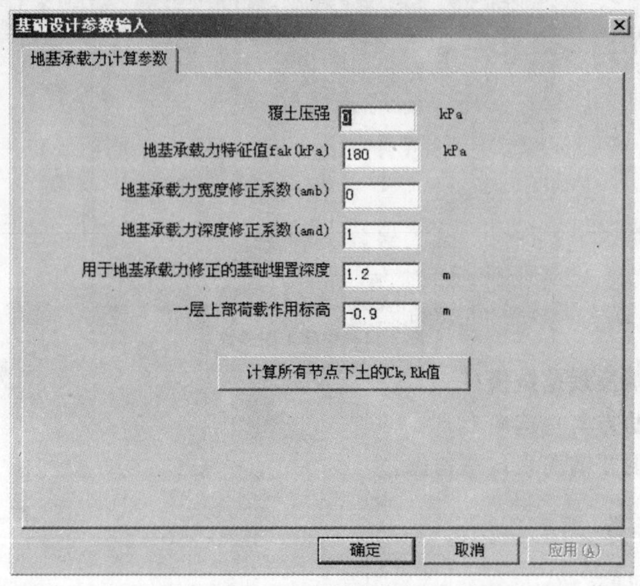

图 2-13　个别参数

操作说明及规范链接：

○ **〈覆土压强〉**：应取加权平均值。

○ **〈地基承载力特征值 f_{ak}(kPa)〉**：应据地质报告填入。

○ **〈地基承载力宽度修正系数 amb〉**：初始值为 0。

应据《建筑地基基础设计规范》(GB 50007—2002)第 5.2.4 条确定具体取值可参照表 2-1。

○ **〈地基承载力深度修正系数 amd〉**：初始值为 1。

应据《建筑地基基础设计规范》(GB 50007—2002)第 5.2.4 条确定。

○ **〈用于地基承载力修正的基础埋置深度 *d*(m)〉**：

应据《建筑地基基础设计规范》(GB 50007—2002)第 5.2.4 条确定。

○**〈计算所有节点下的 c_k, R_k〉**：一般情况下不用点击。

参见《建筑地基基础设计规范》(GB 50007—2002)附录 E。

(5) 参数输出(图 2-14)

位置:位置菜单\参数输入\参数输出

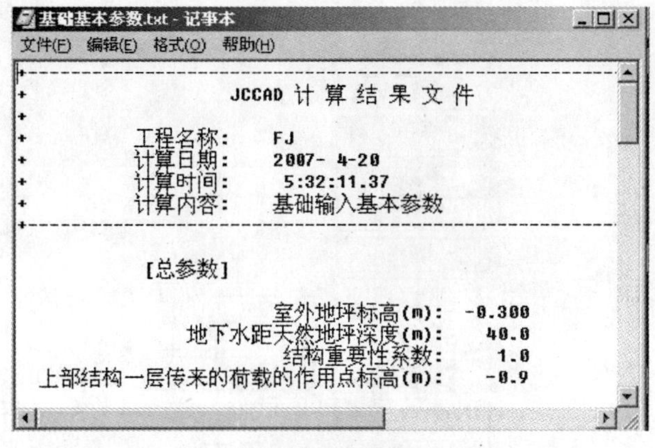

基础基本参数.txt - 记事本

文件(F) 编辑(E) 格式(O) 帮助(H)

JCCAD 计 算 结 果 文 件

工程名称: FJ
计算日期: 2007- 4-20
计算时间: 5:32:11.37
计算内容: 基础输入基本参数

[总参数]

室外地坪标高(m): -0.300
地下水距天然地坪深度(m): 40.0
结构重要性系数: 1.0
上部结构一层传来的荷载的作用点标高(m): -0.9

图 2-14

操作说明及规范链接:

○ 点击〈**参数输出**〉,可通过文本方式对输入的数据进行检查校对。

3. 网格节点(图 2-15)

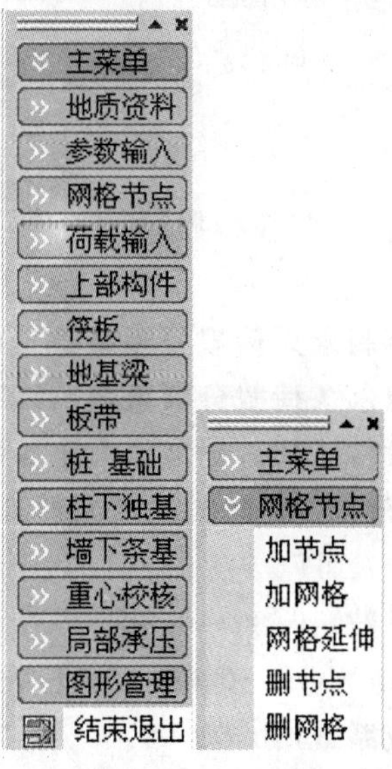

图 2-15 位置菜单

操作说明：

○ **〈网格节点〉**菜单，用于编辑基础平面网格。

4. 荷载输入(图 2-16)

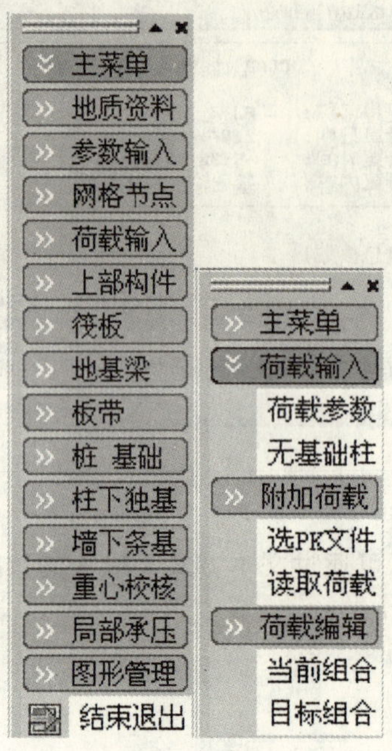

图 2-16 位置菜单

(1) 荷载参数图(图 2-17)

位置：位置菜单\荷载输入\荷载参数

操作说明及规范链接：

○ **〈由永久荷载效应控制永久荷载分项系数〉**：1.35。

○ **〈可变荷载效应控制永久荷载分项系数〉**：1.20。

○ **〈可变荷载分项系数〉**：1.40。标准值大于 4 的工业房屋取 1.30。

参见《建筑结构荷载规范》(GB 50009—2001)第 3.2.5 条。

○ **〈活荷载组合值系数〉**：0.70～0.90。

○ **〈活荷载准永久值系数〉**：0.30～0.80。

参见《建筑结构荷载规范》(GB 50009—2001)表 4.1.1。

○ **〈活荷载按楼层折减系数〉**：0.55～1.00。

参见《建筑结构荷载规范》(GB 50009—2001)表 4.1.2。

一般情况下，不需要进行修改。

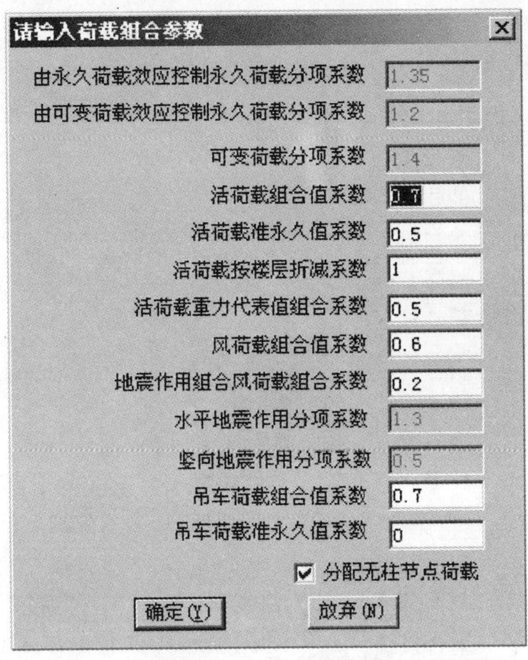

图 2-17 荷载参数

○ **〈活荷载重力代表值组合系数〉**:0.50。

参见《建筑抗震设计规范》(GB 50011—2001)第 5.1.3 条。

○ **〈风荷载组合值系数〉**:0.60。

参见《建筑结构荷载规范》(GB 50009—2001)第 7.1.4 条。

○ **〈地震作用组合风荷载组合系数〉**:0～0.20。

○ **〈水平地震作用分项系数〉**:1.30。

○ **〈竖向地震作用分项系数〉**:0.50。

参见《建筑抗震设计规范》(GB 50011—2001)第 5.4.1 条。

○ **〈吊车荷载组合值系数〉**:0.70～0.95。

〈吊车荷载准永久值系数〉:0.5～0.95。

参见《建筑结构荷载规范》(GB 50009—2001)第 5.4.1 条。

○ **〈分配无柱节点荷载〉**:

用于分配无基础柱的荷载,主要用于砌体结构中构造柱荷载的分配。

(2) 无基础柱定义

位置:位置菜单\荷载输入\无基础柱

操作说明:

○ 构造柱无需布置独立基础,通过该菜单确定。

(3) 附加荷载(图 2-18)

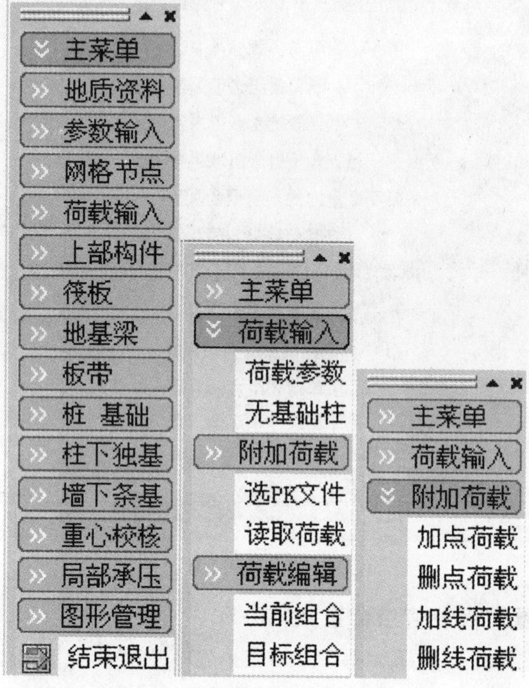

图 2-18 位置菜单

①加点荷载(图 2-19)

位置:位置菜单\荷载输入\附加荷载\加点荷载

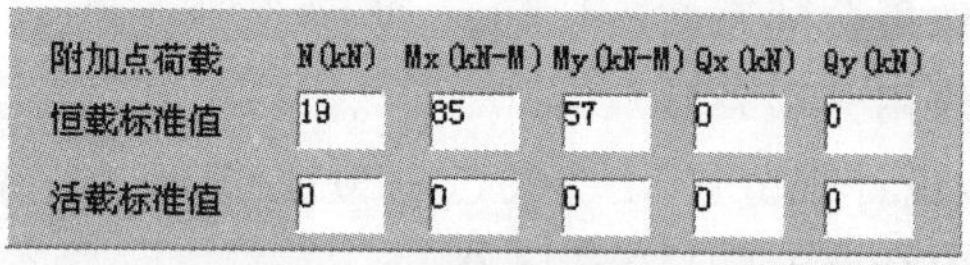

附加点荷载	N(kN)	Mx(kN-M)	My(kN-M)	Qx(kN)	Qy(kN)
恒载标准值	19	85	57	0	0
活载标准值	0	0	0	0	0

图 2-19 加点荷载

操作说明:

○ 输入荷载值,点击相关点。

②加线荷载(图 2-20)

位置:位置菜单\荷载输入\附加荷载\加线荷载

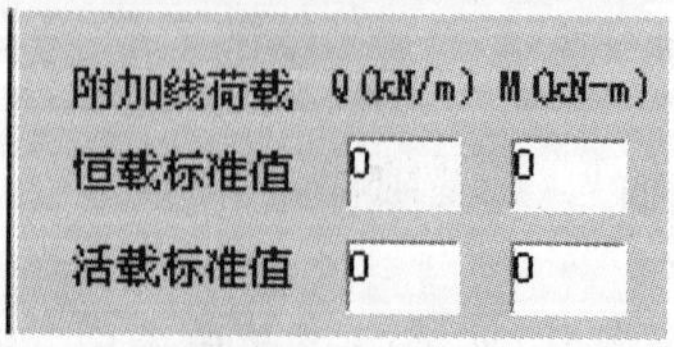

附加线荷载	Q(kN/m)	M(kN-m)
恒载标准值	0	0
活载标准值	0	0

图 2-20 加线荷载

操作说明:

○ 输入荷载值,点击相关点线。

(4) 选 PK 文件(图 2-21)

位置:位置菜单\荷载输入\选 PK 文件

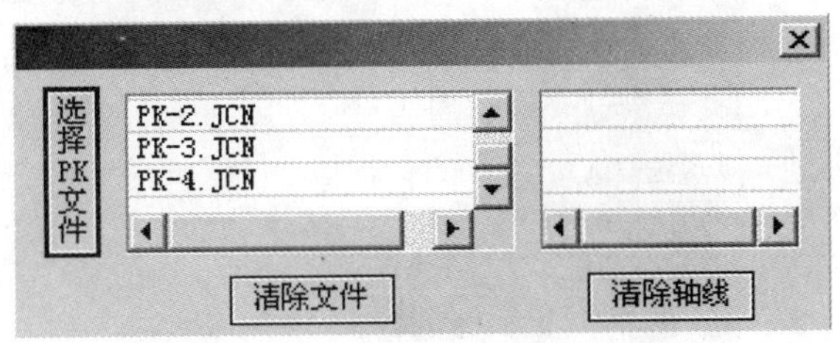

图 2-21 选择 PK 文件

操作说明:

○ 若使用了〈**PK 框排架计算程序**〉,则可通过〈**选 PK 文件**〉,读取荷载文件 *.JCN。

(5) 读取荷载(图 2-22)

位置:位置菜单\荷载输入\读取荷载

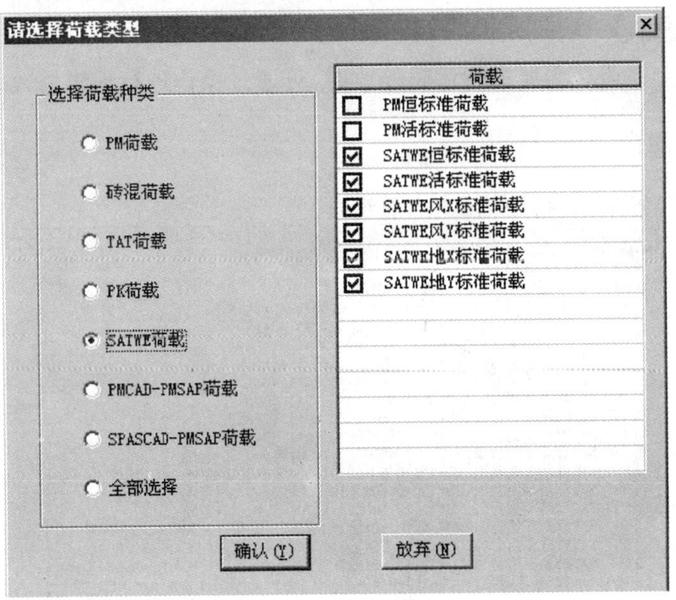

图 2-22 读取荷载

操作说明:

○ 点选上部结构计算程序名,读取进行基础设计的上部荷载。

(6) 荷载编辑(图 2-23)

位置:位置菜单\荷载输入\荷载编辑

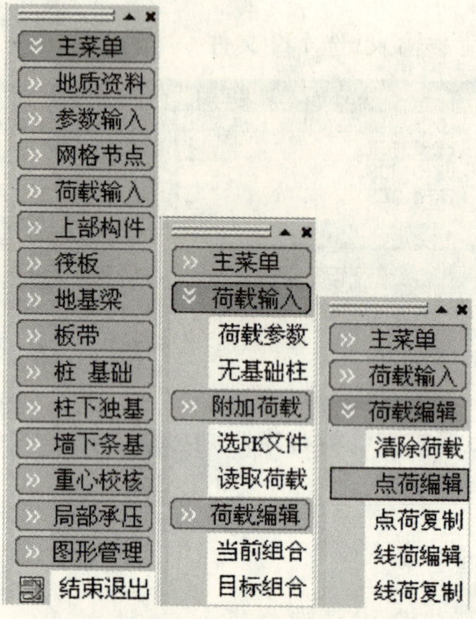

图 2-23 位置菜单

操作说明:

○ 当上部荷载需要进行编辑修改时,可通过操作进行编辑修改。

(7) 当前组合(图 2-24)

位置:位置菜单\荷载输入\当前组合

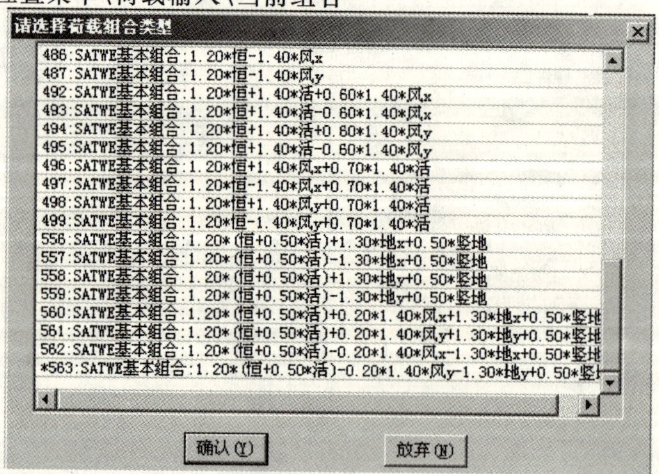

图 2-24 当前组合

操作说明:

○ 选定〈**当前组合**〉后,可以以直观的图形模式检查基础荷载情况。

(8) 目标组合(图 2-25)

位置:位置菜单\荷载输入\目标组合

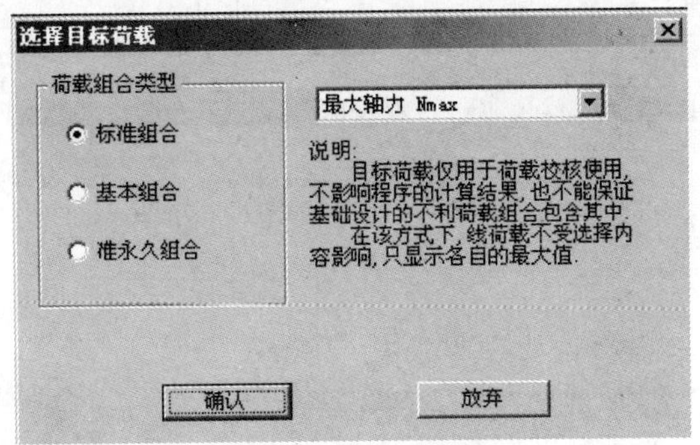

图 2-25 目标组合

操作说明:

○ 选定〈**荷载组合类型**〉及要显示的内容,可以以直观的图形模式检查目标组合荷载情况。

5. 上部构件(图 2-26)

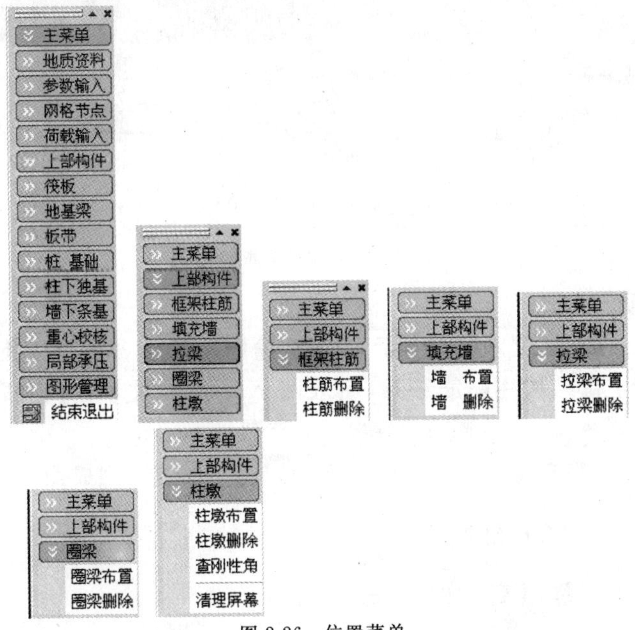

图 2-26 位置菜单

(1) 框架柱筋(图 2-27、图 2-28)

位置:位置菜单\上部构件\框架柱筋\柱筋布置

构件选择

新建　修改　删除　布置　退出

序号	数据	特征
1	2D18+ 2D16	

图 2-27　构件选择

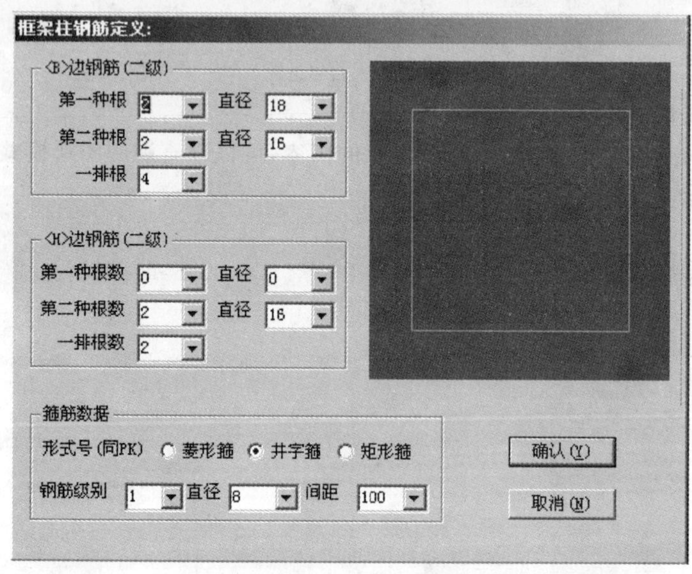

图 2-28　框架柱钢筋定义

操作说明:

○ 进入〈**柱筋布置**〉,屏幕显示图 2-27 选择〈**新建**〉,屏幕显示图 2-28。

○ 摘录上部结构柱配筋结果,填入图 2-28 的相关项内,完成框架柱钢筋定义。

○ 进入〈**柱筋布置**〉,屏幕显示图 2-27,选择〈**布置**〉,完成操作。

(2) 填充墙(图 2-29、图 2-30)

位置:位置菜单\上部构件\填充墙\墙布置

构件选择

新建 修改 删除 布置 退出

序号	数据	特征
1	2D18+ 2D16	

图 2-29 构件选择

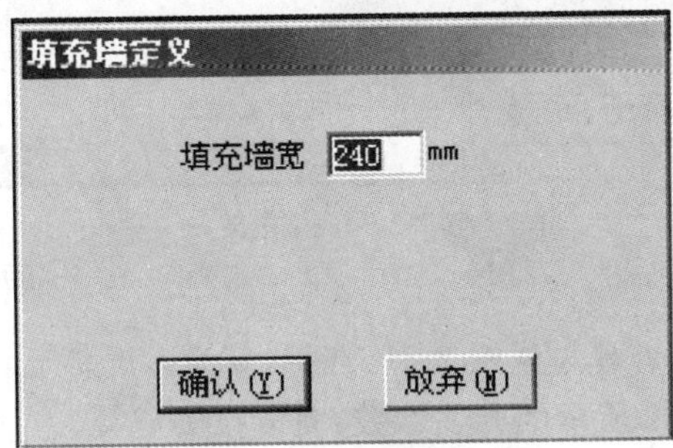

图 2-30 填充墙定义

操作说明:

○ 进入〈**填充墙**〉,屏幕显示图 2-29 选择〈**新建**〉,屏幕显示图 2-30。

○ 输入如图 2-30 的墙厚,完成填充墙定义。

○ 进入〈**填充墙**〉,屏幕显示图 2-29,选择〈**布置**〉,完成操作。

(3) 拉梁(图 2-31、图 2-32)

位置:位置菜单\上部构件\拉梁\拉梁布置

图 2-31 构件选择

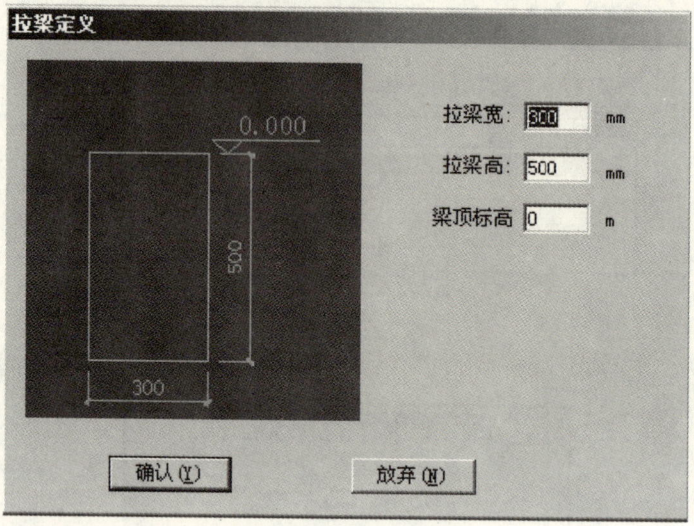

图 2-32　拉梁定义

操作说明:

○ 进入〈**拉梁**〉,屏幕显示图 2-31,选择〈**新建**〉,屏幕显示图 2-32。

○ 输入如图 2-32 所示的有关参数,完成拉梁定义。

○ 进入〈**拉梁**〉屏幕显示图 2-31,选择〈**布置**〉,完成操作。

○ 拉梁的布置条件:参见《建筑抗震设计规范》(GB 50011—2001)第 6.1.11 条。

(4) **圈梁**(图 2-33、图 2-34)

位置:位置菜单\上部构件\圈梁\圈梁布置

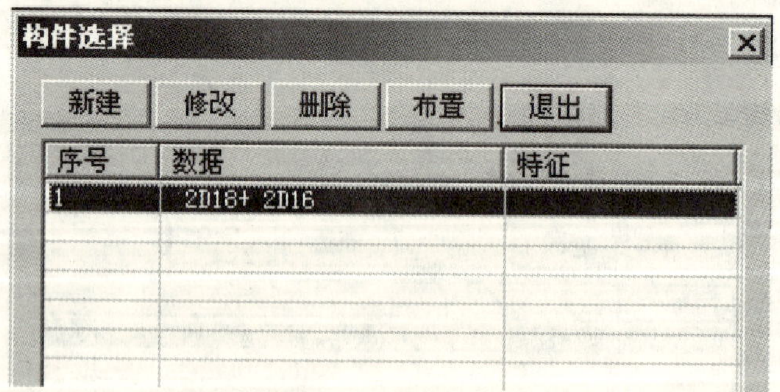

图 2-33　构件选择

操作说明:

○ 进入〈**圈梁**〉,屏幕显示图 2-33,选择〈**新建**〉,屏幕显示图 2-34。

○ 输入如图 2-34 的有关参数,完成圈梁定义。

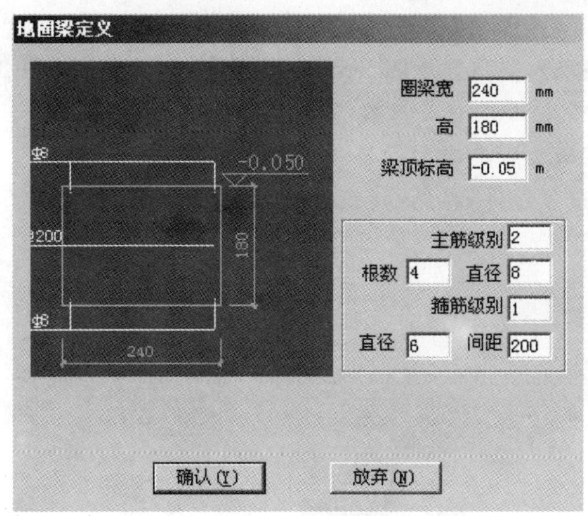

图 2-34　地圈梁定义

○ 进入〈**圈梁**〉屏幕显示图 2-33，选择〈**布置**〉，完成操作。

○ 圈梁的布置条件：参见《建筑地基基础设计规范》(GB 50007—2002)第 7.4.3 条、第 7.4.4 条。

(5) 柱墩(图 2-35、图 2-36)

位置：位置菜单\上部构件\柱墩\柱墩布置

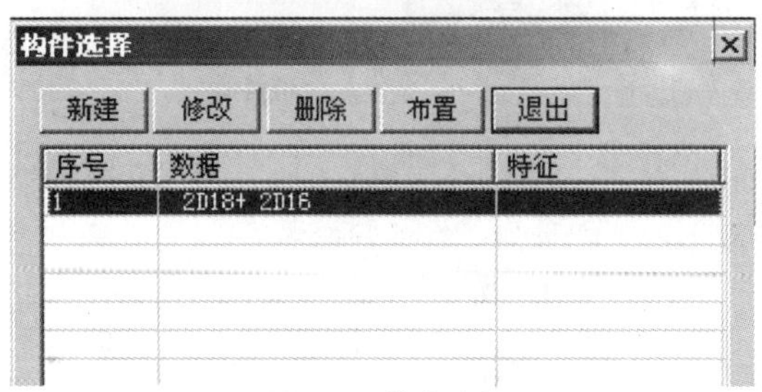

图 2-35　构件选择

输入柱墩尺寸(mm):

长 0

宽 0

高 0

端高 0

确定　取消

图 2-36　柱墩尺寸

操作说明：

○ 进入〈**柱墩**〉，屏幕显示图 2-35 选择〈新建〉，屏幕显示图 2-36。

○ 输入如图 2-36 的有关参数，完成柱墩定义。

○ 进入〈**柱墩**〉，屏幕显示图 2-35，选择〈**布置**〉，完成操作。

○ 柱墩的布置条件：参见《建筑地基基础设计规范》(GB 50007—2002)第 8.4.7 条。

6. 筏板(图 2-37)

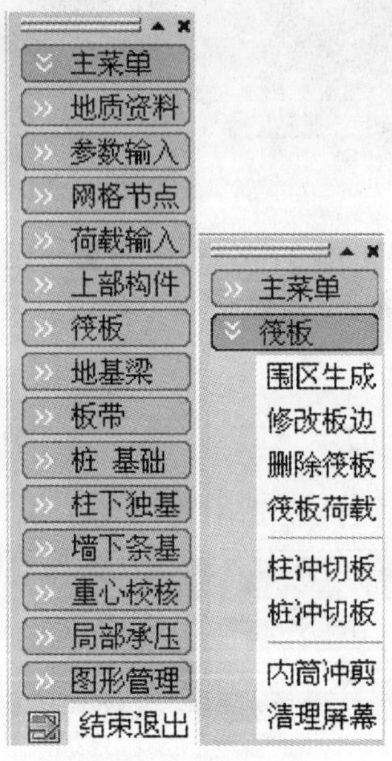

图 2-37 位置菜单

(1) 围区生成(图 2-38～图 2-40)

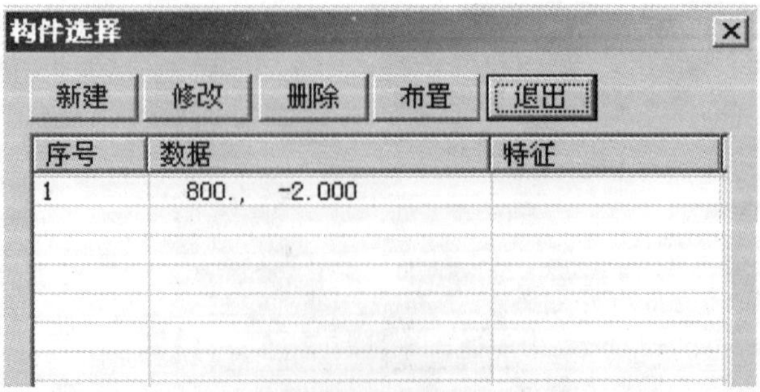

构件选择

新建 修改 删除 布置 退出

序号	数据	特征
1	800.,　-2.000	

图 2-38 构件选择

位置:位置菜单\筏板\围区生成

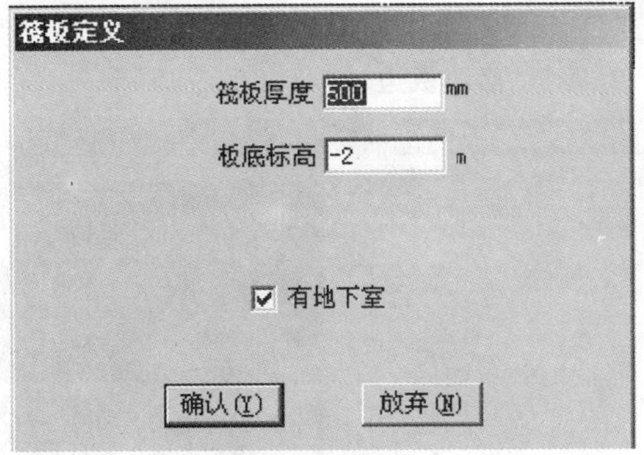

图 2-39　筏板定义

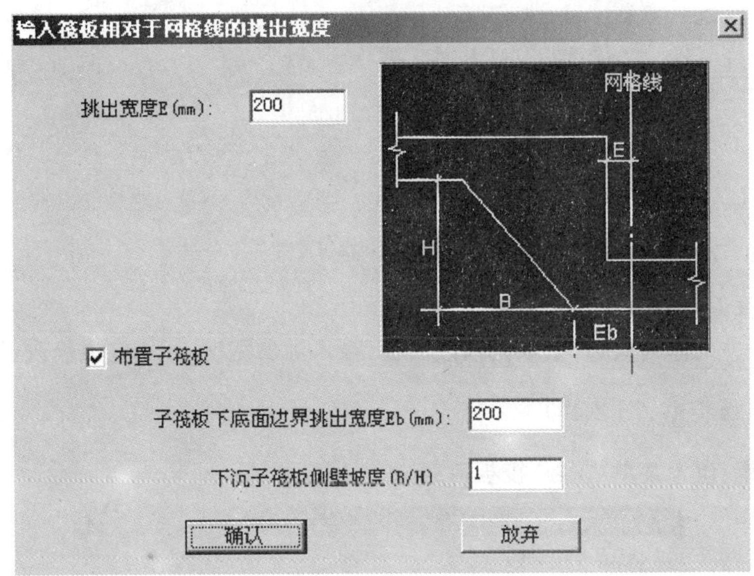

图 2-40　筏板挑宽、子筏板定义

操作说明:

○ 进入围区生成,屏幕显示图 2-39,选择〈**新建**〉。

○ 屏幕显示图 2-37,输入有关参数,完成筏板定义。

○ 在图 2-38 选择〈**修改**〉,屏幕显示图 2-40,可修改挑宽及定义子筏板。

○ 在图 2-38 选择〈**布置**〉,完成筏板布置。

○ 筏板的构造要求:参见《建筑地基基础设计规范》(GB 50007—2002)第 8.4.3、8.4.4 条。

(2) 修改板边(图 2-41)

位置:位置菜单\筏板\修改板边

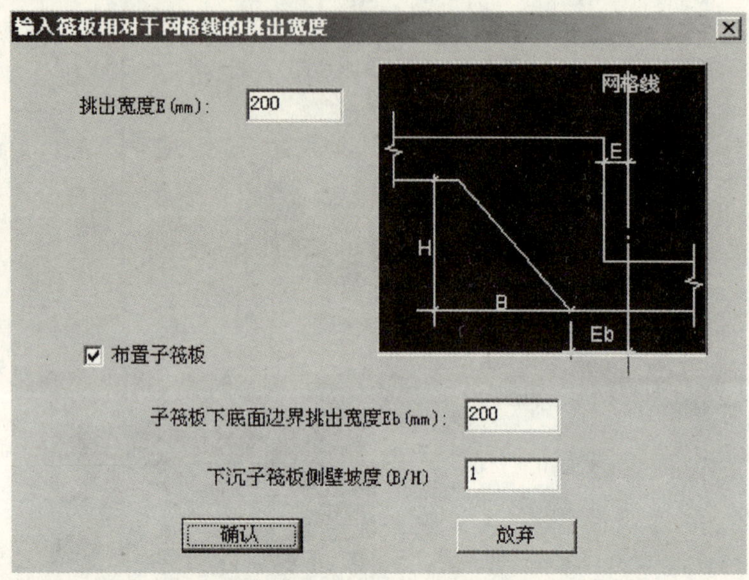

图 2-41 筏板挑出宽度

操作说明:

○ 进入修改板边,拾取要修改的板,输入挑出宽度,回车完成修改。

(3) 筏板荷载(图 2-42)

位置:位置菜单\筏板\筏板荷载

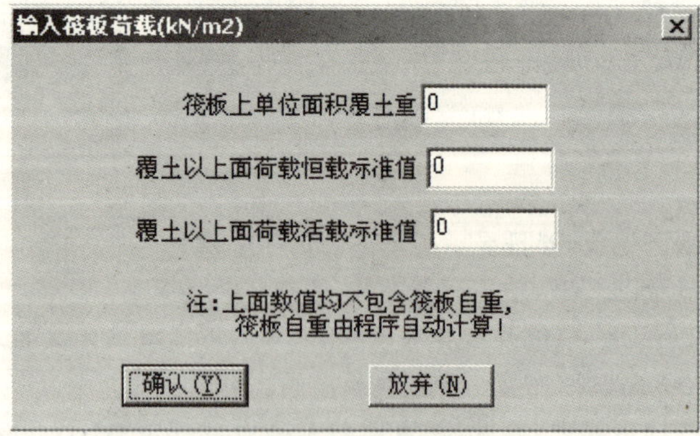

图 2-42 输入筏板荷载

操作说明：

○ **〈筏板上单位面积覆土重〉**：取加权平均值。

○ **〈覆土以上面荷载恒载标准值〉**：据实填写。

○ **〈覆土以上面荷载活载标准值〉**：据实填写。

(4) 柱冲切板

进入**〈柱冲切板〉**，可计算柱对筏板的冲切。

(5) 桩冲切板

进入**〈桩冲切板〉**，可计算桩对筏板的冲切。

(6) 内筒冲剪

进入**〈内筒冲剪〉**，可计算内筒对筏板的冲剪。

7. 地基梁(图 2-43)

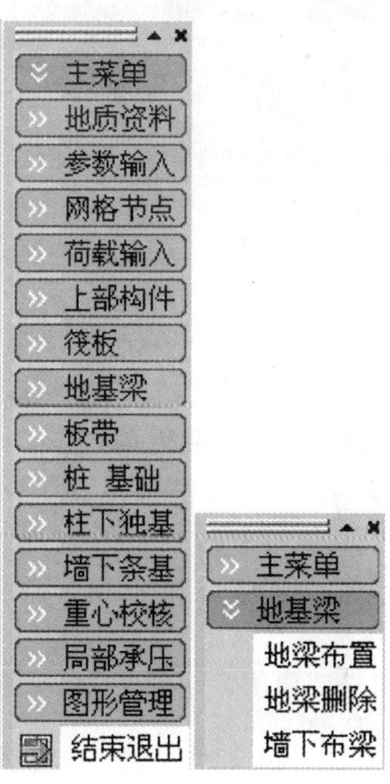

图 2-43 位置菜单

(1) 地梁布置(图 2-44、图 2-45)

位置：位置菜单\地基梁\地梁布置

构件选择

新建 修改 删除 布置 退出

序号	数据	特征
1	800., -2.000	

图 2-44　构件选择

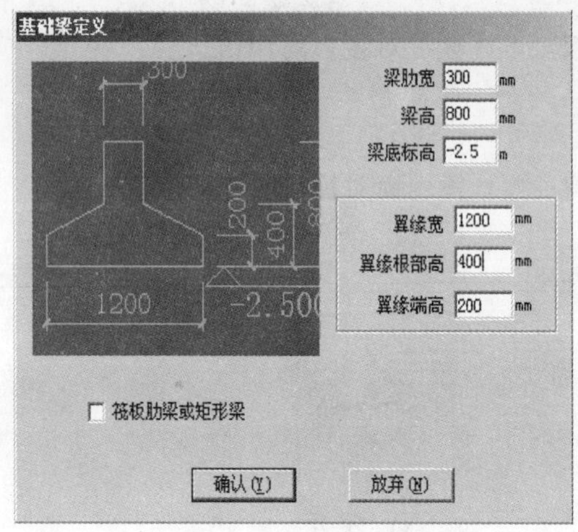

图 2-45　基础梁定义

操作说明及规范链接：

○ 进入〈**地梁布置**〉，屏幕显示图 2-44，选择〈**新建**〉。

○ 屏幕显示图 2-45，输入有关参数，完成地梁定义。

○ 在图 2-44 中选择〈**布置**〉，完成地梁布置。

○ 地梁的构造要求：参见《建筑地基基础设计规范》(GB 50007—2002)第 8.3.1 条。

(2) 墙下布梁

用于墙下布梁，梁截面程序内定。

位置：位置菜单\地基梁\墙下布梁

8. 板带(图 2-46)

板带布置

位置：位置菜单\板带\板带布置

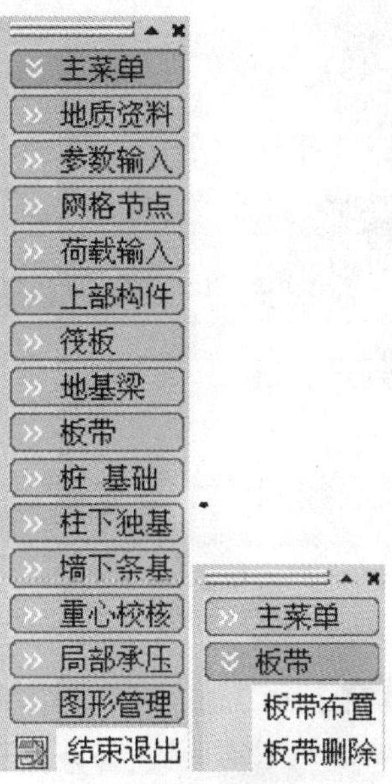

图 2-46 位置菜单

操作说明：

○ 进入〈**板带布置**〉，在柱间网格上布置板带，板带宽度程序内定。

9. 桩基础(图 2-47)

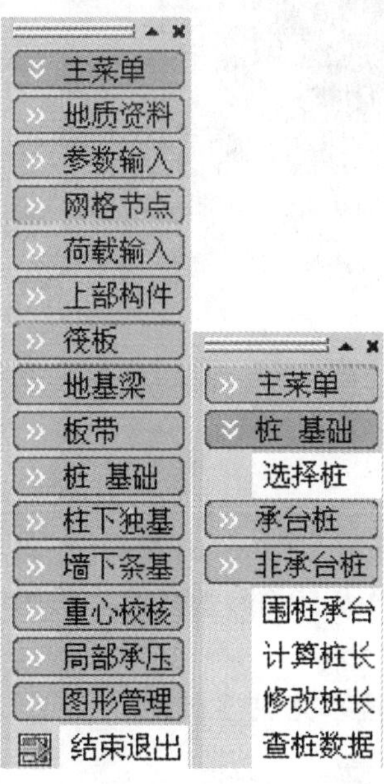

图 2-47 位置菜单

(1) 选择桩(图 2-48、图 2-49)

位置:位置菜单\桩基础\选择桩

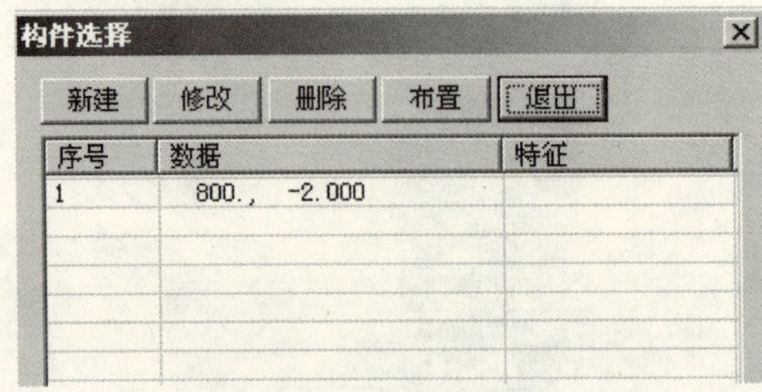

图 2-48 构件选择

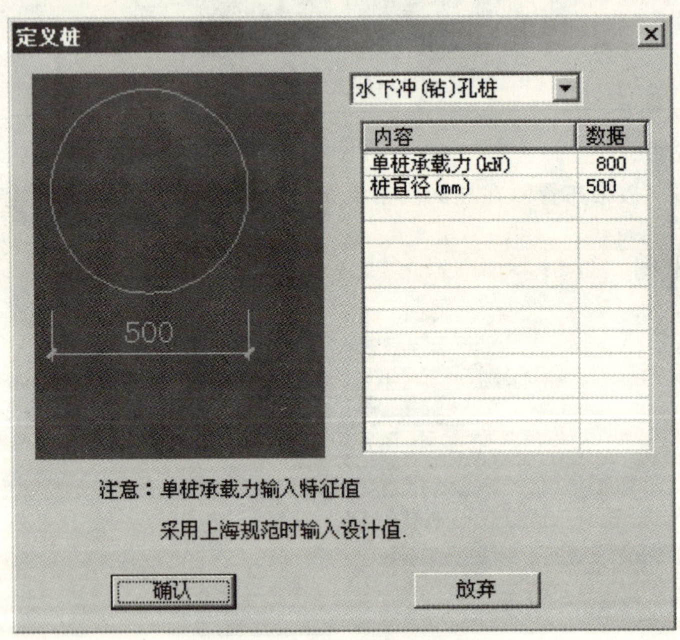

图 2-49 定义桩

操作说明:

○ 进入〈**选择桩**〉,屏幕显示图 2-48,选择〈**新建**〉。

○ 屏幕显示图 2-49,输入有关参数或移入如图 1-11 的桩的试算结果,完成桩定义。

○ 在图 2-48 选择〈**布置**〉,完成桩布置。

(2) 承台桩(图 2-50)

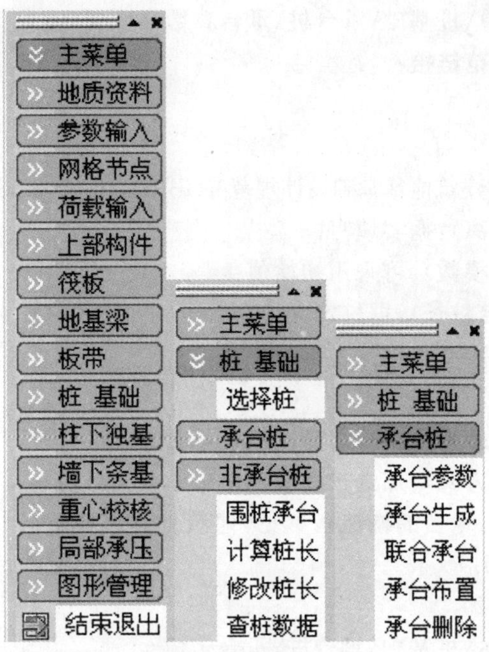

图 2-50 位置菜单

①**承台参数**(图 2-51)

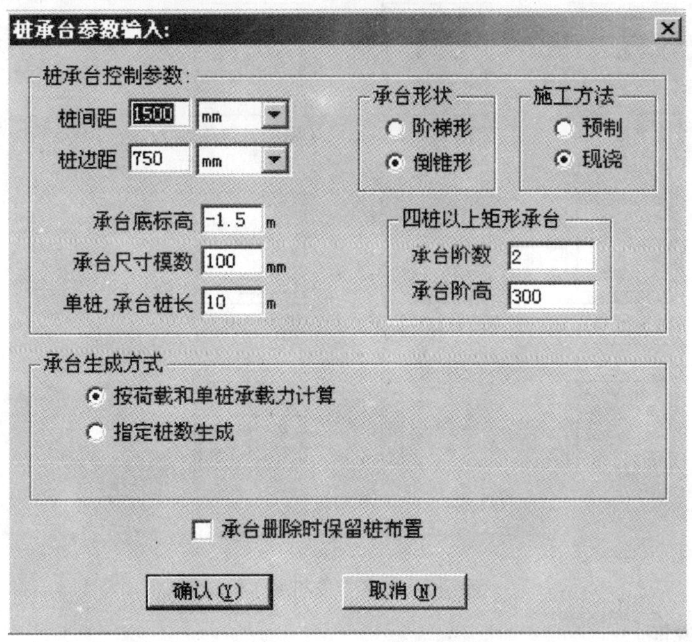

图 2-51 桩承台参数输入

位置:位置菜单\桩基础\承台桩\承台参数

操作说明及规范链接:

○ **〈桩间距〉**

○ **〈桩边距〉**

以上二项参见《建筑地基基础设计规范》(GB 50007—2002)第8.5.2条第1款。

○ **〈承台底标高〉**:据实填写。

○ **〈承台尺寸模数〉**:可采用初始值。

○ **〈单桩、承台桩长〉**:据桩定义填写。

○ **〈承台形状〉**:可点选倒锥形。

○ **〈施工方法〉**:可点选现浇。

○ **〈四桩以上矩形承台〉**:总高同三桩承台。

○ **〈承台生成方式〉**:点选按荷载和单桩承载力计算。

○ **〈桩和桩基、承台的构造〉**:参见《建筑地基基础设计规范》(GB 50007—2002)第8.5.2、8.5.15条。

②承台生成(图2-52)

位置:位置菜单\桩基础\承台桩\承台生成

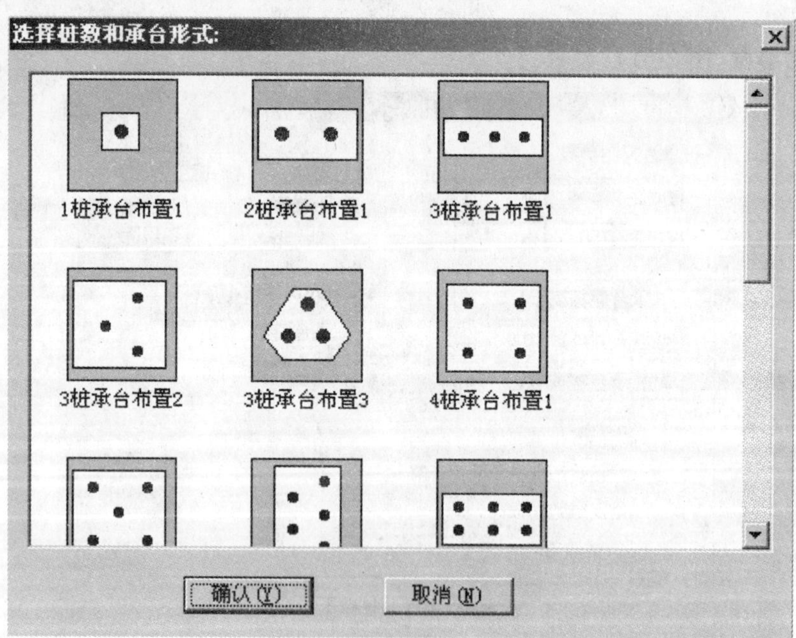

图2-52 选择桩数和承台形式

操作说明:

○ 进入**〈承台生成〉**,需确定承台生成的方式;

○ 如选择〈**按荷载和单桩承载力计算**〉，则程序自动计算承台大小；

○ 如选择〈**指定桩数生成**〉，则程序出现图 2-52 所示对话框，可选择承台布置方式。

③联合承台

位置：位置菜单\桩基础\承台桩\联合承台

操作说明：

○ 进入〈**联合承台**〉，可人为划定联合承台的生成范围。执行此菜单需在〈**承台参数**〉中设置承台生成参数为〈**指定桩数生成**〉。

④承台布置(图 2-53、图 2-54)

位置：位置菜单\桩基础\承台桩\承台布置

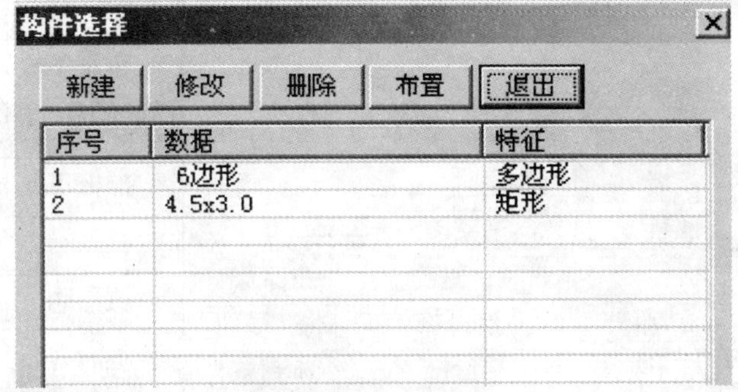

图 2-53 构件选择

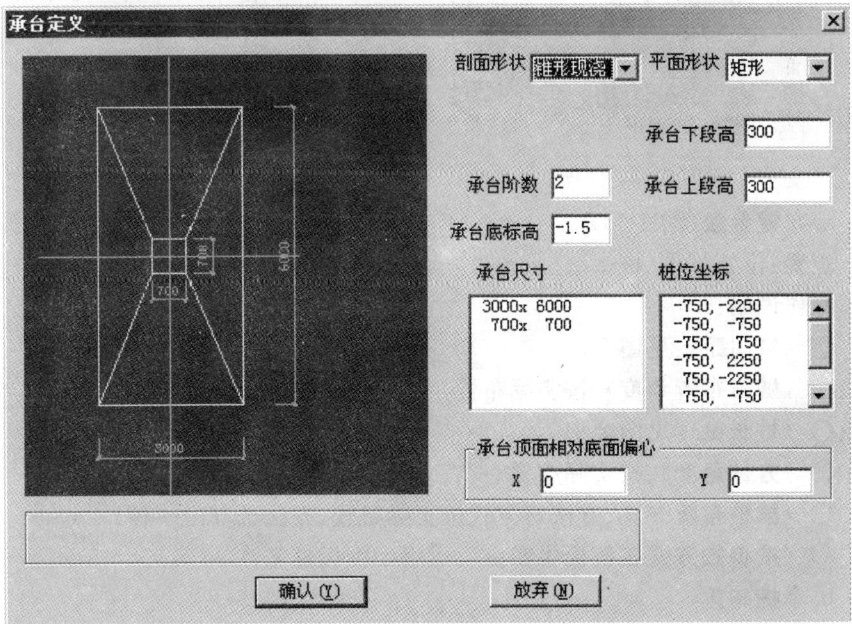

图 2-54 承台定义

操作说明及规范链接：

○ 进入承台布置，屏幕显示图2-53，选择〈**新建**〉。

○ 屏幕显示图2-54，输入有关参数，完成承台定义。

○ 在图2-53选择〈**布置**〉，完成承台布置。

○ 在图2-53选择〈**新建**〉，屏幕显示图2-55，进行参数重新定义。

承台桩定义（图2-55）

位置：位置菜单\桩基础\承台桩\承台布置\新建*承台桩*

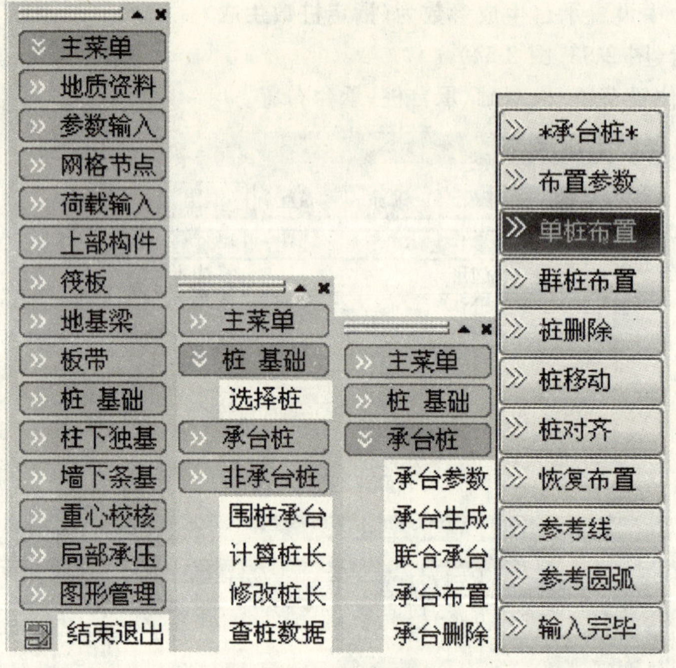

图2-55 位置菜单

a. 布置参数（图2-56）

位置：位置菜单\桩基础\承台桩\承台布置\新建\布置参数

操作说明：

○ 〈**桩间距**〉：见图2-51。

○ 〈**桩群布置角度**〉：按实际布置。

○ 〈**桩长度**〉：见图2-51。

○ 〈**方桩角度**〉：按实际布置。

○ 〈**群桩布置方式、方法**〉：方式按实际布置，方法选其中一种。

○ 〈**按参数方式在筏板中布桩**〉：适用于筏板桩基。

b. 单桩布置

位置：位置菜单\桩基础\承台桩\承台布置\新建\单桩布置

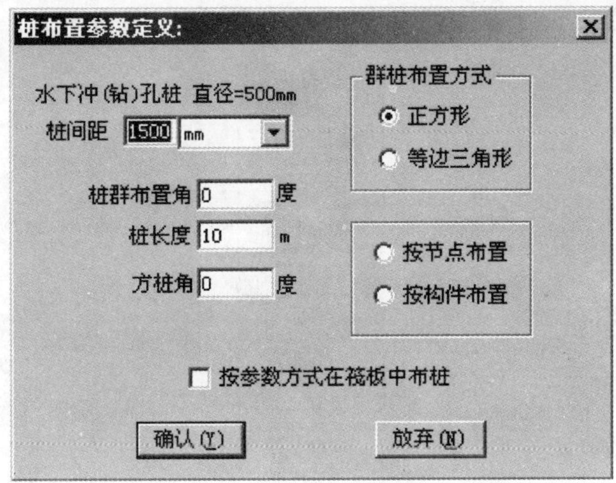

图 2-56

操作说明:

○ 进入〈**单桩布置**〉,可通过移动光标直接布置桩。

c. 群桩布置(图 2-57)

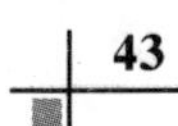

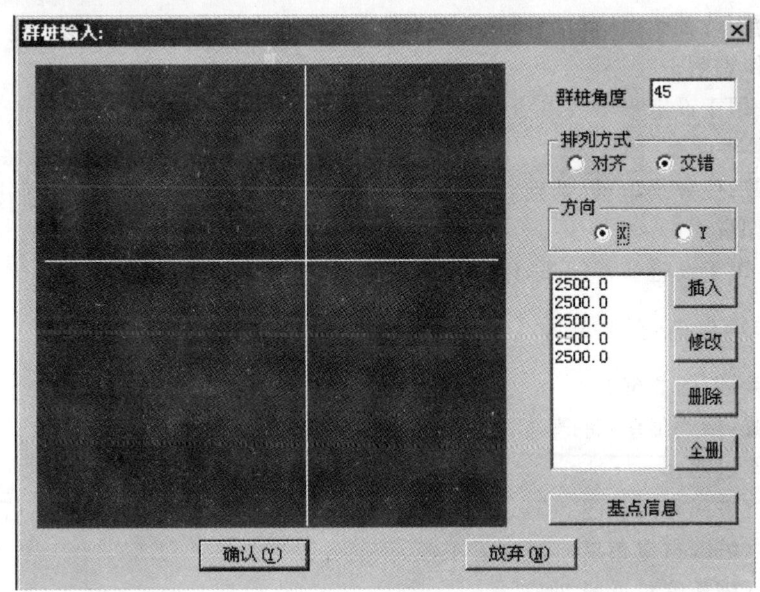

图 2-57 群桩输入

位置:位置菜单\桩基础\承台桩\承台布置\新建\群桩布置

操作说明:

○ 进入〈**群桩布置**〉,可通过输入角度、排列方式以及方向等参数输入群桩。

d. 桩对齐(图 2-58)

位置:位置菜单\桩基础\承台桩\承台布置\新建\桩对齐

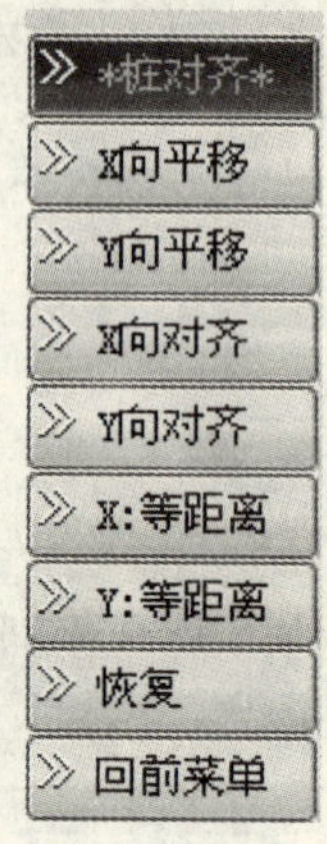

图 2-58　桩对齐

操作说明:

○ 进入〈桩对齐〉,在菜单的引导下进行操作,可对桩的位置进行精确定位。

e. 参考线

位置:位置菜单\桩基础\承台桩\承台布置\新建*承台桩*\参考线

操作说明:

○ 用于设定参考线以方便布桩。

f. 参考圆弧

位置:位置菜单\桩基础\承台桩\承台布置\新建*承台桩*\参考圆弧

操作说明:

○ 用于设定参考圆弧,以方便布桩。

(3) 非承台桩(图 2-59)

①布置参数(图 2-60)

位置:位置菜单\桩基础\非承台桩\布置参数

操作说明:

○ **〈桩间距〉**:见图 2-51。

○ **〈桩群布置角度〉**:按实际布置。

○ **〈桩长度〉**:见图 2-51。

○ **〈方桩角度〉**:按实际布置。

○ **〈群桩布置方式、方法〉**:方式按实际布置,方法选其中一种。

○ **〈按参数方式在筏板中布桩〉**:适用于桩筏基础。

②筏板布桩(图 2-61、图 2-62)

位置:位置菜单\桩基础\非承台桩\筏板布桩

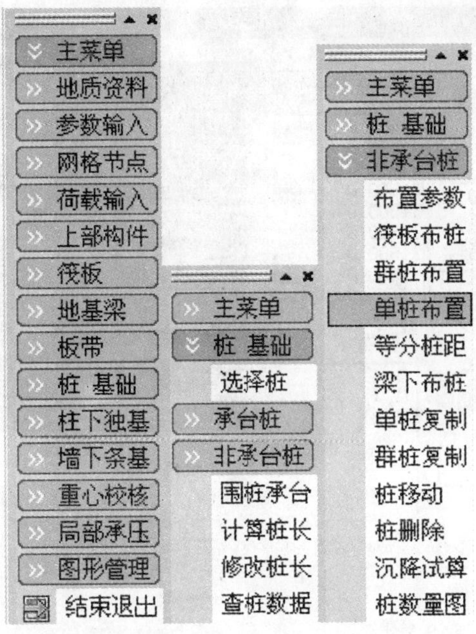

图 2-59　位置菜单

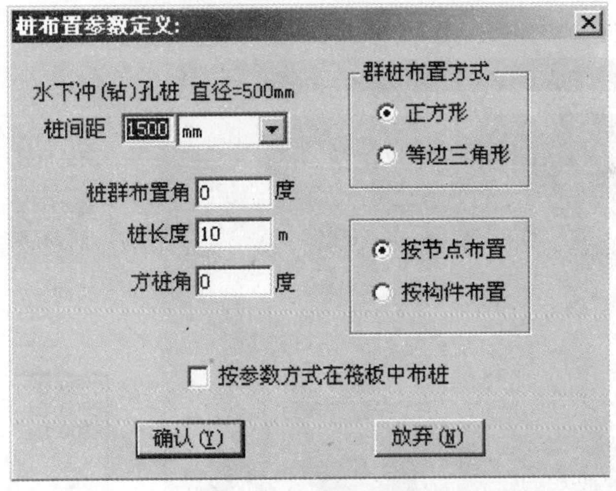

图 2-60　桩布置参数定义

图 2-61　群桩布置

操作说明:

○ 进入〈**筏板布桩**〉,可据图 2-61 的提示直接布桩,也可据图 2-62 的提示,输入参数,进行布桩。

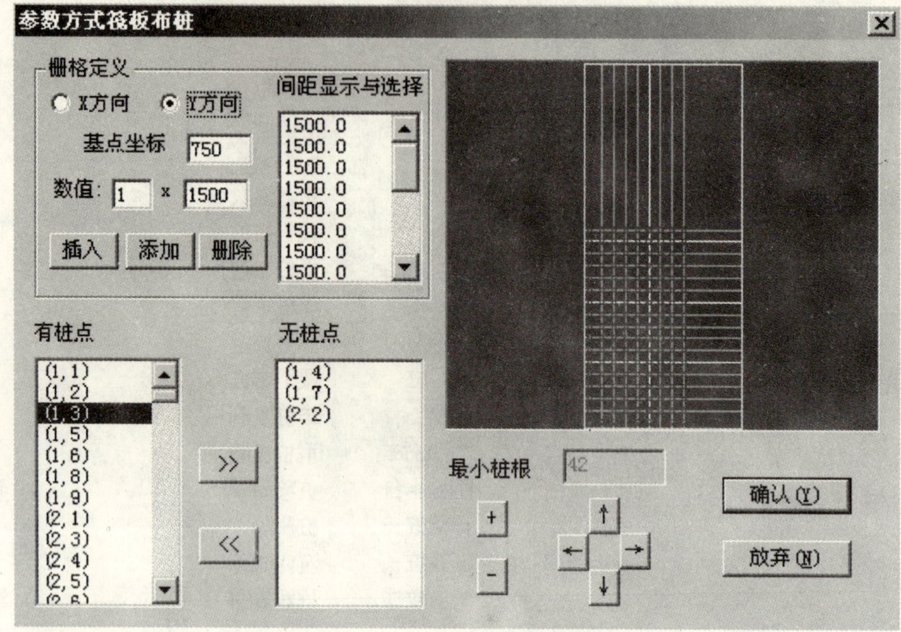

图 2-62　参数方式筏板布桩

③群桩布置(图 2-63)

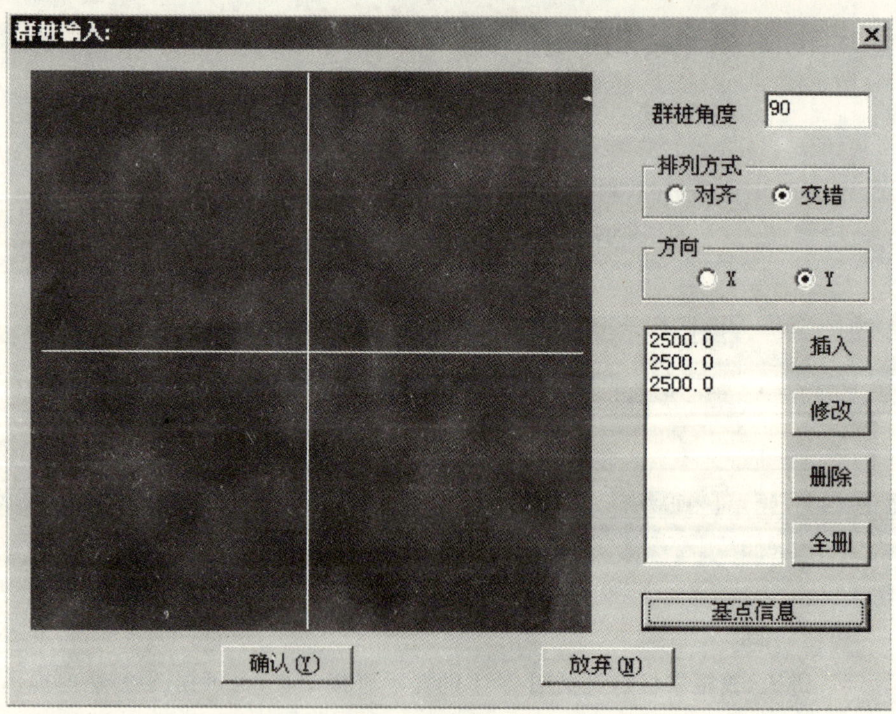

图 2-63　群桩布置

位置:位置菜单\桩基础\非承台桩\群桩布置

操作说明:

○ 进入(群桩布置),输入图示参数,进行群桩布置。

④**单桩布置**(图 2-64)

位置:位置菜单\桩基础\非承台桩\单桩布置

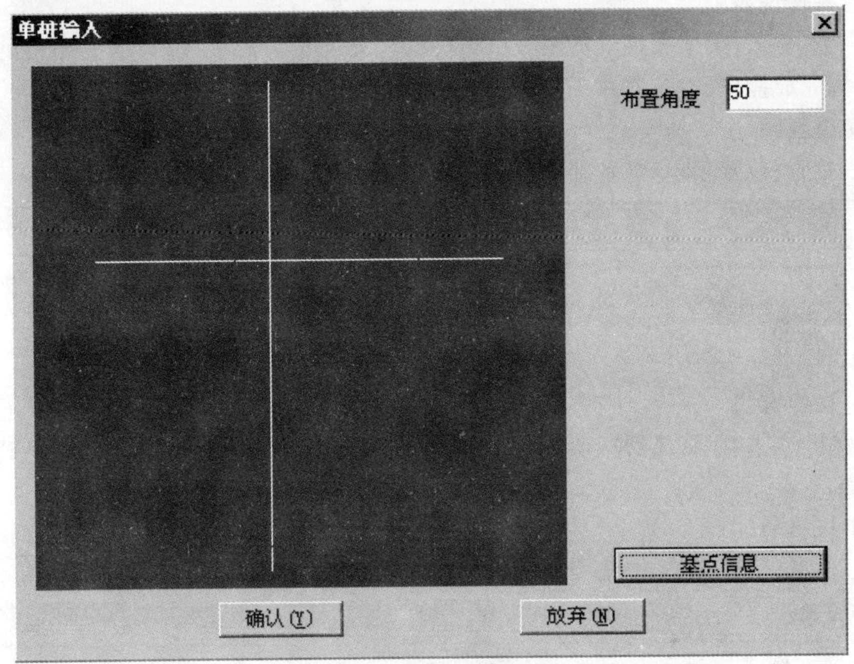

图 2-64 单桩布置

操作说明:

○ 进入〈**单桩布置**〉,输入图示参数,进行单桩布置。

⑤**等分桩距**(图 2-65)

位置:位置菜单\桩基础\非承台桩\等分桩距

图 2-65 等分桩距对话框

操作说明:

○ 进入〈**等分桩距**〉,输入桩距等分数,再选择要等分的两桩,则可完成等分桩距。

⑥**梁下布桩**(图 2-66)

位置:位置菜单\桩基础\非承台桩\梁下布桩

=请选择桩的排数 =
单 排
交 错
双 排

图 2-66 梁下布桩对话框

操作说明:

○ 进入〈**梁下布桩**〉,据图 2-66 的提示,填入布置参数,选择需要布桩的地梁,则完成操作。

⑦单桩复制(图 2-67)

位置:位置菜单\桩基础\非承台桩\单桩复制

请输入第一方向的复制间距和次数(1500, 1).

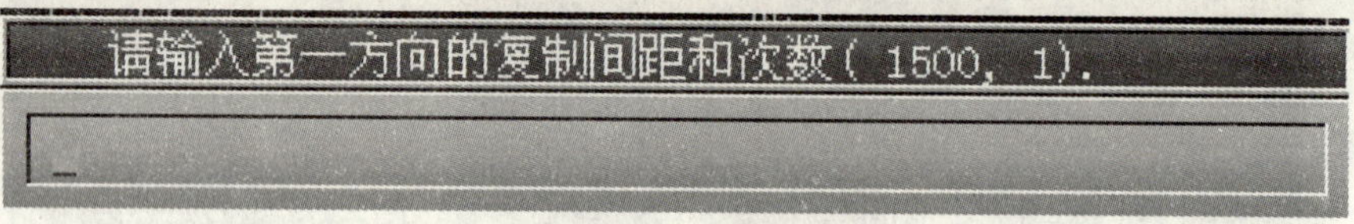

图 2-67 单桩复制对话框

操作说明:

○ 进入〈**单桩复制**〉,选择被复制的桩,填入复制间距和次数,完成单桩的复制。

⑧群桩复制(图 2-68)

位置:位置菜单\桩基础\非承台桩\群桩复制

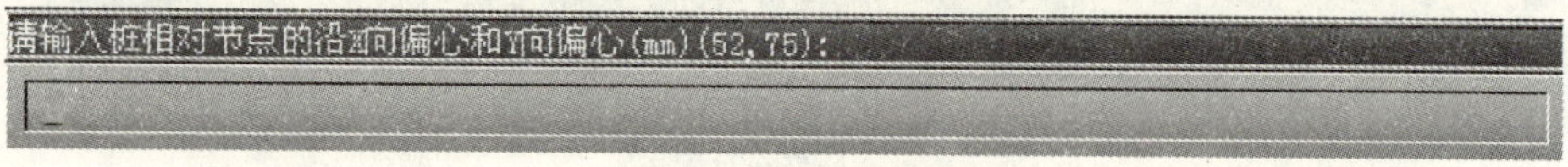

请输入桩相对节点的沿x向偏心和y向偏心(mm)(52,75):

图 2-68 群桩复制对话框

操作说明:

○ 进入〈**群桩复制**〉,选择被复制的群桩,填入群桩的复制偏向,完成群桩的复制。

⑨沉降试算(图 2-69、图 2-70)

位置:位置菜单\桩基础\非承台桩\沉降试算

操作说明及规范链接:

○ 进入〈**沉降试算**〉,选定桩型,拾取试算的桩筏板,程序自动给出沉降曲线。

明德林应力公式:参见《建筑地基基础设计规范》(GB 50007—2002)(附录第 R.0.4 条)。

○ 在图 2-69 中〈**选择桩**〉按钮,可选择不同的桩型进行沉降计算。

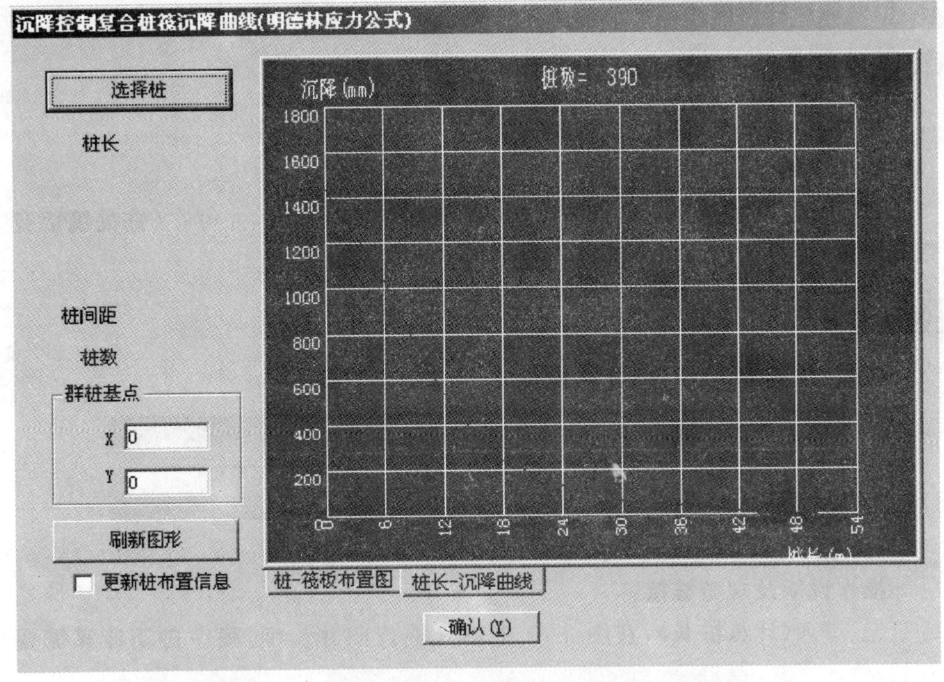

图 2-69　沉降控制符合桩筏沉降曲线(明德林应力公式)

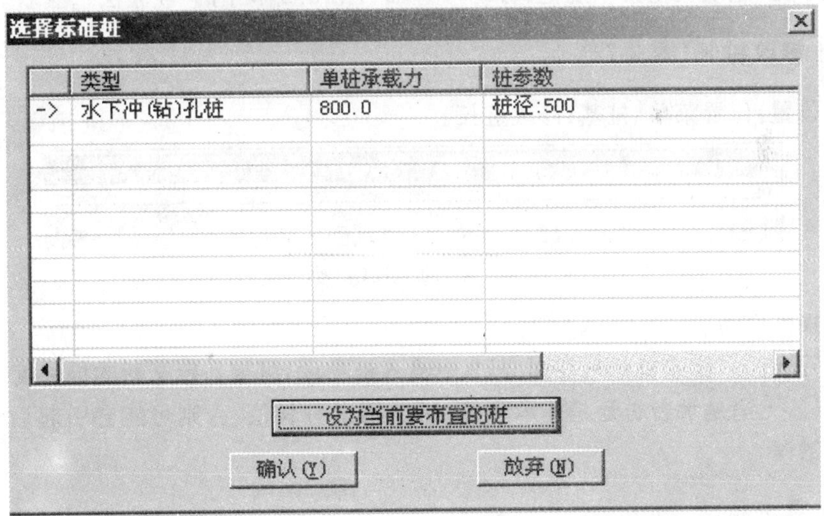

图 2-70　选择标准桩

⑩**桩数量图:**

位置:位置菜单\桩基础\非承台桩\桩数量图

操作说明:

○ 进入〈**桩数量图**〉,可显示已布置桩的数量,筏板抗力、筏板合力及其坐

标，根据这些数据决定增加或减少桩的数量。

(4) 围桩承台

位置：位置菜单\桩基\围桩承台

操作说明：

○ 进入〈**围桩承台**〉，围选若干桩，程序自动生成承台，并可在〈**桩筏筏板有限元计算**〉中得到内力以及配筋计算结果。

(5) 计算桩长(图 2-71)

位置：位置菜单\桩基\计算桩长

图 2-71 桩长归并长度(m)对话框

操作说明及规范链接：

○ 进入〈**计算桩长**〉，在图 2-71 中输入桩长归并长度，程序自动计算需要桩长。

参见《建筑桩基技术规范》(JGJ 94—94)第 5.2 节中的“经验法”。

(6) 修改桩长(图 2-72)

位置：位置菜单\桩基\修改桩长

图 2-72 输入桩长度(m)对话框

操作说明：

○ 进入〈**修改桩长**〉，在图 2-72 中输入桩长度，可重新定义新的桩长度。

○ 无论是承台桩还是非承台桩，必须给出桩长值，否则可能会引起后续计算的错误。

(7) 查桩数据(图 2-73)

位置：位置菜单\桩基\查桩数据

操作说明：

○ 进入〈**查桩数据**〉，选定需要查询的范围，程序自动给出所选范围的桩数据，如图 2-73 所示。

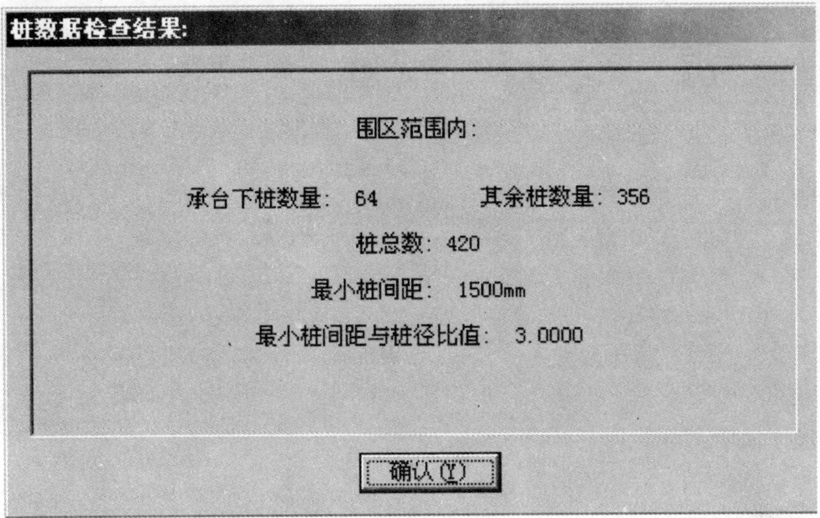

图 2-73　桩数据检查结果

10. 柱下独基(图 2-74)

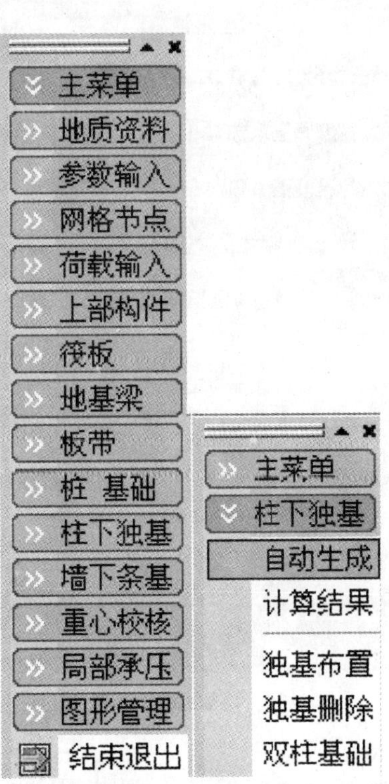

图 2-74　位置菜单

(1) 自动生成(图 2-75～图 2-78)

位置:位置菜单\柱下独基\自动生成

1 轴线方式选取
2 窗口方式选取
3 直接方式点取
4 围区方式选取

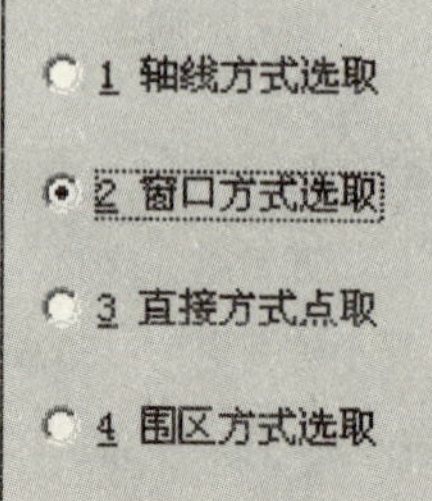

图 2-75 布置方式

操作说明:

○ 点选其中一种后,屏幕显示图 2-76、图 2-77。

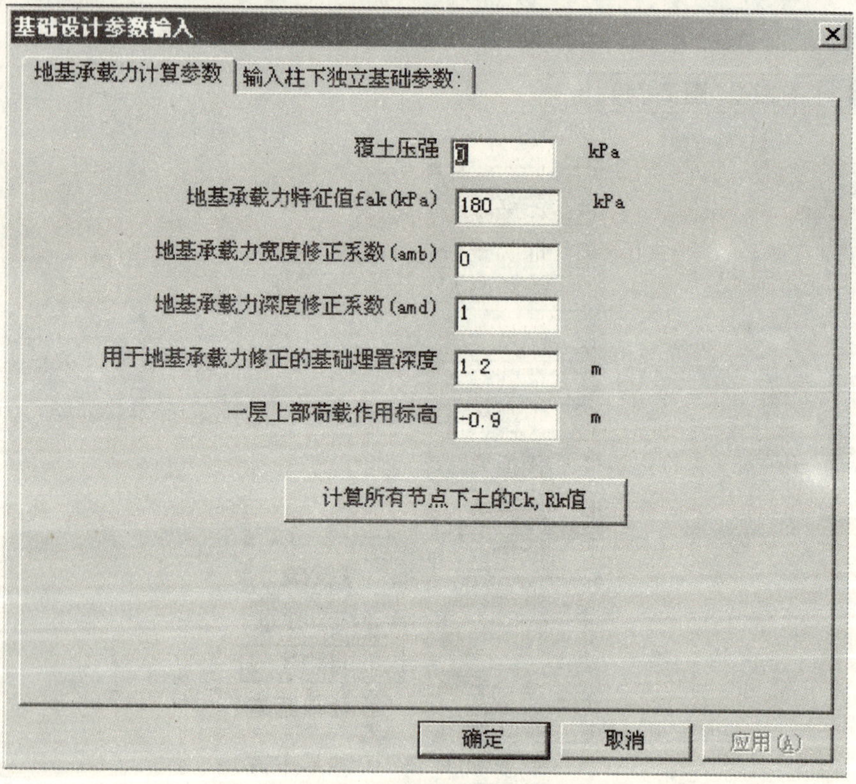

基础设计参数输入
地基承载力计算参数
输入柱下独立基础参数:
覆土压强
0
kPa
地基承载力特征值fak(kPa)
180
kPa
地基承载力宽度修正系数(amb)
0
地基承载力深度修正系数(amd)
1
用于地基承载力修正的基础埋置深度
1.2
m
一层上部荷载作用标高
-0.9
m
计算所有节点下土的Ck, Rk值
确定
取消
应用(A)

图 2-76 地基承载力计算参数

操作说明及规范链接:

○ **〈覆土压强〉**:应取加权平均值。

○ **〈地基承载力特征值 f_{ak}(kPa)〉**:应据地质报告填入。

○ **〈地基承载力宽度修正系数 amb〉**：初始值为 0。

参见《建筑地基基础设计规范》(GB 50007—2002)第 5.2.4 条确定，具体数值见表 2-1。

○ **〈地基承载力深度修正系数 amd〉**：初始值为 1。

参见《建筑地基基础设计规范》(GB 50007—2002)第 5.2.4 条确定。

○ **〈用于地基承载力修正的基础埋置深度 d(m)〉**：

参见《建筑地基基础设计规范》(GB 50007—2002)第 5.2.4 条确定。

○ **〈计算所有节点下的 c_k，R_k〉**：一般情况下不用点击。

参见《建筑地基基础设计规范》(GB 50007—2002)附录 E。

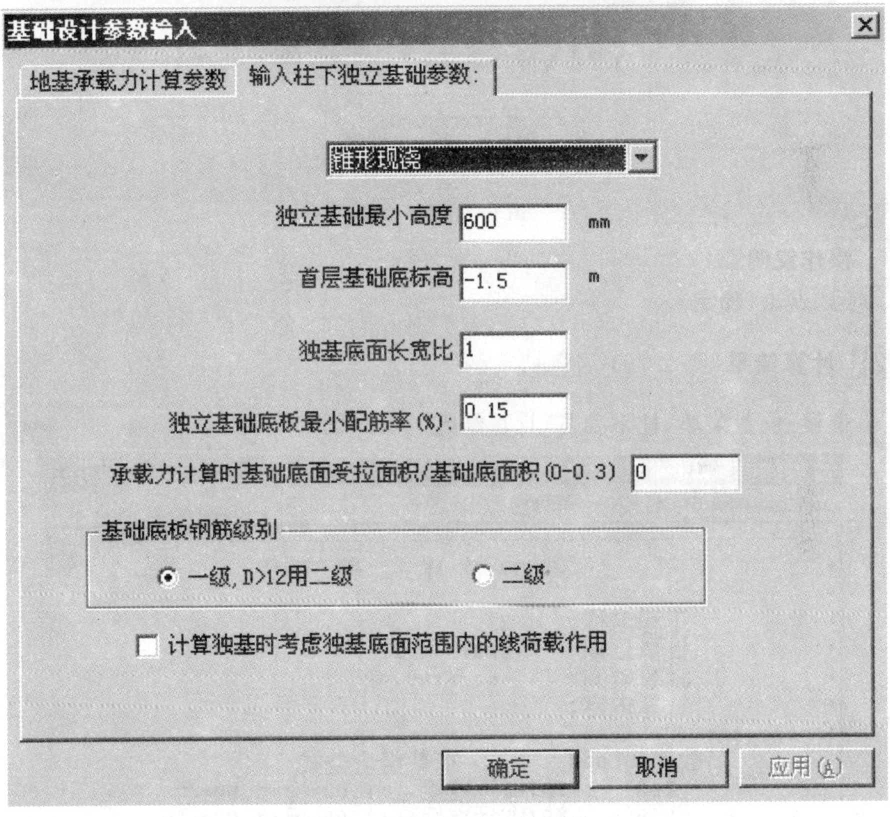

基础设计参数输入

地基承载力计算参数　输入柱下独立基础参数:

锥形现浇

独立基础最小高度 600 mm

首层基础底标高 -1.5 m

独基底面长宽比 1

独立基础底板最小配筋率(%): 0.15

承载力计算时基础底面受拉面积/基础底面积(0-0.3) 0

基础底板钢筋级别

一级, D>12用二级　二级

计算独基时考虑独基底面范围内的线荷载作用

确定　取消　应用(A)

图 2-77　输入柱下独立基础参数

操作说明及规范链接：

○ **〈独基选型〉**：

JCCAD 给出有“锥形现浇”、“锥形预制”、“阶形现浇”、“阶形预制”、“锥形短柱”、“锥形高杯”、“阶形短柱”、“阶形高杯”共八种独立基础类型，根据需要选择独立基础类型。

○ **〈独立基础最小厚度〉**:可取隐含值 600。

○ **〈首层基底高程〉**:据实填写。

○ **〈独基底面长宽比〉**:可参照柱的长宽比。

○ **〈独立基础底板最小配筋率〉**:可取隐含值,0.15%。

参见《混凝土结构设计规范》(GB 50010—2002)第 9.5.2 条。

○ **〈承载力受拉面积/基底面积〉**:取 0。

○ **〈基础底板钢筋级别〉**:可点选一级钢。

○ **〈计算独基时考虑线荷载的影响〉**:勾选。

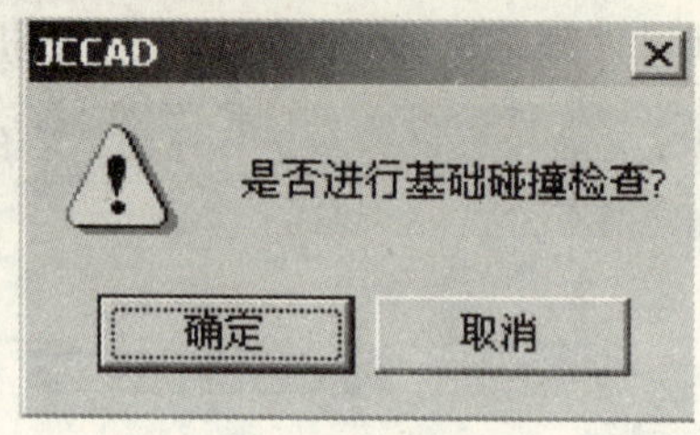

图 2-78　碰撞检查

操作说明:

○ 点击〈**确定**〉。

(2) 计算结果(图 2-79)

位置:位置菜单\柱下独基\计算结果

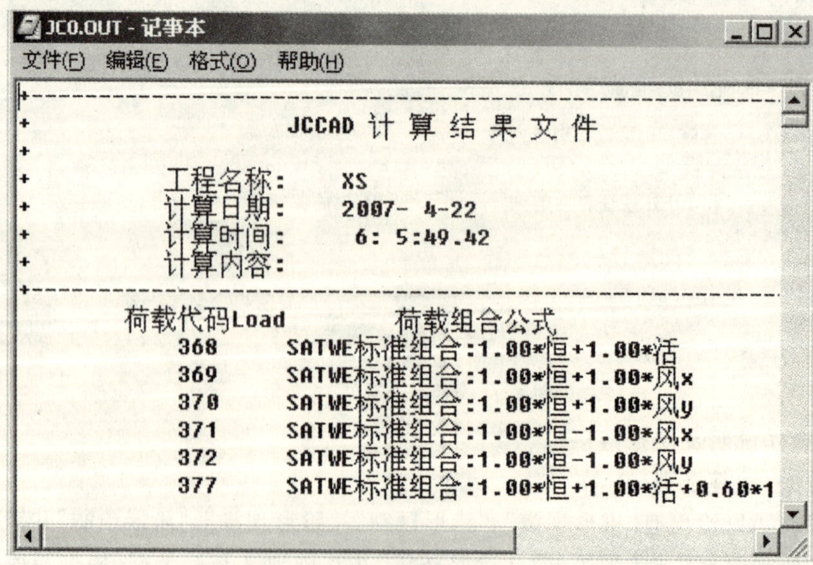

图 2-79　计算结果文件

操作说明：

○ 进入〈**计算结果**〉，程序给出文本计算结果。

(3) 独基布置(图 2-80～图 2-84)

位置：位置菜单\柱下独基\独基布置

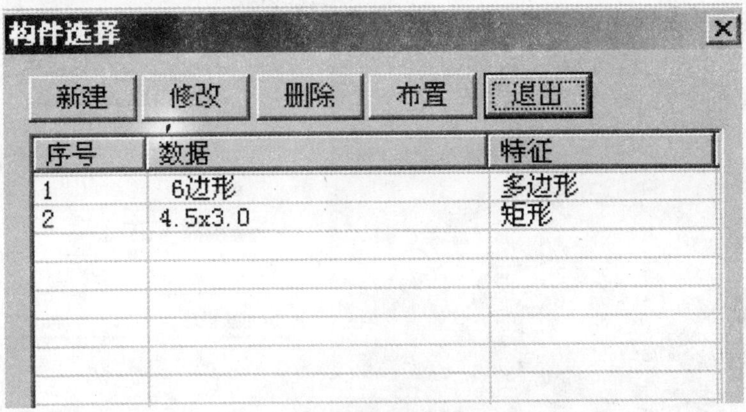

构件选择

新建 修改 删除 布置 退出

序号	数据	特征
1	6边形	多边形
2	4.5x3.0	矩形

图 2-80　构件选择

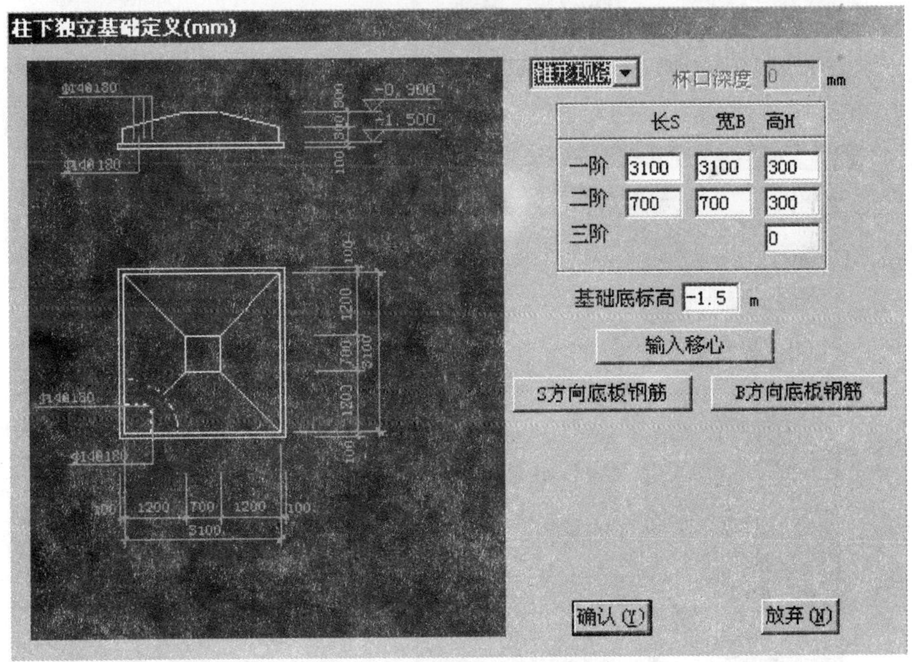

图 2-81　柱下独立基础定义

操作说明：

○ 进入〈**独基布置**〉，程序给出“构件选择”对话框，选择〈**新建**〉，屏幕显

示图2-81“柱下独立基础定义”对话框，填入有关参数，可完成“柱下独立基础定义”。

○ JCCAD提供的独立基础有：

“锥形现浇”、“锥形预制”、“阶形现浇”、“阶形预制”、“锥形短柱”、“锥形高杯”、“阶形短柱”、“阶形高杯”共八种，具体形式及尺寸参数如图2-82所示。

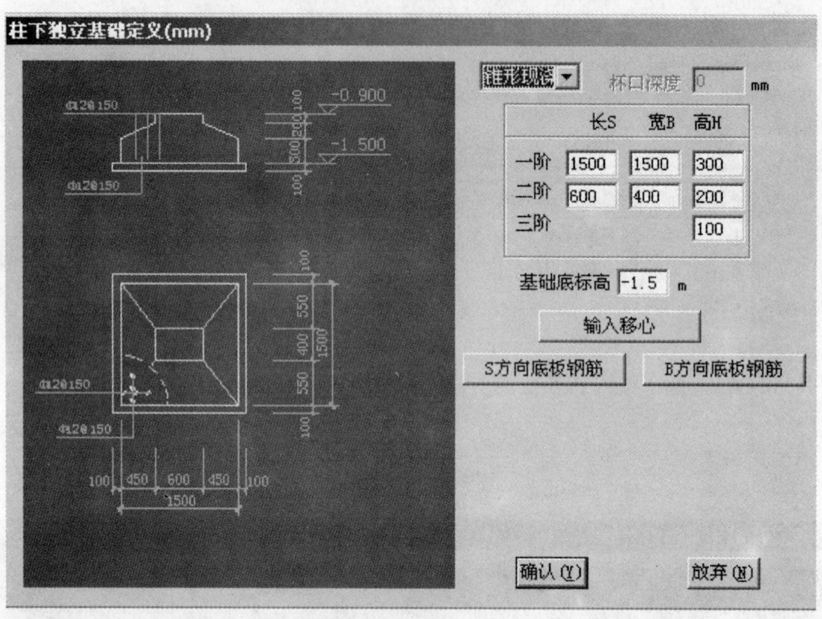

a）锥形现浇

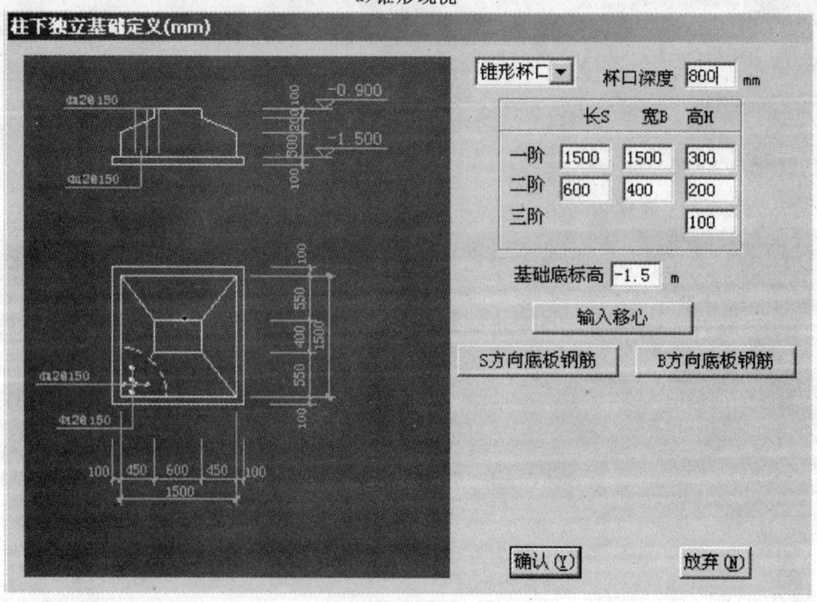

b）锥形预制

图 2-82

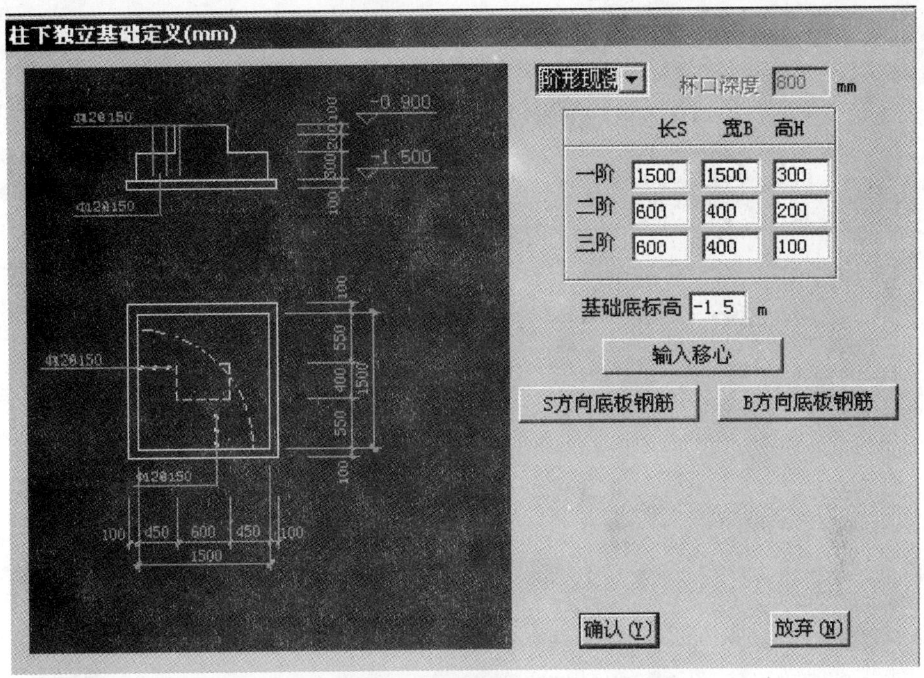

c)阶形现浇

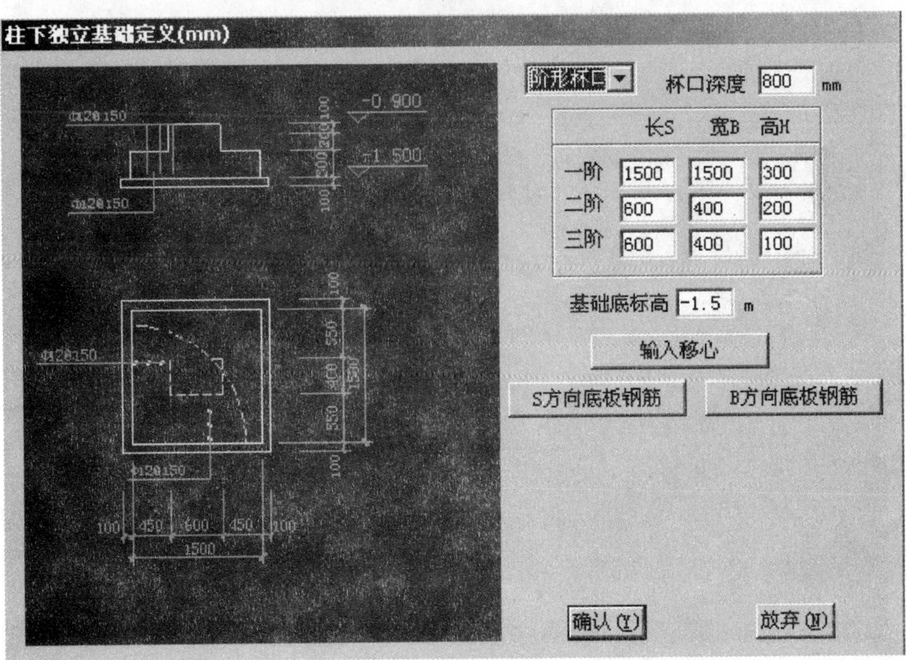

d)阶形预制

图 2-82

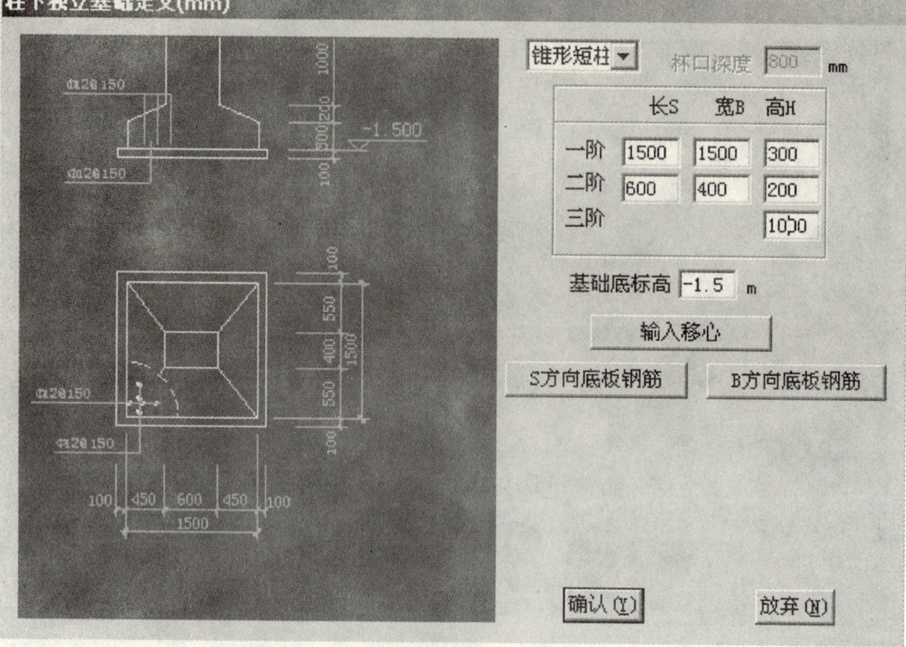

e)锥形短柱

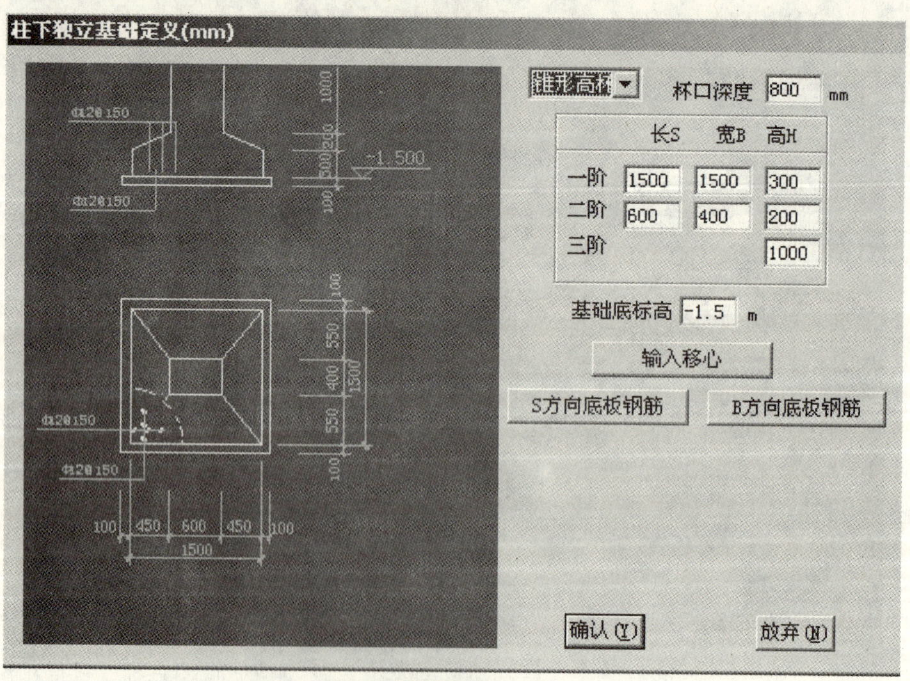

f)锥形高杯

图 2-82

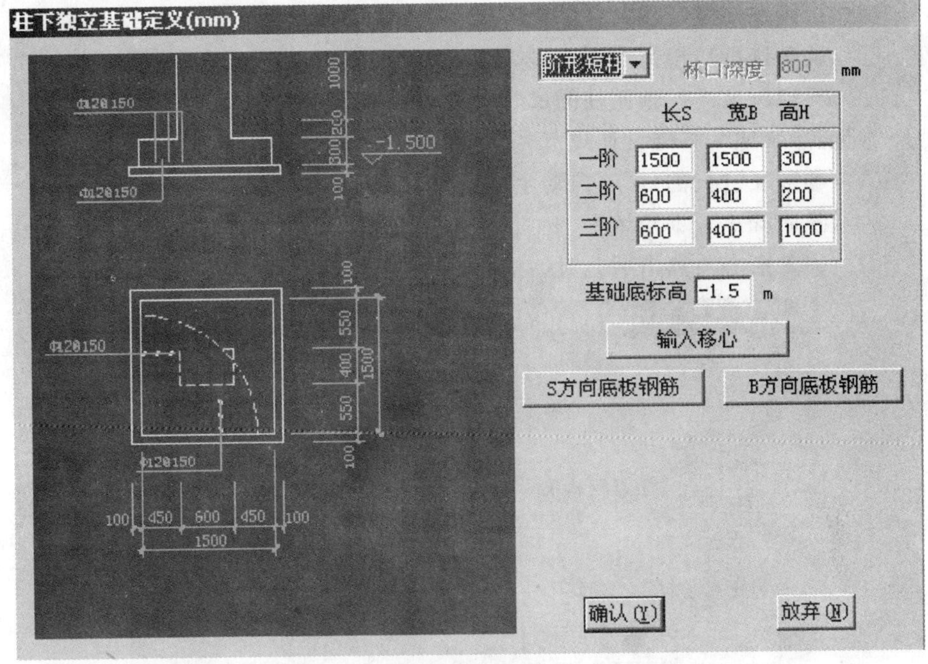

g) 阶形短柱

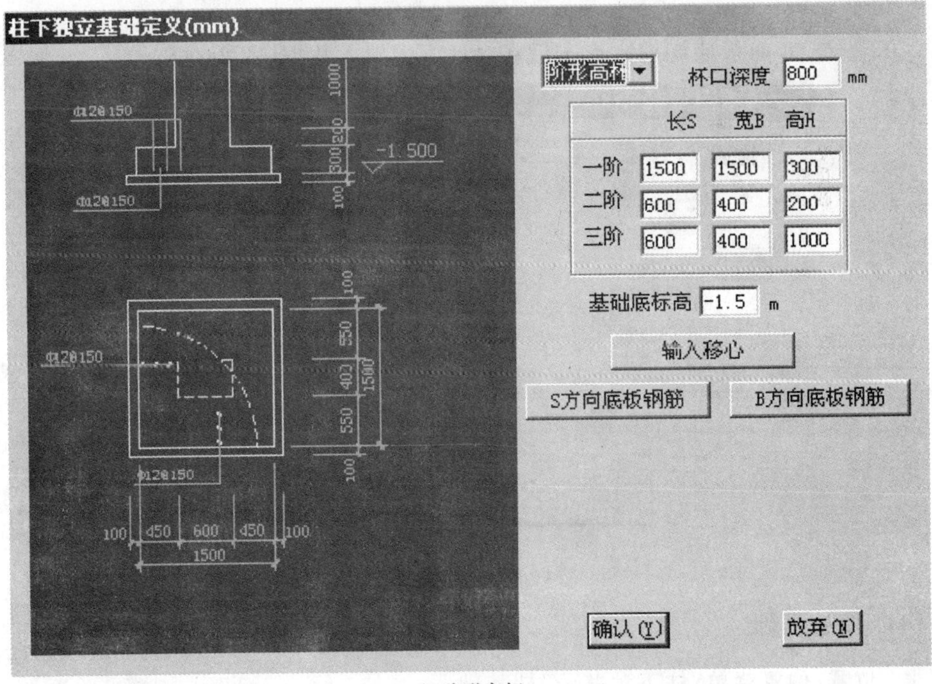

h)阶形高杯

图 2-82 独立基础类型

操作说明及规范链接：

○ **〈基础选型〉**：根据需要选型。

○ **〈杯口深度〉**：和预制柱的尺寸有关。

参见《建筑地基基础设计规范》(GB 50007—2002)第8.2.5条。

○ **〈参数长、宽、高〉**：以**〈自动生成〉**的尺寸为准。

○ **〈基底标高〉**：据实填写。

○ **〈输入形心〉**：点击后在对话框内填入数据(图2-83)。

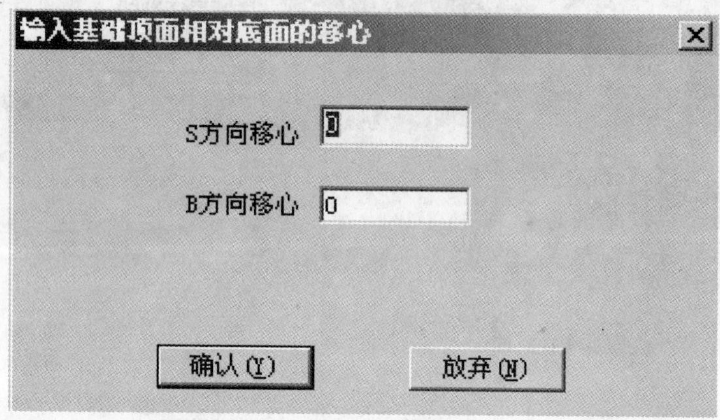

图2-83 输入形心

○ **〈S、B向板底钢筋〉**：点击后在对话框内填入数据(图2-84)。

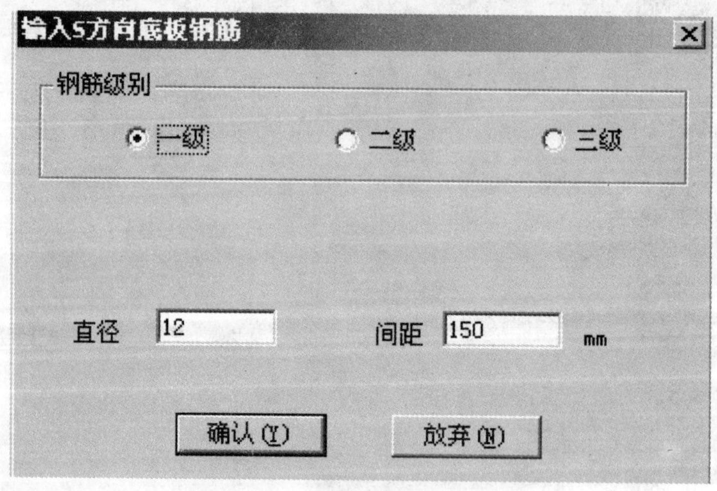

图2-84 输入S、B向板底钢筋

(4) 双柱基础

位置：位置菜单\柱下独基\双柱基础

操作说明：

○ 进入〈**双柱基础**〉，屏幕显示"构件选择"对话框，选择或新建一个"双柱基础"，再据程序提示，选定需要布置基础的两个柱节点，完成双柱基础的布置。

11. 墙下条基(图 2-85)

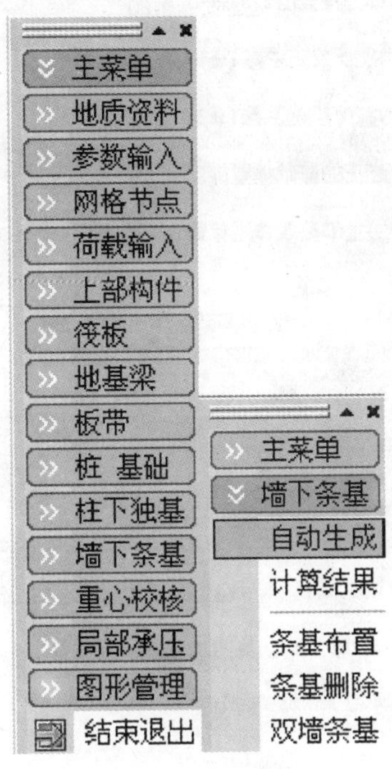

图 2-85　位置菜单

(1) 自动生成(图 2-86～图 2-88)

位置：位置菜单\墙下条基\自动生成

操作说明及规范链接：

○ 〈**覆土压强**〉：应取加权平均值。

○ 〈**地基承载力特征值 f_{ak}(kPa)**〉：应据地质报告填入。

○ 〈**地基承载力宽度修正系数 amb**〉：初始值为 0。

参见《建筑地基基础设计规范》(GB 50007—2002)第 5.2.4 条确定。

操作说明及规范链接：

○ 〈**首层基底标高**〉：据实填写。

○ 〈**砖放脚尺寸**〉：点选有砂浆缝 40。

○ 〈**毛石条基**〉：

基顶宽度：与墙宽有关，240 选 400，370 选 500；

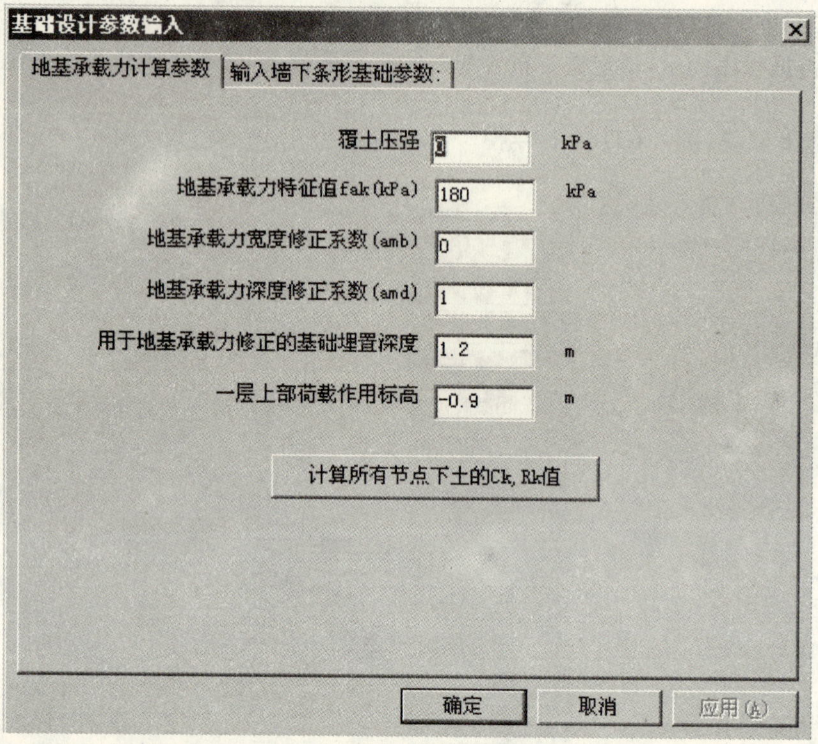

图 2-86　地基承载力计算参数

台阶宽 150～200；

台阶高 300～400；

宽高比 1∶2。

○ **〈无筋基础台阶宽高比〉**：与材料有关。

参见《建筑地基基础设计规范》(GB 50007—2002)第 8.1.2 条。

○ **〈基础底板钢筋级别〉**：可选一级。

○ **〈独立基础底板最小配筋率〉**：可用隐含值。

参见《混凝土结构设计规范》(GB 50010—2002)第 9.5.2 条。

○ **〈独基选型〉**：

JCCAD 给出的有"灰土基础"、"素混凝土基础"、"钢筋混凝土基础"、"带卧梁钢筋混凝土基础"、"毛石、片石基础"、"砖基础"、"钢混毛石基础"共 7 种。可根据需要选择类型形式。

操作说明：

○ 点击〈**确定**〉。

(2) 计算结果(图 2-89)

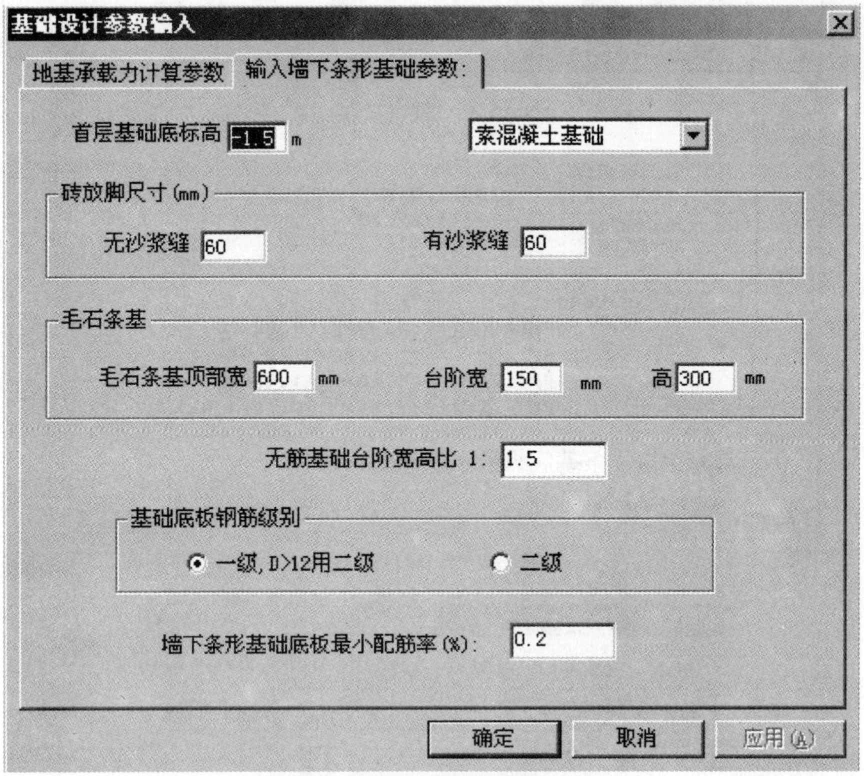

基础设计参数输入

地基承载力计算参数　输入墙下条形基础参数:

首层基础底标高 -1.5 m　素混凝土基础

砖放脚尺寸(mm)

无沙浆缝 60　有沙浆缝 60

毛石条基

毛石条基顶部宽 600 mm　台阶宽 150 mm　高 300 mm

无筋基础台阶宽高比 1: 1.5

基础底板钢筋级别

一级,D>12用二级　二级

墙下条形基础底板最小配筋率(%): 0.2

确定　取消　应用(A)

图 2-87　输入墙下条形基础参数

图 2-88　碰撞检查

位置:位置菜单\墙下条基\计算结果

操作说明:

○ 点击〈**计算结果**〉菜单,程序给出文本计算结果。

(3) 条基布置(图 2-90～图 2-94)

位置:位置菜单\墙下条基\条基布置

操作说明:

○ 进入〈**条基布置**〉,程序给出"构件选择"对话框,选择〈**新建**〉,屏幕显示(图 2-91)"柱下独立基础定义"对话框,填入有关参数,可完成"墙下条形基础定义"。

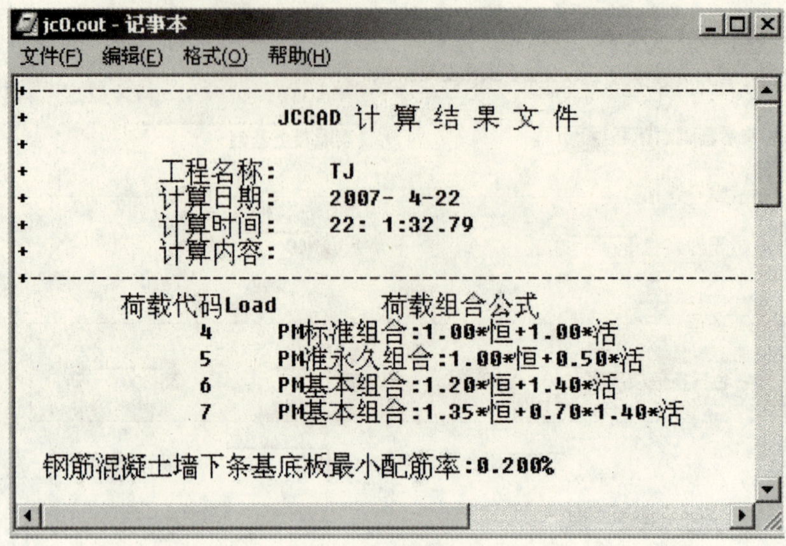

图 2-89 计算结果文件

构件选择

新建 修改 删除 布置 退出

序号	数据	特征
1	900, 1200	毛石
2	1200, 1200	毛石
3	1200, 1200	毛石
4	1200, 1200	混凝土

图 2-90 构件选择

○ JCCAD 提供的条形基础有：

“灰土基础”、“素混凝土基础”、“钢筋混凝土基础”、“带卧梁钢筋混凝土基础”、“毛石、片石基础”“砖基础”、“钢混毛石基础”共 7 种，具体形式及尺寸参数。如图 2-92 所示。

有配筋的条基，通过如图 2-93、图 2-94 对话框进行布置钢筋。

(4) **双墙条基**(图 2-95、图 2-96)

位置：位置菜单\墙下条基\双墙条基

操作说明：

○ 进入〈**双墙条基**〉，程序给出“构件选择”对话框(图 2-95)，根据需要选择或新建一个“双墙条基”后，在程序提示下，选择需要布置的双墙位置，完成双墙条基布置。

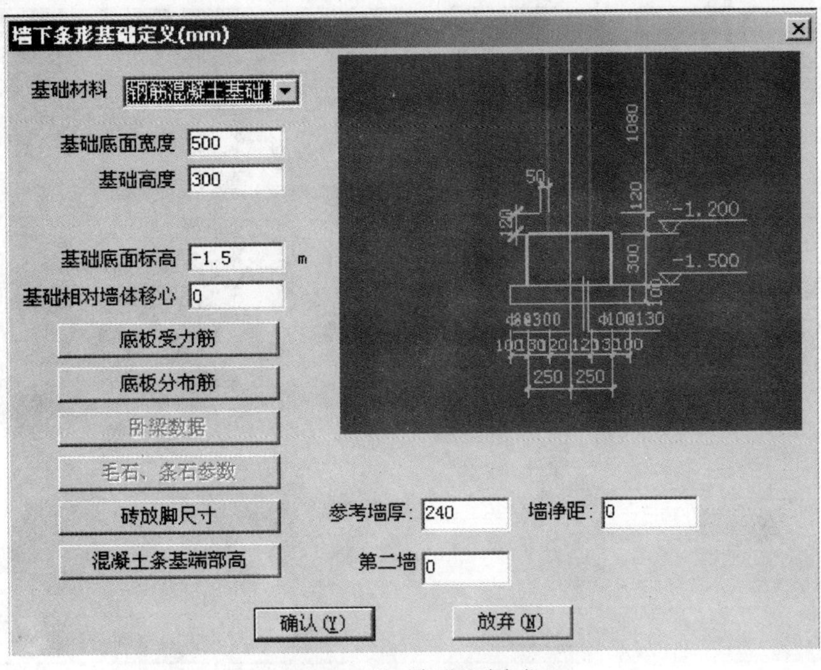

图 2-91 墙下条形基础定义

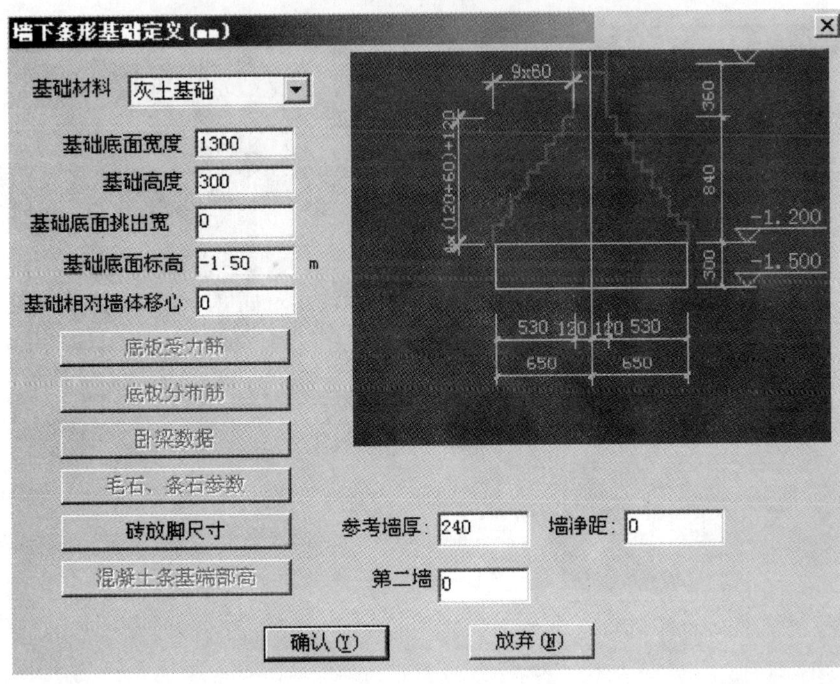

a)灰土基础

图 2-92

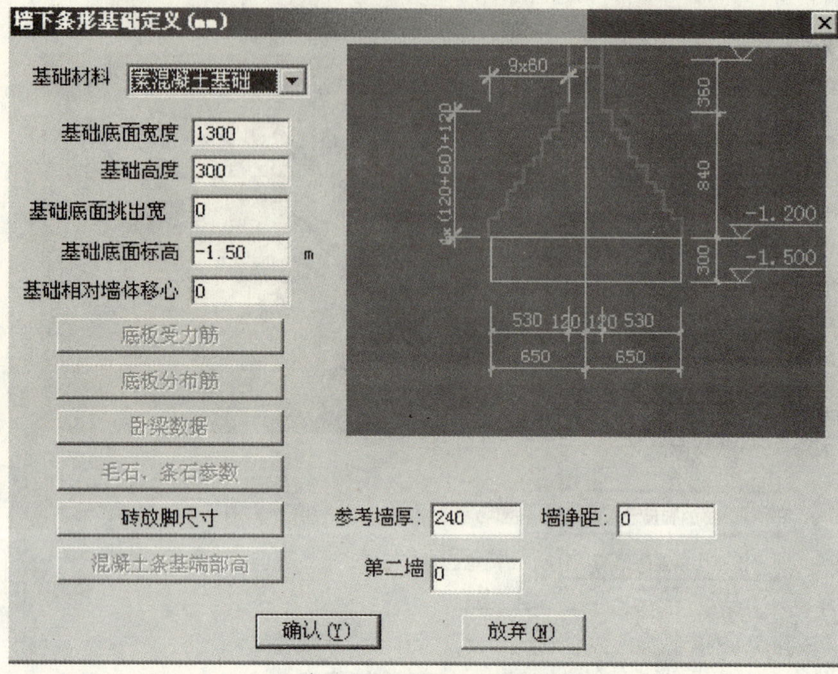

b)素混凝土基础

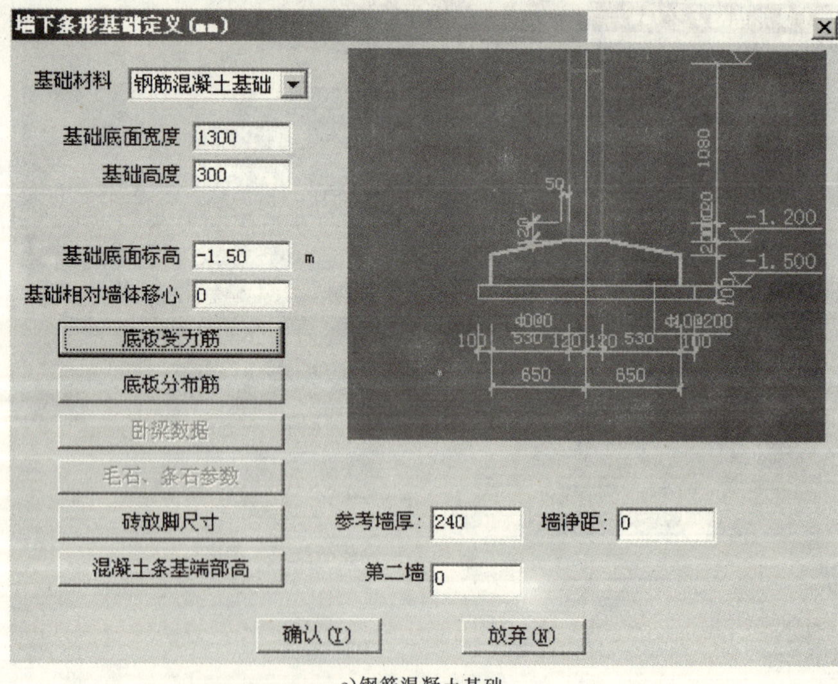

c)钢筋混凝土基础

图 2-92

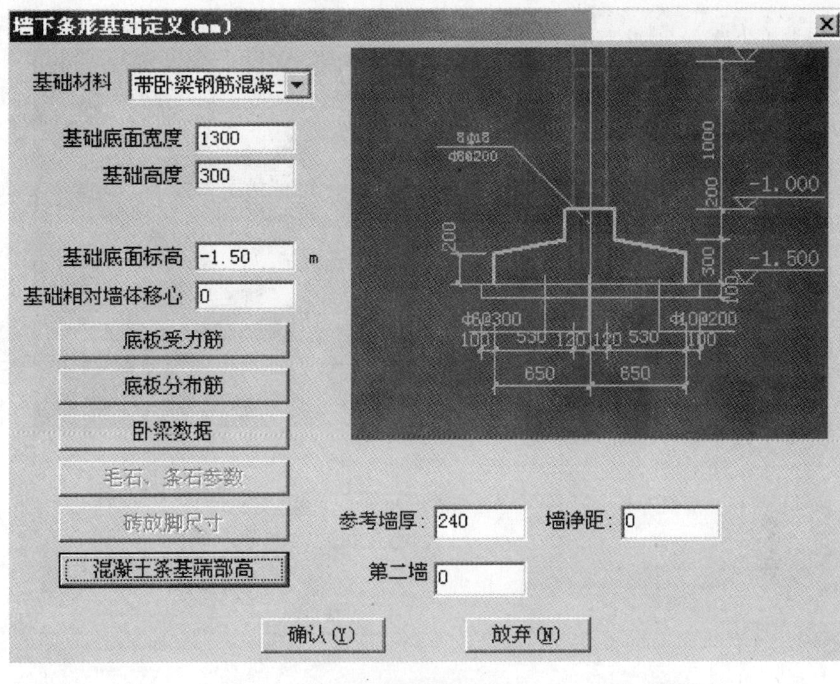

d)带卧梁钢筋混凝土基础

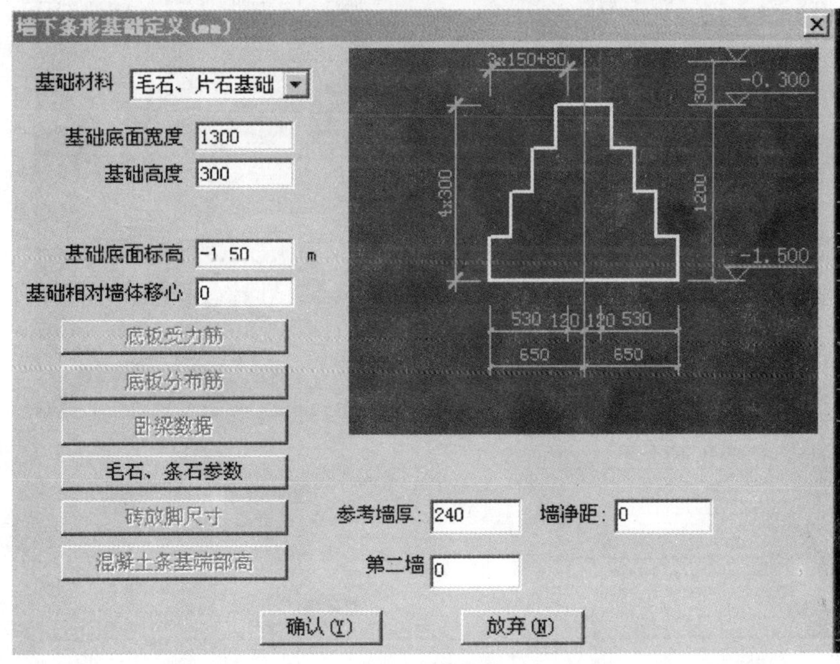

e)毛石、片石基础

图 2-92

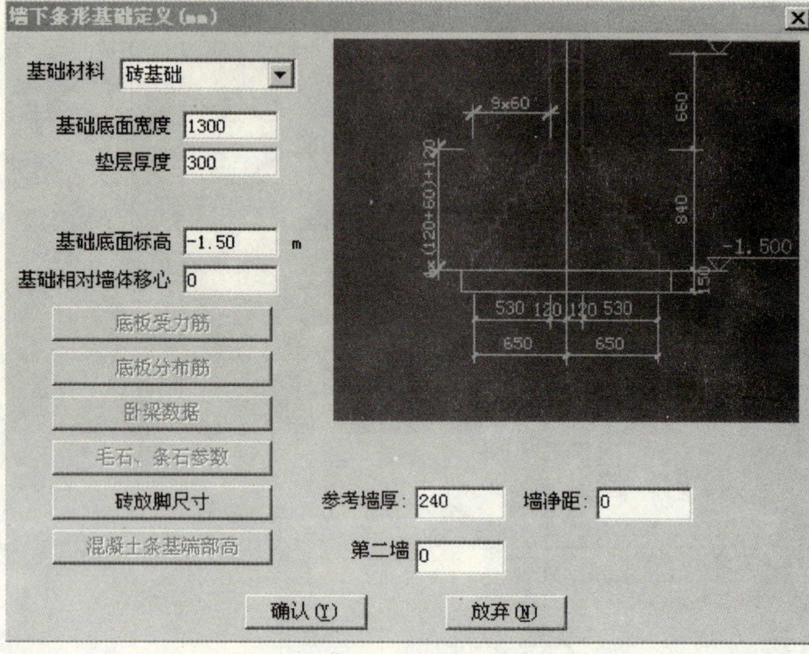

f)砖基础

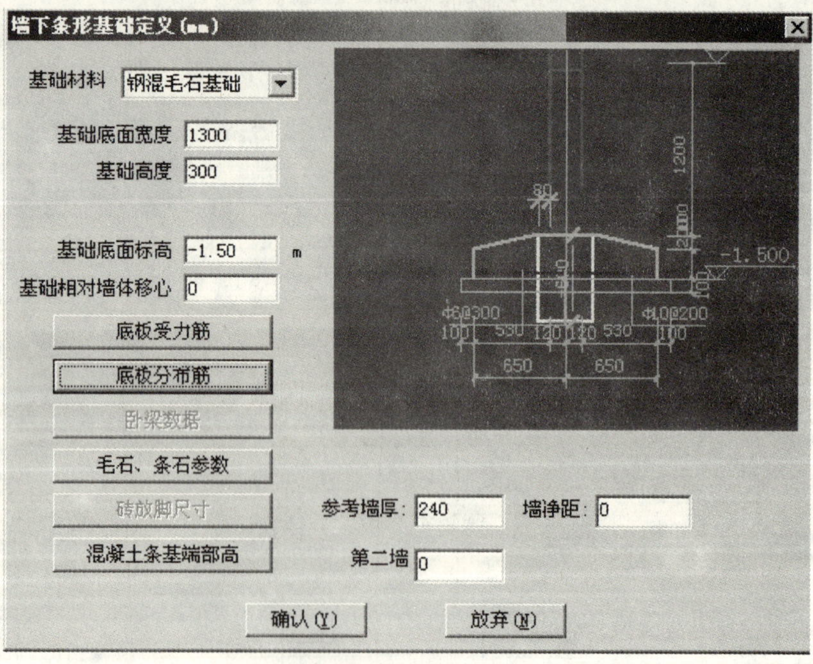

g)钢混毛石基础

图 2-92　条形基础类型

输入底板受力钢筋
钢筋级别
一级
二级
三级
直径
10
间距
200
mm
确认(Y)
放弃(N)

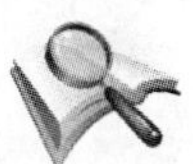

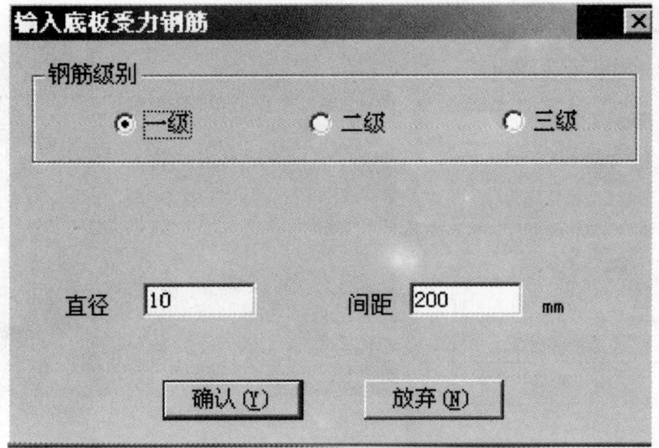

图 2-93　输入底板受力钢筋

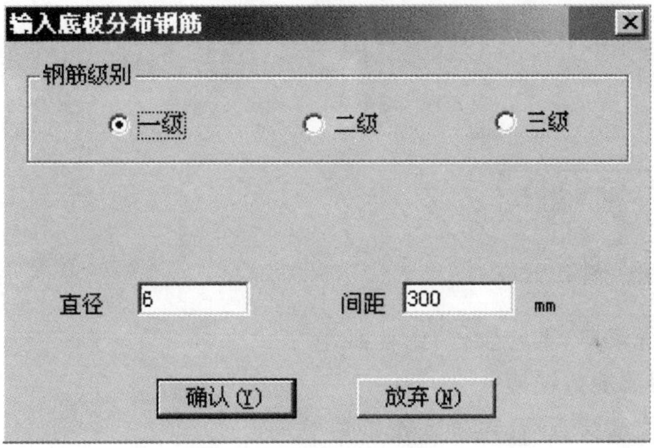

输入底板分布钢筋
钢筋级别
一级
二级
三级
直径
6
间距
300
mm
确认(Y)
放弃(N)

图 2-94　输入板底分布钢筋

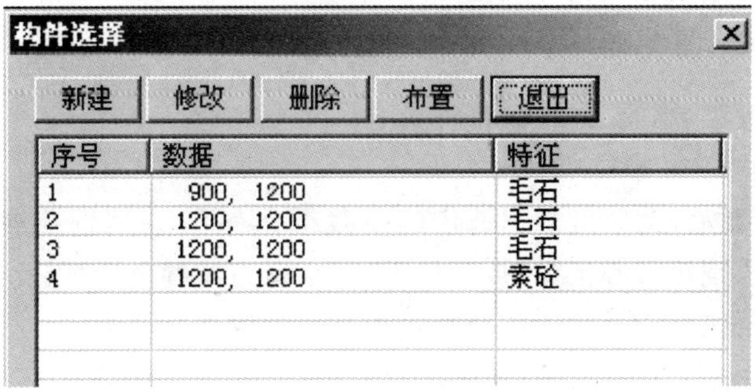

构件选择
新建
修改
删除
布置
退出
序号
数据
特征
1
900, 1200
毛石
2
1200, 1200
毛石
3
1200, 1200
毛石
4
1200, 1200
素砼

图 2-95　构件选择

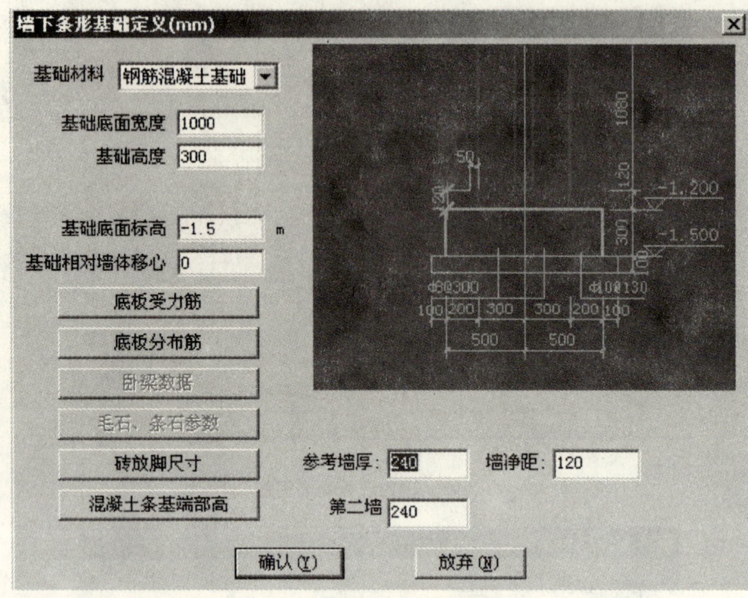

图 2-96　墙下条形基础定义(mm)

12. 重心校核(图 2-97)

(1) 选荷载组(图 2-98)

位置:位置菜单\重心校核\选荷载组

操作说明及规范链接:

○ 选定校核荷载后,再进入校核菜单。

○ 偏心距比值的校核,应选择永久荷载起控制作用下的荷载组合。

参见《建筑基地基础设计规范》(GB 50007—2002)第 8.4.2 条。

(2) 筏板重心(图 2-99)

位置:位置菜单\重心校核\筏板重心

操作说明:

○ 〈**筏板重心**〉菜单可根据选定的荷载组合查询:总竖向荷载作用点坐标、板底平均反力、筏板形心坐标、板底最大、最小反力位置坐标,以及偏心距比值。

○ 偏心距比值的显示应选择在永久作用荷载组合下。

(3) 桩重心(图 2-100)

位置:位置菜单\重心校核\桩重心

操作说明:

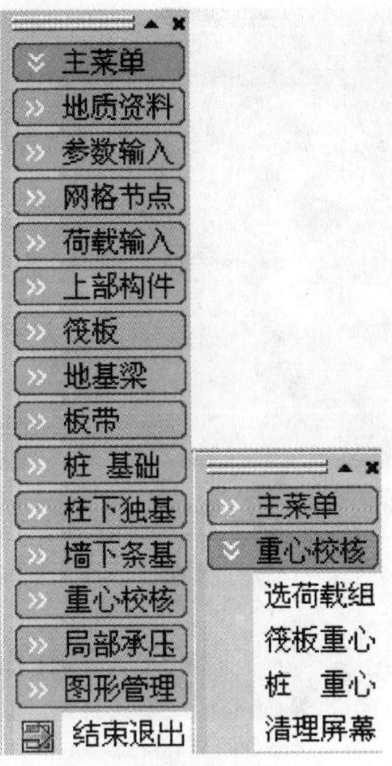

图 2-97 位置菜单

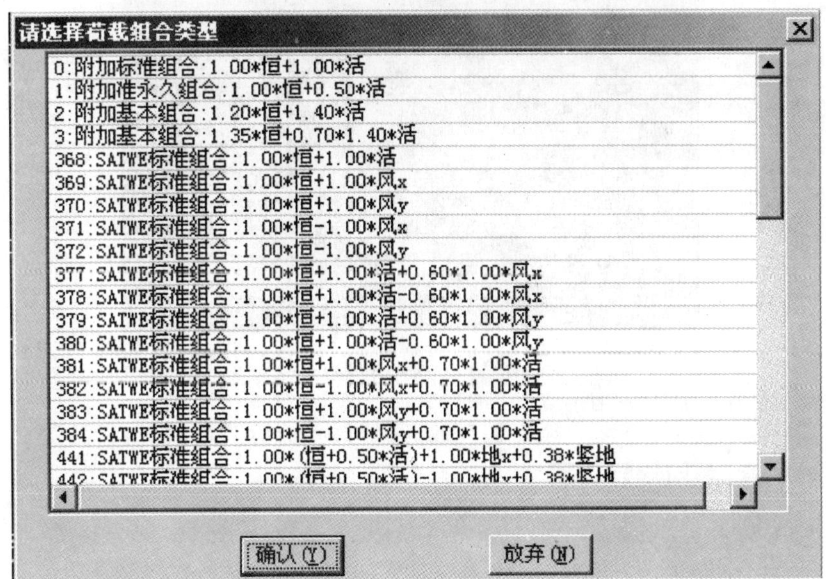

图 2-98 荷载组合类型

○ 进入〈**桩重心**〉,选定范围,确认。

○ 显示校核结果:包括坐标与合力值、桩群形心坐标与总抗力、桩群形心相对于荷载作用点的偏心距 D_x,D_y。

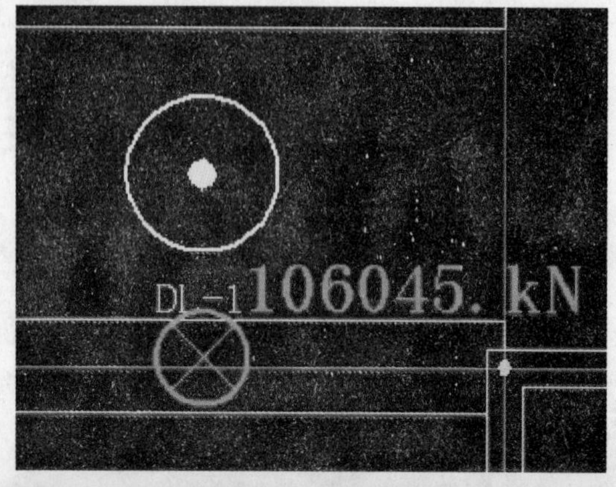

图 2-99 重心校核结果

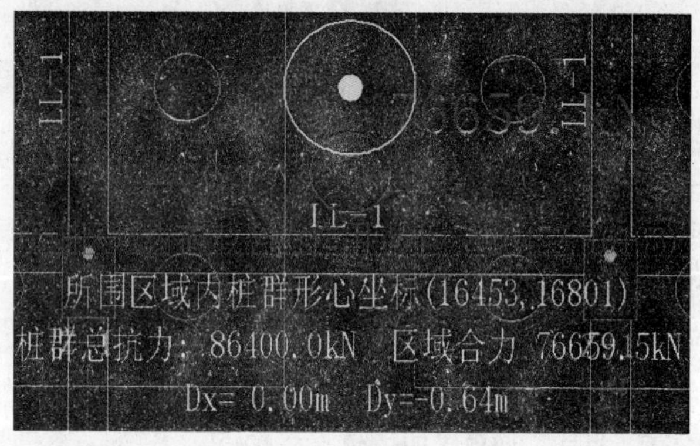

图 2-100 重心校核结果

○ 抗力应大于作用力。

13. 局部承压(图 2-101)

(1) 局压柱(图 2-102)

位置:位置菜单\局部承压\局压柱

操作说明:

○ 打开文件,查看计算结果是否超标。

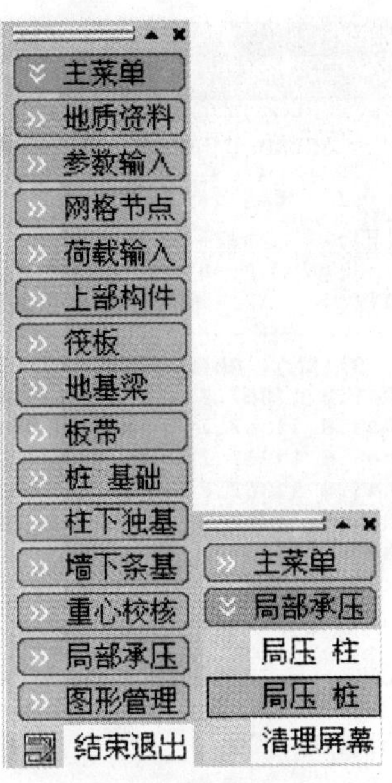

图 2-101　位置菜单

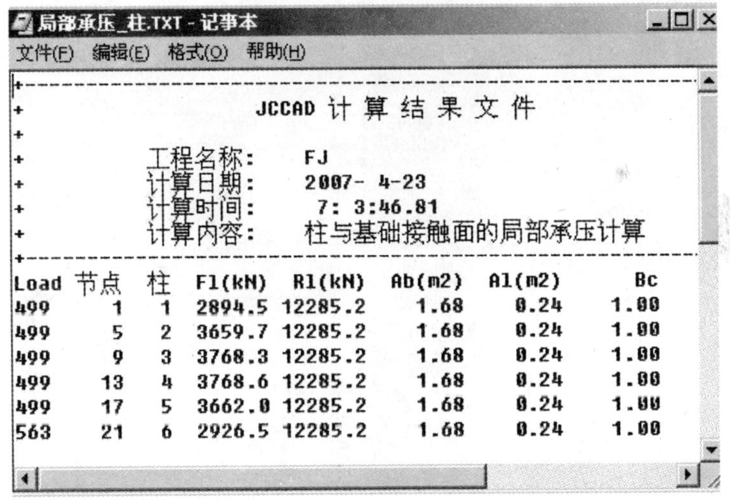

局部承压_柱.TXT - 记事本

文件(F)　编辑(E)　格式(O)　帮助(H)

JCCAD 计 算 结 果 文 件

工程名称:　FJ
计算日期:　2007- 4-23
计算时间:　7: 3:46.81
计算内容:　柱与基础接触面的局部承压计算

Load	节点	柱	Fl(kN)	Rl(kN)	Ab(m2)	Al(m2)	Bc
499	1	1	2894.5	12285.2	1.68	0.24	1.00
499	5	2	3659.7	12285.2	1.68	0.24	1.00
499	9	3	3768.3	12285.2	1.68	0.24	1.00
499	13	4	3768.6	12285.2	1.68	0.24	1.00
499	17	5	3662.0	12285.2	1.68	0.24	1.00
563	21	6	2926.5	12285.2	1.68	0.24	1.00

图 2-102　结果文件

(2) 局压桩(图 2-103)

位置:位置菜单\局部承压\局压桩

操作说明:

○ 打开文件,查看计算结果是否超标。

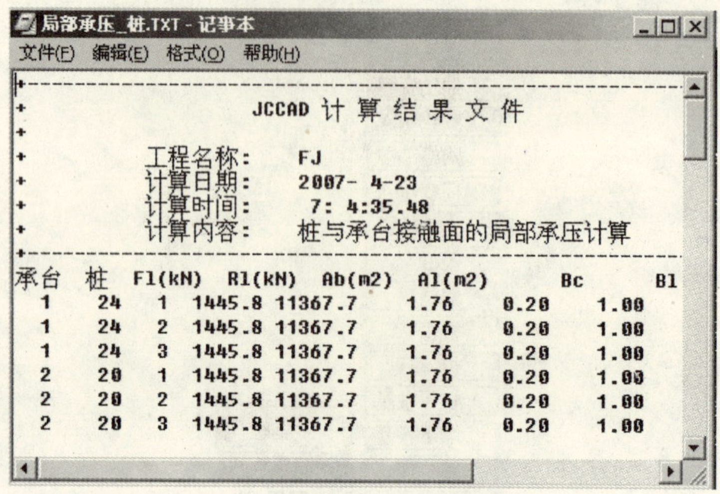

局部承压_桩.TXT - 记事本

文件(F) 编辑(E) 格式(O) 帮助(H)

JCCAD 计 算 结 果 文 件

工程名称: FJ
计算日期: 2007- 4-23
计算时间: 7: 4:35.48
计算内容: 桩与承台接触面的局部承压计算

承台	桩	Fl(kN)	Rl(kN)	Ab(m2)	Al(m2)	Bc	Bl
1	24	1	1445.8	11367.7	1.76	0.20	1.00
1	24	2	1445.8	11367.7	1.76	0.20	1.00
1	24	3	1445.8	11367.7	1.76	0.20	1.00
2	20	1	1445.8	11367.7	1.76	0.20	1.00
2	20	2	1445.8	11367.7	1.76	0.20	1.00
2	20	3	1445.8	11367.7	1.76	0.20	1.00

图 2-103 结果文件

14. 图形管理(图 2-104)

用于管理图形。

主菜单
地质资料
参数输入
网格节点
荷载输入
上部构件
筏板
地基梁
板带
桩 基础
柱下独基
墙下条基
重心校核
局部承压
图形管理
结束退出

主菜单
图形管理
显示内容
写图文件
设字大小
二维显示
三维显示
变换视角
OPGL方式

图 2-104 位置菜单

15. 结束退出(图 2-105～图 2-108)

操作说明:

○ 弹性地基梁板基础退出时，程序提示：是否显示地基承载力验算结果(图

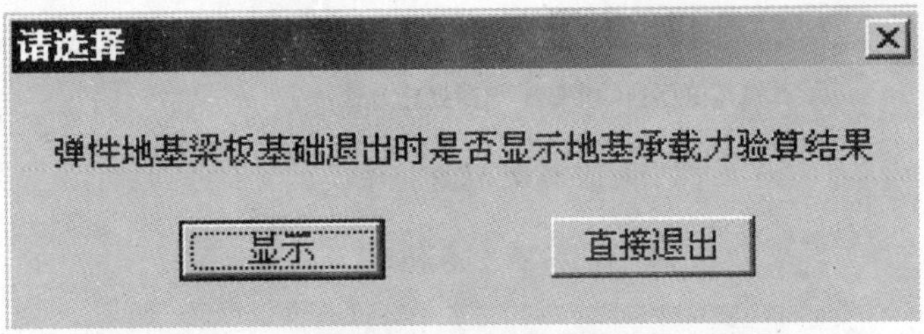

请选择

弹性地基梁板基础退出时是否显示地基承载力验算结果

显示　直接退出

图 2-105　选择对话框

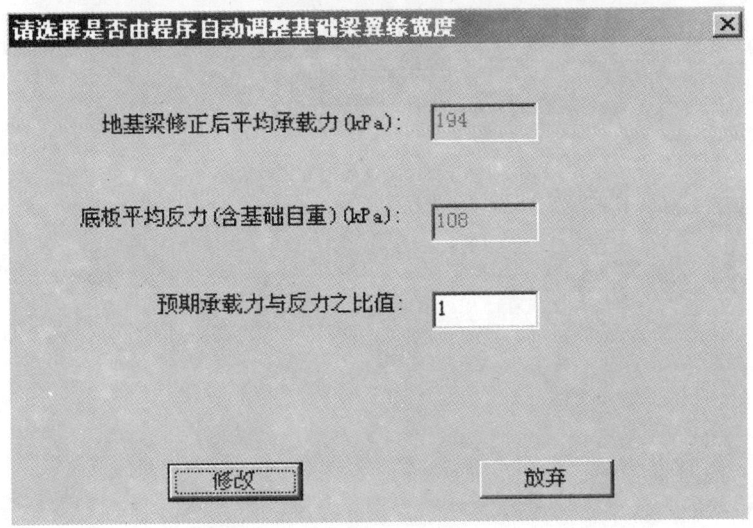

图 2-106　自动调整基础梁翼缘宽度对话框

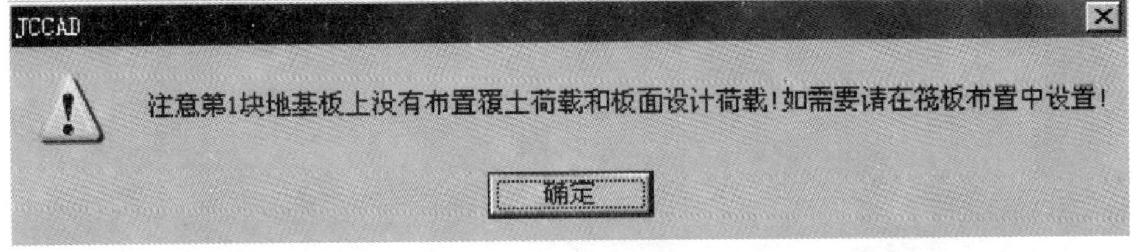

图 2-107　筏板荷载对话框

2-105)。选择“显示”后，屏幕显示图 2-106 对话框，用于修改“预期承载力与反力之比值”，其初始值为 1.0，填入要控制的比值，按“修改”键，则会改变平均反力值。选择“放弃”，则进入主界面。程序可输出“第 1 组总竖向荷载作用点”、“基础形心的平均、最大、最小反力(含基础自重)”，其中基础承载力荷载为紫色，形心为青色，反力红色，承载力绿色，弹性地基验算数据存在 DJJS. CHK 文件中。

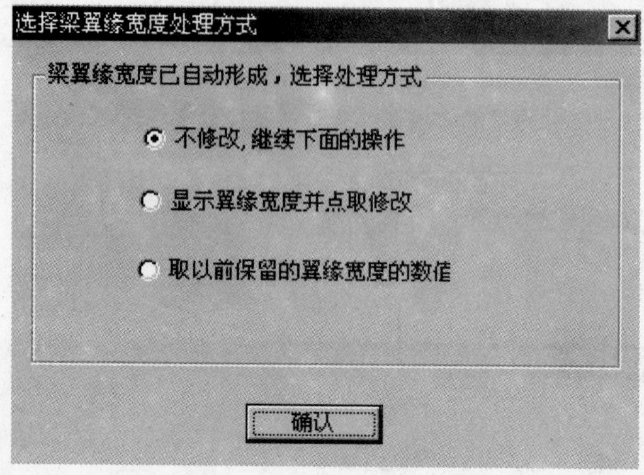

图 2-108　翼缘宽度处理方式对话框

三、基础梁板弹性地基地基梁法计算

进入〈**基础梁板弹性地基地基梁法计算**〉,屏幕显示图 3-1,供选择工作内容。

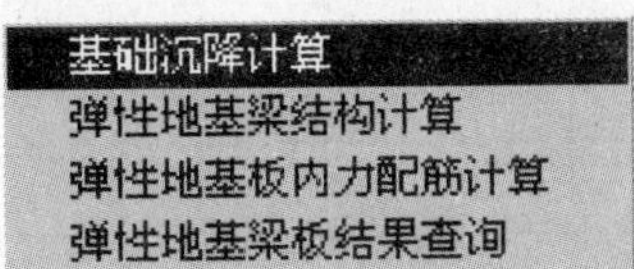

图 3-1 位置菜单

1. 基础沉降计算(图 3-2～图 3-6)

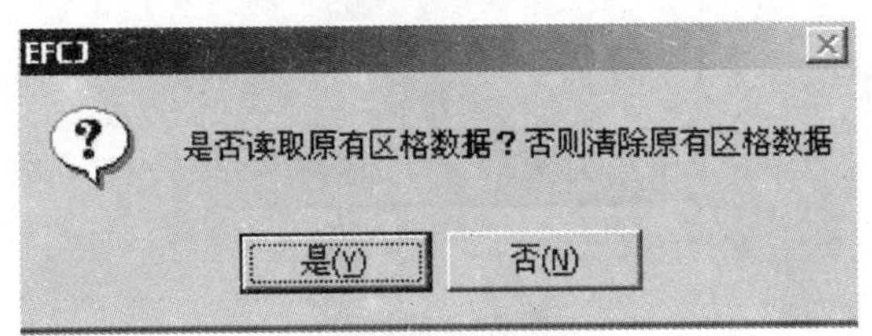

图 3-2 提示框

操作说明:

○ 选是,屏幕显示图 3-2、图 3-4,确认后,显示图 3-7。

○ 选否,屏幕显示图 3-2、图 3-3。

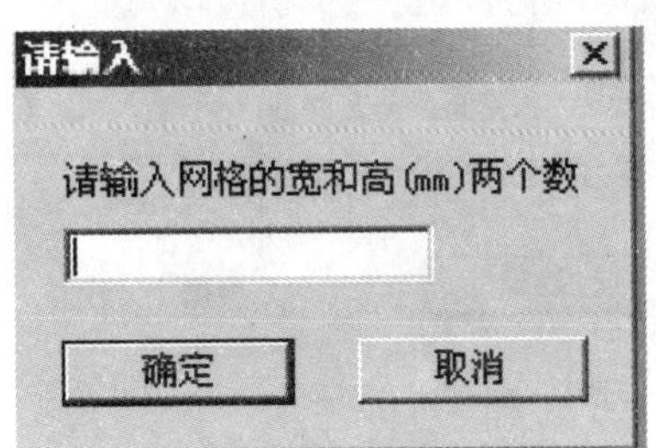

图 3-3 提示框

操作说明:

○ 输入宽、高后,选〈**确定**〉,屏幕显示图 3-4、图 3-5。

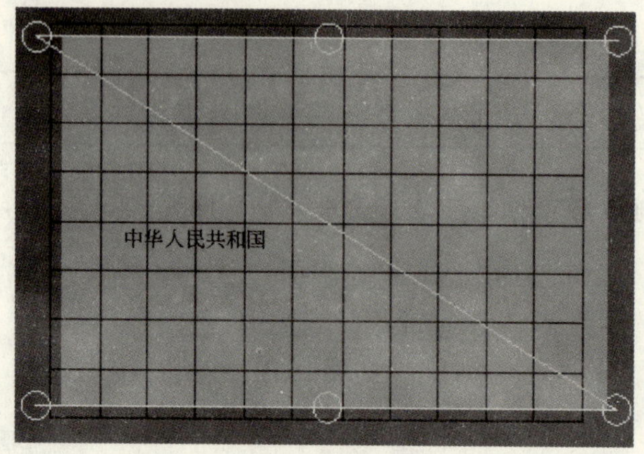

图 3-4　区格图

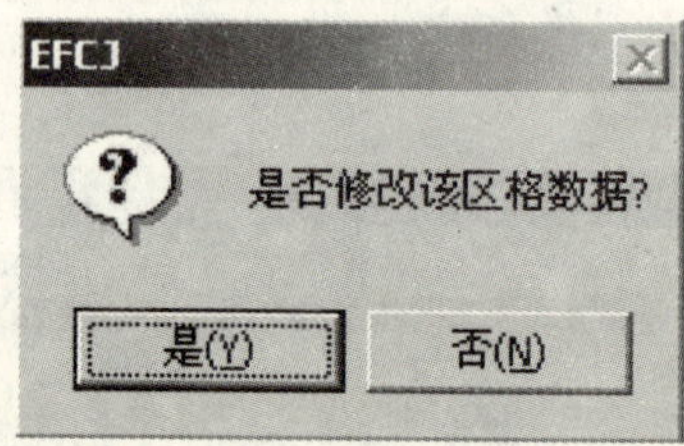

图 3-5　提示框

操作说明：

○ 选是，屏幕重新显示图 3-3。

○ 选否，屏幕显示图 3-6。

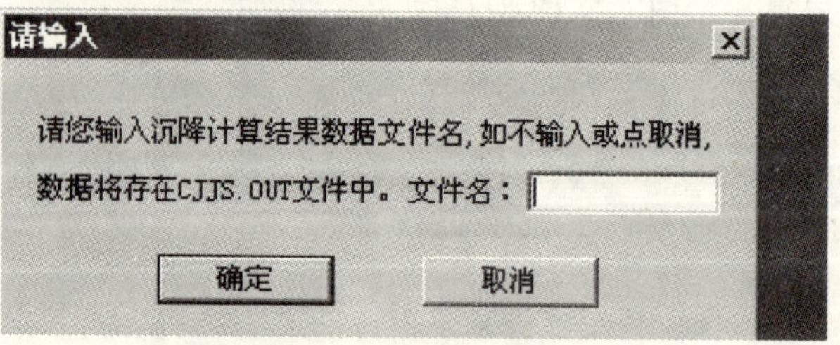

图 3-6　提示框

操作说明：

○ 填入文件名，选〈**确定**〉，建立文件名。

○ 选〈**取消**〉，文件名为 CJJS. OUT，屏幕显示图 3-7。

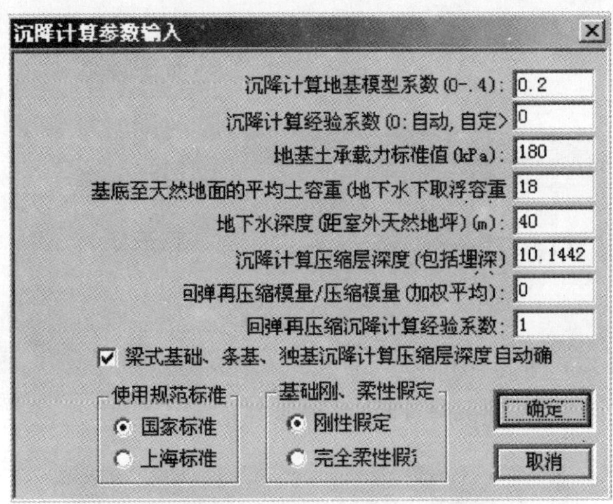

图 3-7　沉降计算参数输入

操作说明及规范链接：

○〈**沉降计算地基模型系数**〉：是考虑了土的应力、应变扩散能力后的折减系数，当取 0 时为文克尔模型。一般其值在 0.1～0.4 之间，软土取小值，硬土取大值。

○〈**沉降计算经验系数**〉：初始值为 0。

参见《建筑地基基础设计规范》(GB 50007—2002)第 5.3.5 条。

○〈**基底至天然地面的平均土容重**〉：初始值为 18。取加权平均值。

○〈**沉降计算压缩层深度**〉：参见《建筑地基基础设计规范》(GB 50007—2002)第 5.3.7 条。

○〈**回弹再压缩模量/压缩模量**〉：初始值为 1.0。

参见《建筑地基基础设计规范》(GB 50007—2002)第 5.3.9 条；

《土工试验方法标准》(GB/T 50123—1999)第 12 章。

○〈**回弹再压缩沉降计算经验系数**〉：初始值为 1.0。

参见《建筑地基基础设计规范》(GB 50007—2002)第 5.3.9 条。

○〈**使用规范标准**〉：点选〈**国家标准**〉。

○〈**基础刚、柔性假定**〉：

刚性方法：适用于基础和上部结构刚度较大的筏板基础；

柔性方法：适用于独基、条基、梁式基础、刚度较小或刚度不均匀的筏板。

○ 可不作地基变形验算的范围：参见《建筑地基基础设计规范》(GB 50007—2002)表 3.0.2。

沉降计算(图 3-8)

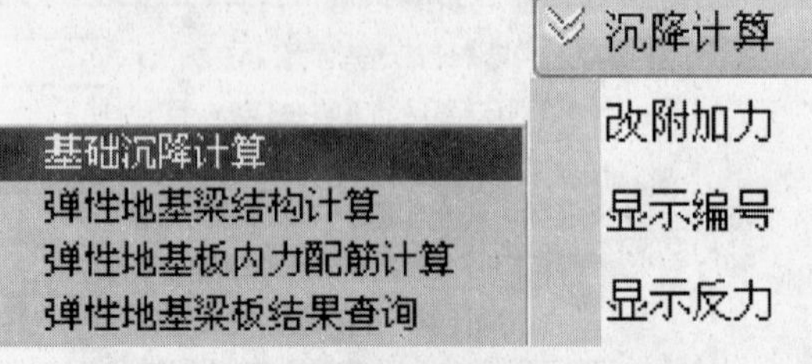

图 3-8 位置菜单

①改附加力(图 3-9、图 3-10)

位置:位置菜单\基础沉降计算\改附加力

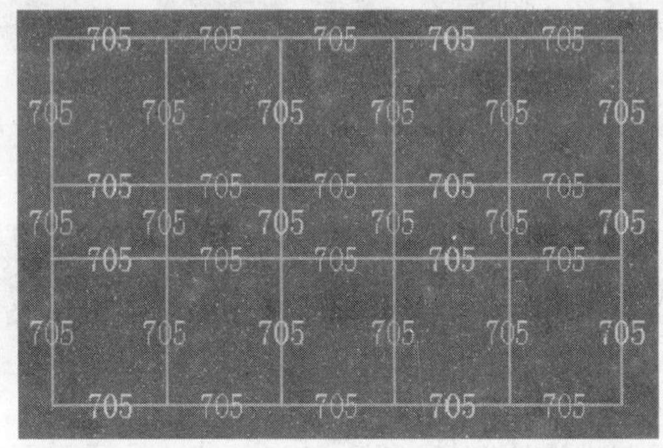

图 3-9 附加力示图

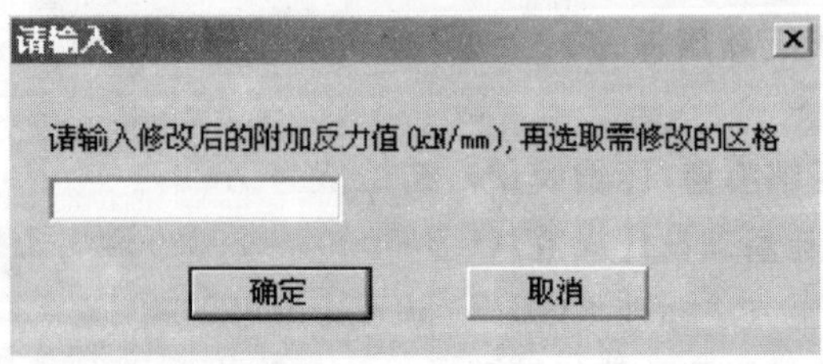

图 3-10 改附加力对话框

操作说明:

○ 在图 3-10 中,输入改后的附加反力值,在图 3-9 中拾取修改。

②显示编号(图 3-11)

位置:位置菜单\基础沉降计算\显示编号

操作说明:

○ 显示构件编号,用于查看计算结果。

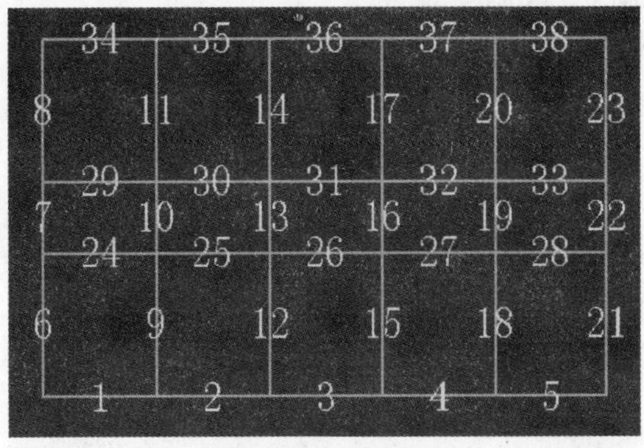

图 3-11　编号示图

③显示反力(图 3-12)

位置:位置菜单\基础沉降计算\显示反力

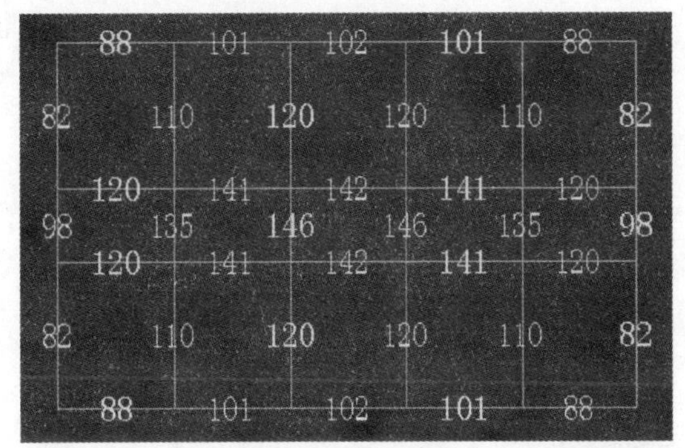

图 3-12　反力示图

操作说明:

○ 显示构件反力,用于查看。

④沉降数值(图 3-13)

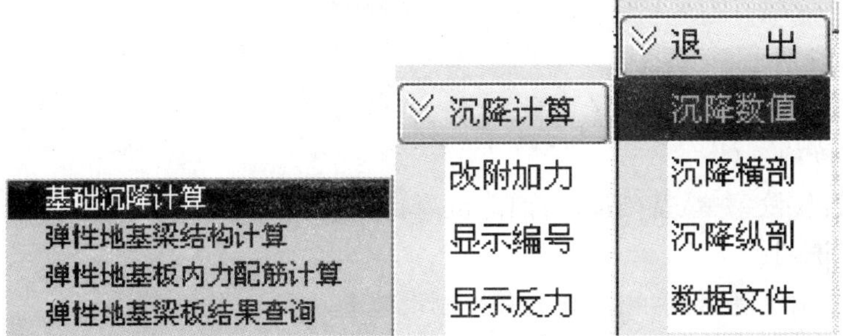

图 3-13　位置菜单

a. 沉降数值(图 3-14)

位置:位置菜单\基础沉降计算\沉降计算\沉降数值

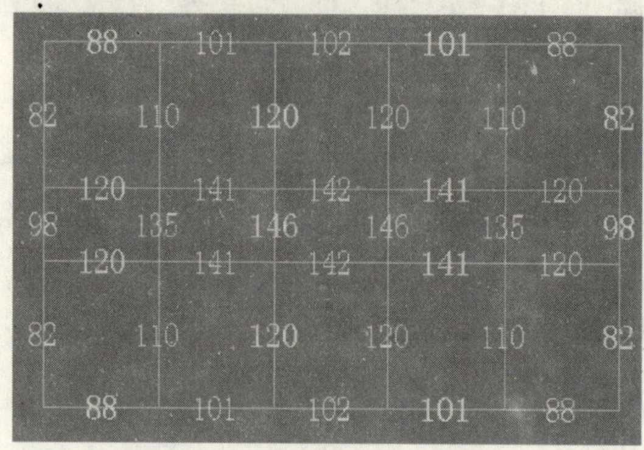

图 3-14 沉降数值示图

操作说明:

○ 显示沉降数值,用于查看。

b. 沉降横剖(图 3-15)

位置:位置菜单\基础沉降计算\沉降计算\沉降横剖

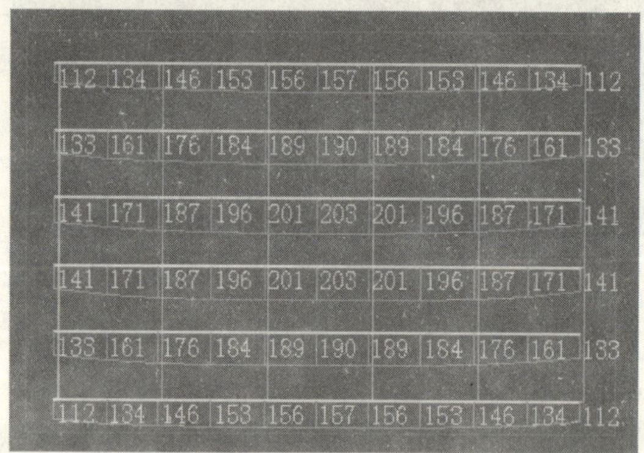

图 3-15 沉降横剖

操作说明:

○ 显示沉降横剖,用于查看并控制沉降差。

c. 沉降纵剖(图 3-16)

位置:位置菜单\基础沉降计算\沉降计算\沉降纵剖

操作说明:

○ 显示沉降纵剖,用于查看并控制沉降差。

d. 数据文件(图 3-17)

位置:位置菜单\基础沉降计算\沉降计算\数据文件

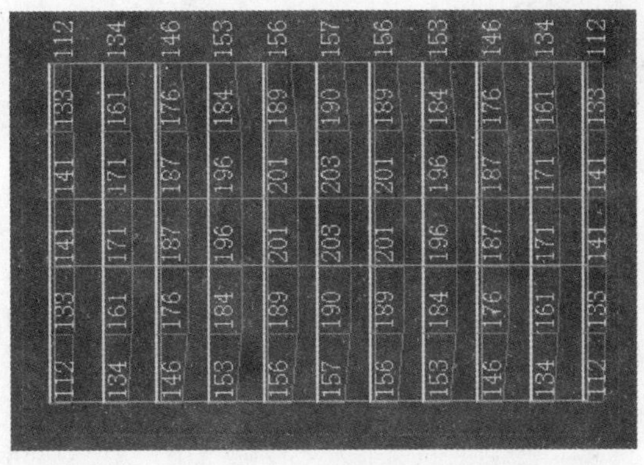

图 3-16　沉降纵剖

CJJS.OUT - 记事本

文件(F)　编辑(E)　搜索(S)　帮助(H)

各基础柔性底板区格(按从下到上从左到右排列)的沉降计算信息如下:

区格编号,附加反力,应力积分系数,当量压缩模量,经验修正系数,回弹再压缩值,总

1	212.0	1591.844	10.491	0.738	0.0
2	212.0	1881.050	10.456	0.741	0.0
3	212.0	1991.843	10.453	0.741	0.0
4	212.0	1991.843	10.453	0.741	0.0
5	212.0	1881.050	10.456	0.741	0.0
6	212.0	1591.844	10.491	0.738	0.0
7	212.0	1898.221	10.458	0.741	0.0
8	212.0	2263.602	10.423	0.743	0.0
9	212.0	2401.682	10.419	0.744	0.0
10	212.0	2401.682	10.419	0.744	0.0
11	212.0	2263.603	10.423	0.743	0.0
12	212.0	1898.221	10.458	0.741	0.0
13	212.0	2063.755	10.459	0.741	0.0
14	212.0	2469.750	10.423	0.743	0.0
15	212.0	2626.419	10.419	0.744	0.0
16	212.0	2626.418	10.419	0.744	0.0
17	212.0	2469.750	10.423	0.743	0.0

图 3-17　数据文件

操作说明:

○ 显示数据文件,用于查看并控制沉降差。

○ 点击〈**退出**〉后,屏幕显示如图 3-18 对话框,选择后转入后续操作。

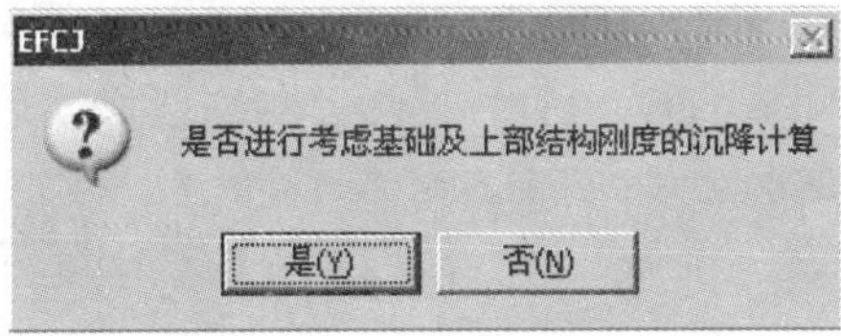

图 3-18　上部结构刚度沉降计算对话框

2. 弹性地基梁结构计算(图 3-19)

位置:位置菜单\弹性地基梁结构计算

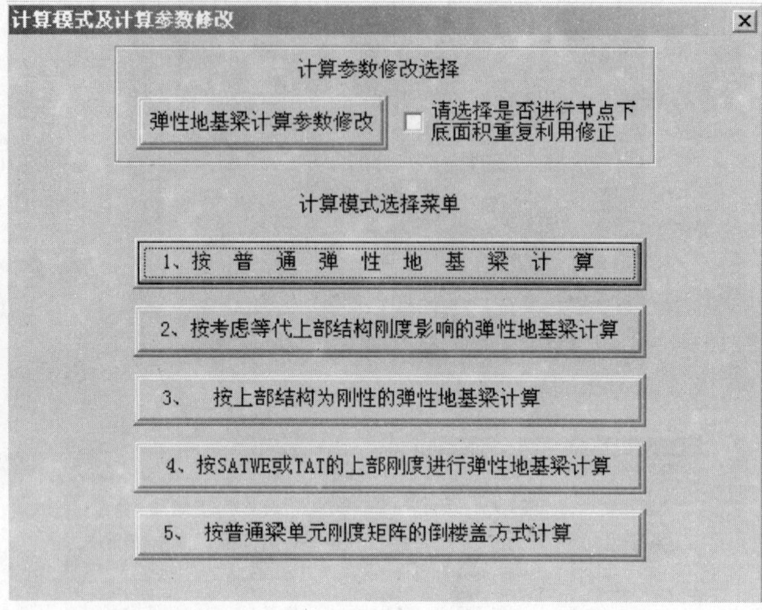

图 3-19 计算模式及计算参数修改

(1) 弹性地基梁计算参数修改(图 3-20)

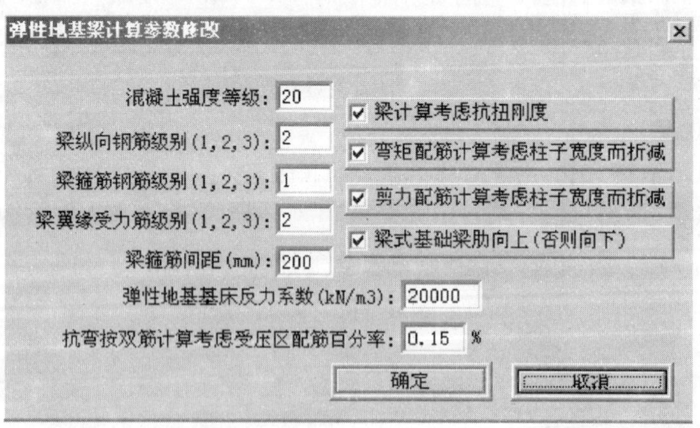

图 3-20 弹性地基梁参数修改

操作说明:

○〈混凝土强度等级〉:参见《混凝土结构设计规范》(GB 50010—2002)表 4.1.4,具体取值参见表 2-4。

○〈**梁纵向钢筋级别**〉:以和混凝土等级相匹配的原则确定。

○〈**梁箍筋钢筋级别**〉:以和混凝土等级相匹配的原则确定。

○〈**梁翼缘受力筋级别**〉:以和混凝土等级相匹配的原则确定。

参见《混凝土结构设计规范》(GB 50010—2002)表 4.2.3-1,具体取值参见表 2-3。

○〈**梁箍筋间距**〉:可用 200。

○〈**梁计算考虑抗扭刚度**〉:可勾选。

○〈**弯矩配筋计算考虑柱子宽度而折减**〉:可不勾选。

○〈**剪力配筋计算考虑柱子宽度而折减**〉:可不勾选。

○〈**梁式基础梁肋向上**〉:可勾选。

○〈**弹性地基基床反力系数**〉:常用参考值见 PKPM 软件用户手册附录 C,具体取值参见表 2-2。也可用程序计算。

○〈**抗弯按双筋计算考虑受压区配筋百分率**〉:可取隐含值 0.15%。

参见《混凝土结构设计规范》(GB 50010—2002)第 9.5.2 条。

○〈请选择是否进行节点下底面积重复利用修正〉:应勾选。

●模式 1:地基梁计算,不考虑上部结构刚度的影响。是常用的也是软件推荐的方法。

●模式 2:地基梁计算,考虑等代上部结构刚度的影响,上部结构刚度影响的大小以地基梁刚度的倍数表示。

●模式 3:地基梁计算,考虑等代上部结构刚度的影响非常大,地基梁按局部弯矩配筋,类似于传统的倒楼盖法。

●模式 4:地基梁计算,上部结构刚度的影响,按 SATWE 或 TAT 的计算结果取值。该方法最接近于实际情况。

●模式 5:地基梁计算,采用传统的倒楼盖法。该方法软件不推荐采用。

(2) 按普通弹性地基梁计算(图 3-21)

位置:弹性地基梁结构计算\按普通弹性地基梁计算

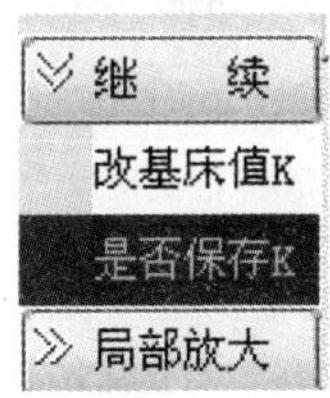

图 3-21 位置菜单

①改基床系数 *K*(图 3-22)

位置:弹性地基梁结构计算\按普通弹性地基梁计算\改基床系数 K

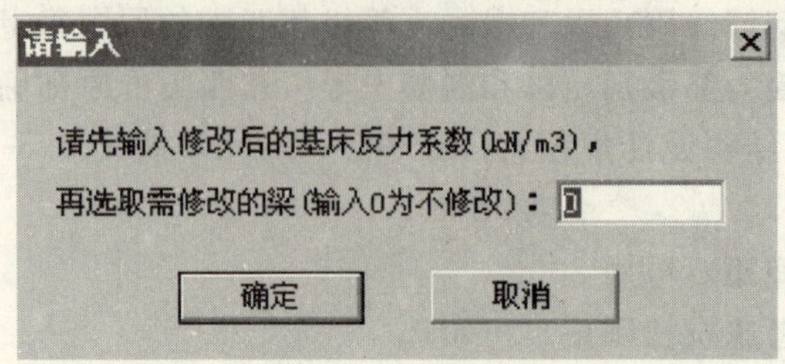

图 3-22 改基床值 K

操作说明:

○ 先输入修改后的基床系数。

○ 选取需要修改的梁,完成修改。

②**是否保留 *K***(图 3-23)

位置:弹性地基梁结构计算\按普通弹性地基梁计算\是否保留 K

操作说明:选是。

③**继续**(图 3-23)

位置:弹性地基梁结构计算\按普通弹性地基梁计算\继续

操作说明:

○ 荷载图给出 10 种荷载组合,进入后显示在屏幕下方。

○ 退出,进入如图 3-23 对话框。

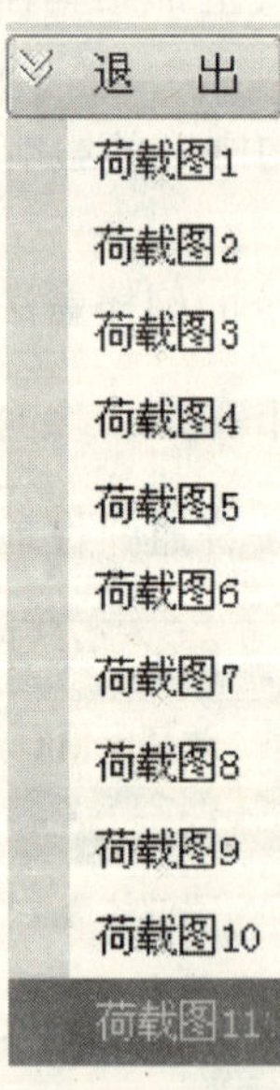

图 3-23 荷载图

④**计算结果图形显示**(图 3-24)

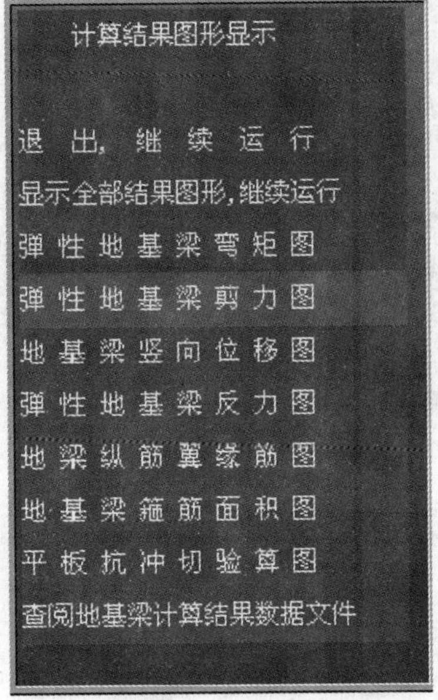

图 3-24 位置菜单

操作说明：

○ 用于显示各种图形。

○ 退出，进入 3-25 对话框。

⑤**梁的计算结果**(图 3-25)：

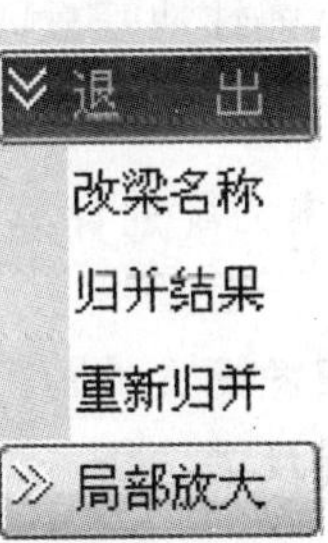

图 3-25 位置菜单

1)改梁名称:用于修改梁的名称。

2)归并结果(图 3-26)

操作说明：

○ 用于显示各种图形。

○ 退出，进入如图 3-26 对话框。

3)重新归并(图 3-27)

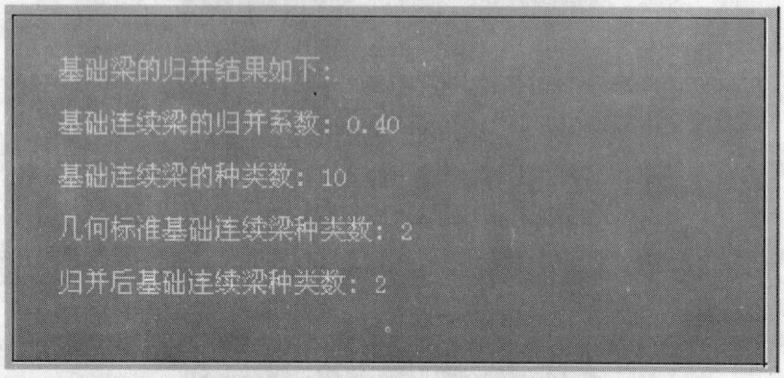

图 3-26　归并结果

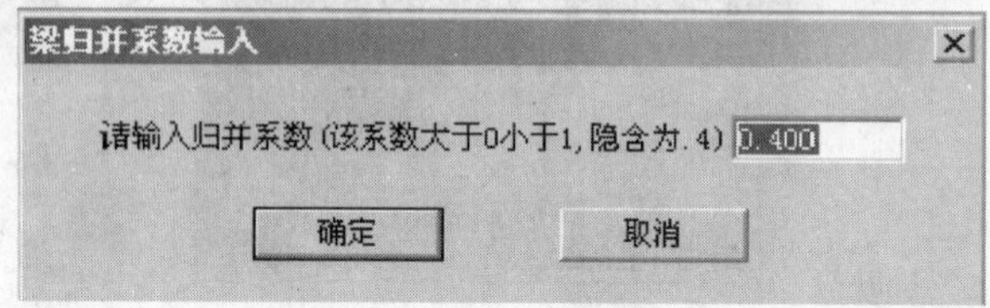

图 3-27　梁归并系数输入

操作说明：

○ 填入归并系数，回车确认。

3. 弹性地基板内力配筋计算(图 3-28、图 3-29)

位置：弹性地基梁结构计算\弹性地基板内力配筋计算

操作说明及规范链接：

○ 本项操作用于筏板的板内力配筋计算，如未布置筏板，屏幕会显示如图 3-30 的“错误提示”。

○ **〈底板内力配筋计算结果数据文件〉**：可用隐含名，也可修改。

○ **〈底板内力计算采用何种反力选择〉**：

JCCAD 提供两种反力选择：

a. 采用地基梁计算得出的周边节点平均弹性地基净反力；

b. 采用交互输入显示的底板平均净反力(扣除基础自重与覆土重)。

参见《建筑地基基础设计规范》(GB 50007—2002)第 8.4.10 条、第 8.4.11 条、第 8.4.12 条。

○ **〈底板采用基础规范容许的 0.15%最小配筋率〉**：可用隐含值。

○ **〈各房间底板采用弹性或塑性计算方法选择〉**：

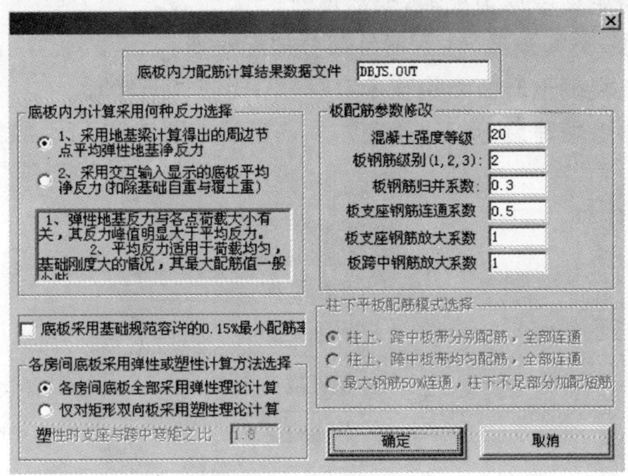

图 3-28　底板内力配筋参数对话框

图 3-29　程序提示对话框

JCCAD 提供两种选择：

a. 各房间底板全部采用弹性理论计算；

b. 仅对矩形双向板采用塑性理论计算。矩形双向板塑性理论计算时，按照查结构静力手册的方法计算取值；非矩形底板则采用有限元计算取值。

○〈**塑性时支座与跨中弯矩之比**〉：结构静力手册的方法取 2.0，PKPM 取 1.8。

○〈**板配筋参数修改**〉：

a.〈**混凝土等级**〉：见梁的计算。

b.〈**板钢筋级别**〉：见梁的计算。

c.〈**板钢筋归并系数**〉：可用隐含值，也可修改。

d.〈**板支座钢筋连通系数**〉：可用隐含值，也可修改。

e.〈**板支座钢筋放大系数**〉：一般不放大。

f.〈**板跨中钢筋放大系数**〉：一般不放大。

○〈**柱下平板配筋模式选择**〉：建议选取第 3 种。

JCCAD 提供三种选择，分别为：

a. 柱上、跨中板带分别配筋，全部联通；

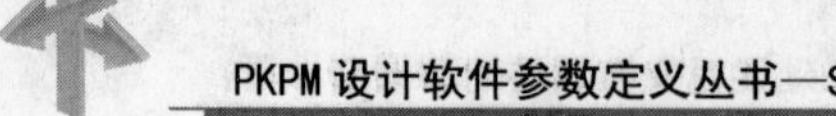

b. 柱上、跨中板带均匀配筋，全部连通；

c. 最大钢筋 50%连通，柱下不足部分加配短筋。

参见《钢筋混凝土升板结构技术规程》(GBJ 130—90)。

○ 完成参数填写后，点击〈**确定**〉，屏幕显示如图 3-30 所示的位置菜单。

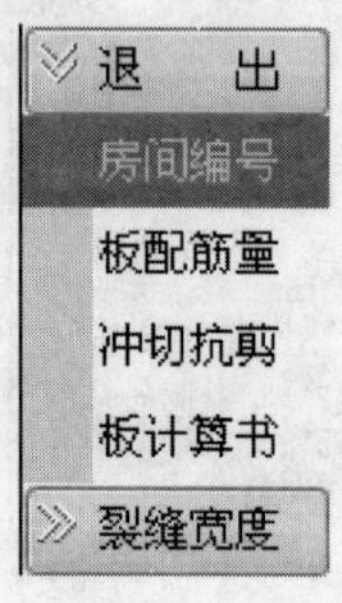

图 3-30　位置菜单

(1) 房间编号

进入后屏幕显示房间编号简图，用于查看。

(2) 板配筋量

进入后屏幕显示板配筋量简图，用于查看。

(3) 冲切抗剪

进入后屏幕显示冲切抗剪简图，用于查看。

(4) 板计算书

进入后屏幕显示板计算书文本文件，用于查看。

(5) 裂缝宽度(图 3-31、图 3-32)

位置:位置菜单\弹性地基板内力配筋计算\裂缝宽度

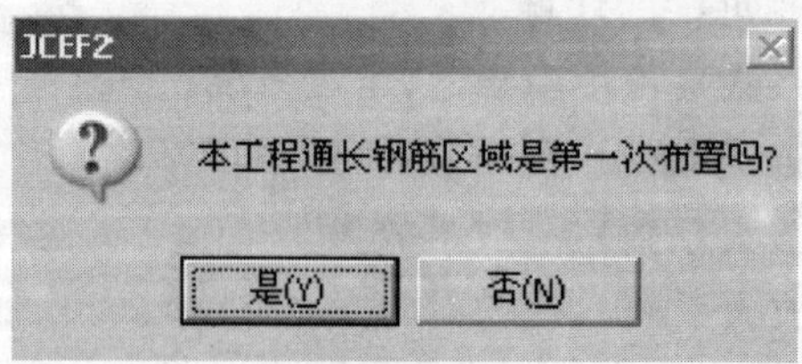

图 3-31　布置通长钢筋区域对话框

操作说明:

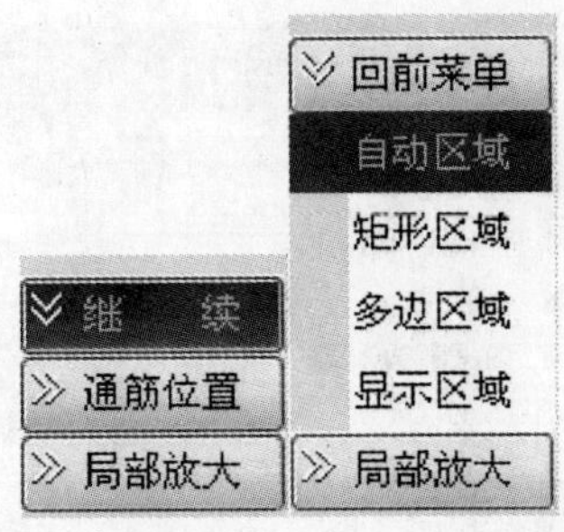

图 3-32　位置菜单

○ 在图 3-31 上选〈**是**〉，屏幕显示如图 3-32 左菜单，点击〈**通筋位置**〉，屏幕显示如图 3-32 右菜单。

○ 在图 3-32 的引导下完成通筋布置，点击〈**继续**〉，屏幕显示图 3-33。

图 3-33　改筋位置菜单

①改通长筋(图 3-34)

位置：改筋位置菜单\改通长筋

操作说明：

○ 〈**改通长筋**〉：根据需要运行，也可不运行，只是人工干预的手段。

○ 〈**裂缝计算**〉：以改后为准。

②改支座筋(图 3-35、图 3-36)

位置：改筋位置菜单\改支座筋

操作说明：

○ 进入后，屏幕显示图 3-35，进入子项后，屏幕显示图 3-36。

○ 〈**改支座短筋**〉：根据需要运行，也可不运行，只是人工干预的手段。

○ 〈**裂缝计算**〉：以改后为准。

③裂缝计算

位置：改筋位置菜单\裂缝计算

操作说明：

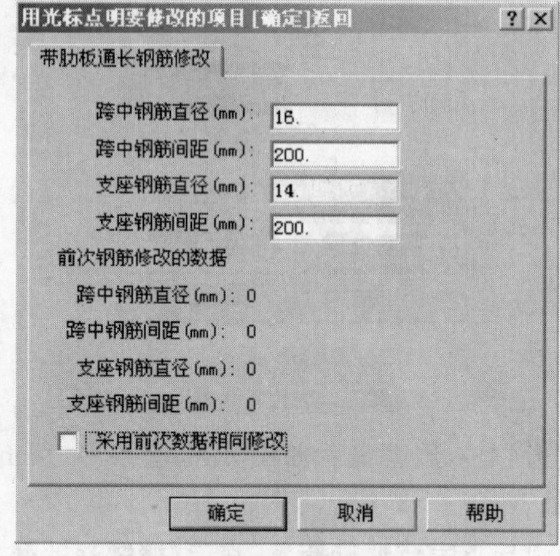

图 3-34 通筋修改

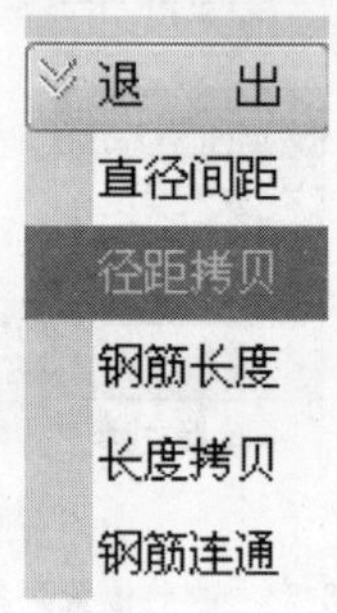

图 3-35 改支座筋菜单

○ 进入〈**裂缝计算**〉,屏幕显示〈**裂缝计算结果**〉简图,若不满足要求,可返回重新修改钢筋,以满足要求为准。

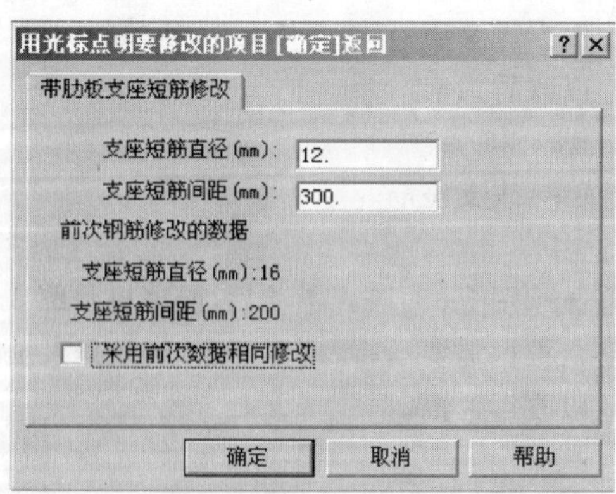

图 3-36 改支座短筋对话框

④**数据文件**(图 3-37)

位置:改筋位置菜单\数据文件

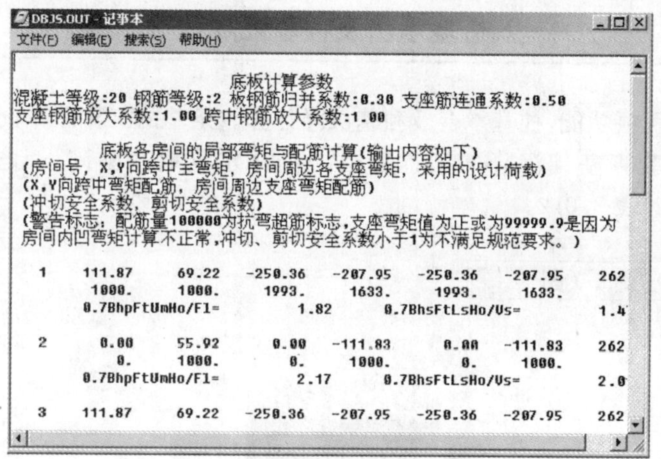
DBJS.OUT - 记事本

文件(F) 编辑(E) 搜索(S) 帮助(H)

底板计算参数

混凝土等级:20 钢筋等级:2 板钢筋归并系数:0.30 支座筋连通系数:0.50

支座钢筋放大系数:1.00 跨中钢筋放大系数:1.00

底板各房间的局部弯矩与配筋计算(输出内容如下)

(房间号, X,Y向跨中主弯矩, 房间周边各支座弯矩, 采用的设计荷载)

(X,Y向跨中弯矩配筋, 房间周边支座弯矩配筋)

(冲切安全系数, 剪切安全系数)

(警告标志: 配筋量100000为抗弯超筋标志,支座弯矩值为正或为99999.9是因为房间内凹弯矩计算不正常,冲切、剪切安全系数小于1为不满足规范要求。)

```
1    111.87    69.22   -250.36   -207.95   -250.36   -207.95   262
      1000.     1000.    1993.     1633.     1993.     1633.
     0.7BhpFtUmHo/Fl=        1.82     0.7BhsFtLsHo/Vs=          1.4

2      0.00    55.92      0.00   -111.83      0.00   -111.83   262
         0.     1000.       0.     1000.        0.     1000.
     0.7BhpFtUmHo/Fl=        2.17     0.7BhsFtLsHo/Vs=          2.0

3    111.87    69.22   -250.36   -207.95   -250.36   -207.95   262
```

图 3-37　数据文件

操作说明:

○ 用于查看。

4. 弹性地基梁板结果查询(图 3-38)

位置:位置菜单\弹性地基梁板结果查询

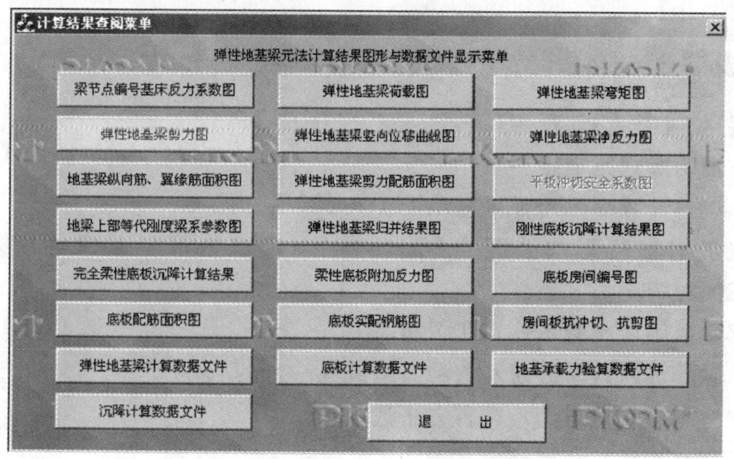

图 3-38　弹性地基梁板结果查询

操作说明:

○ 可选择不同选项,通过图形或文本形式得到结果文件。

四、桩基承台及独基沉降计算

本节有两项功能，桩基承台及独基沉降计算。条基的沉降计算，也可在本节进行。不需验算基础沉降的工程范围，参见《建筑地基基础设计规范》(GB 50007—2002)表3.0.2。

1. 桩基承台计算(图4-1)

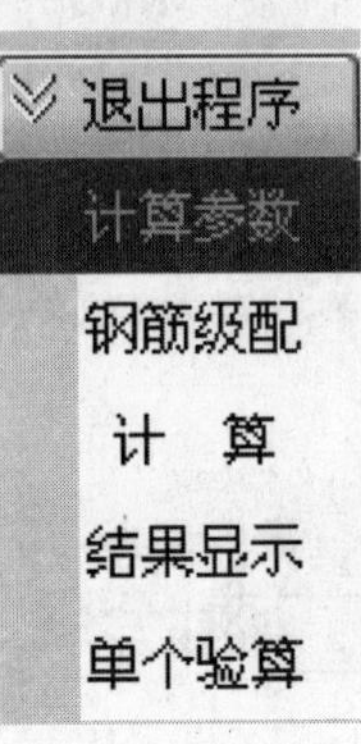

图4-1 位置菜单

(1) 计算参数

位置：位置菜单\计算参数

操作说明及规范链接：

○ 点击〈**计算参数**〉，屏幕显示图4-2对话框。

○〈**考虑相互影响的距离**(m)〉：参见〈**建筑地基基础设计规范**〉(GB 50007—2002)第5.3.8条。

○〈**室内回填土标高**〉：据实填写。

○〈**独基沉降计算方法**〉：五种方法选其一，推荐选0。

○〈**桩承台计算方法**〉：四种方法选其一，推荐选1。

○ 点击〈**确定**〉后，屏幕显示图4-3对话框。

操作说明及规范链接：

○〈**桩钢筋级别**〉

○〈**承台钢筋级别**〉

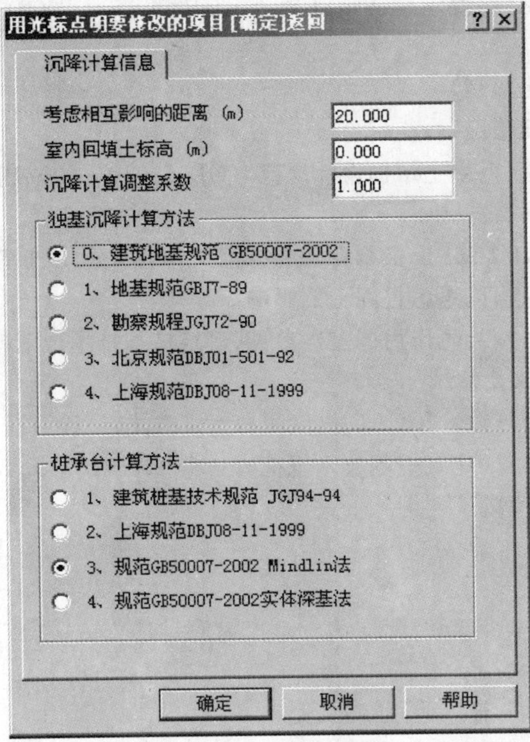

图 4-2　沉降计算信息

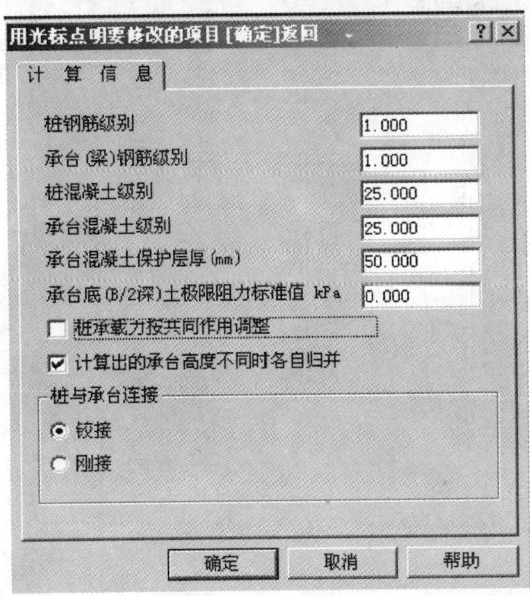

图 4-3　计算信息

以上两项参见《混凝土结构设计规范》(GB 50010—2002)表 4.2.3-1,具体取值参见表 2-3。

○ **〈桩混凝土级别〉**

○ **〈承台混凝土级别〉**

以上两项参见《混凝土结构设计规范》(GB 50010—2002)表 4.1.4,具体取值参见表 2-4。

○ **〈承台底(B/2 深)土极限阻力标准值〉**:参见《建筑桩基技术规范》(JGJ 94—94)第 5.2.2 条,以考虑桩间土的影响。

○ **〈桩承载力按共同作用调整〉**:参见《建筑桩基技术规范》(JGJ 94—94)第 5.2.2 条、第 5.2.3.2 条。

○ **〈桩与承台连接〉**:JCCAD 提供两种连接方式,一种“铰接”,一种“刚接”,

其设计依据参见《建筑桩基技术规范》(JGJ 94—94)第 5.5 节,主要涉及桩身承载力和抗裂计算。

(2) 钢筋级配(图 4-4)

位置:位置菜单\钢筋级配

操作说明:

○ 选定级配筋,输入间距,确认完成。

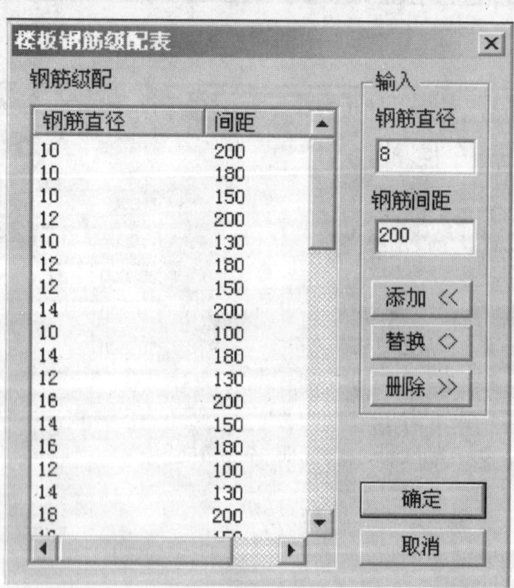

图 4-4 钢筋级配表

(3) 计算(图 4-5)

位置:位置菜单\计算

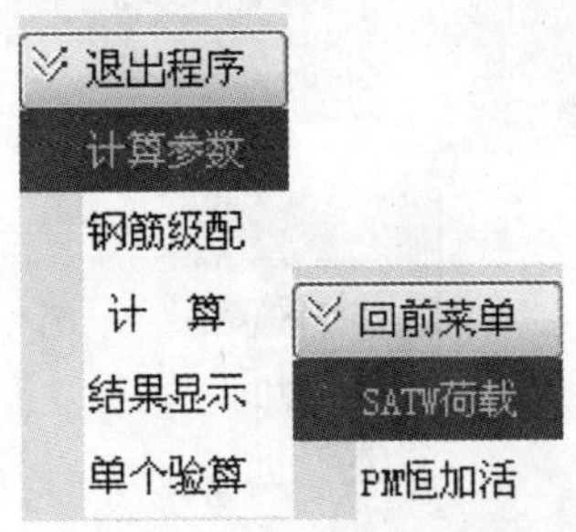

图 4-5 计算位置菜单

①用 SATWE 荷载计算

位置:计算位置菜单\SATWE 荷载

操作说明:

○ 点击〈**计算**〉,选择荷载组合,确认完成计算。

②用 PM 荷载计算

位置:计算位置菜单\PM 恒加活

操作说明:

○ 点击〈**计算**〉,选择荷载组合,确认完成计算。

(4) 结果显示(图 4-6)

位置:位置菜单\结果显示

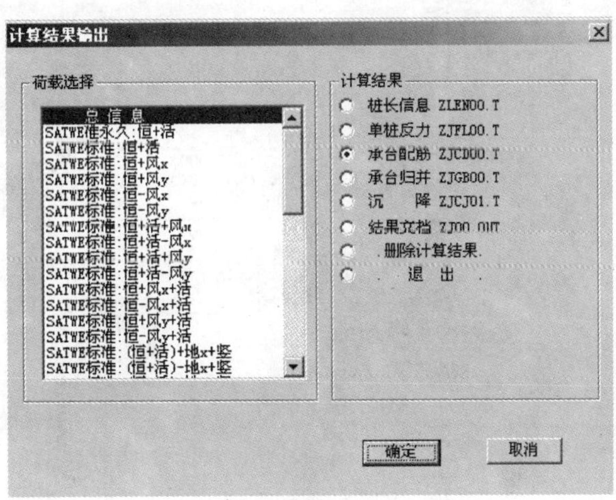

图 4-6 荷载选择及计算结果

操作说明:

○ 选择荷载后,可点选〈**结果显示**〉,通过图形或文本形式得到结果文件。

(5) 单个验算(图 4-7)

位置:位置菜单\单个验算

图 4-7 单个验算

操作说明:

○ 进入〈**单个验算**〉后,程序提示(图 4-7)选择荷载,选择荷载后,指定验算节点,程序给出文本格式的计算结果。

2. 独基沉降计算(图 4-8)

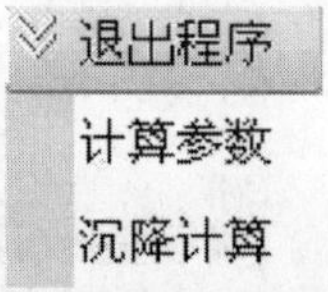

退出程序
计算参数
沉降计算

图 4-8 位置菜单

(1) 计算参数(图 4-9)

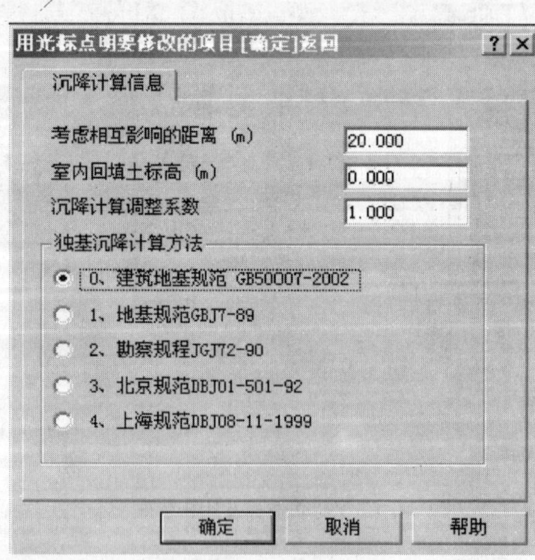

图 4-9 计算参数

操作说明及规范链接：

○ 点击〈**计算参数**〉，屏幕显示图 4-9 对话框。

○ 〈**考虑相互影响的距离**(m)〉：参见《建筑地基基础设计规范》(GB 50007—2002)第 5.3.8 条。

○ 〈**室内回填土标高**〉：据实填写。

○ 〈**独基沉降计算方法**〉：五种方法选其一，推荐选 0。

(2) 沉降计算(图 4-10)

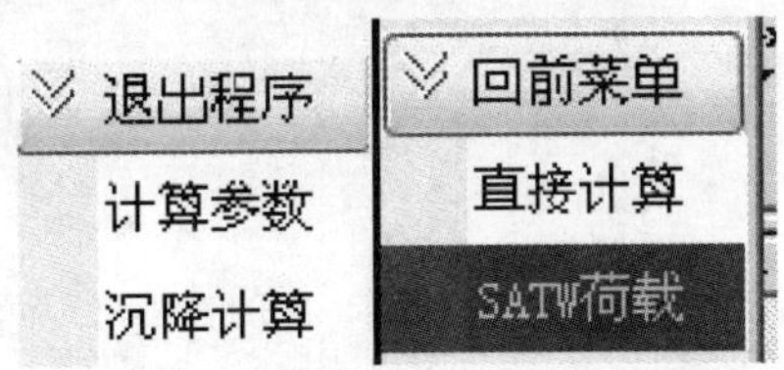

图 4-10　位置菜单

①直接计算(图 4-11)

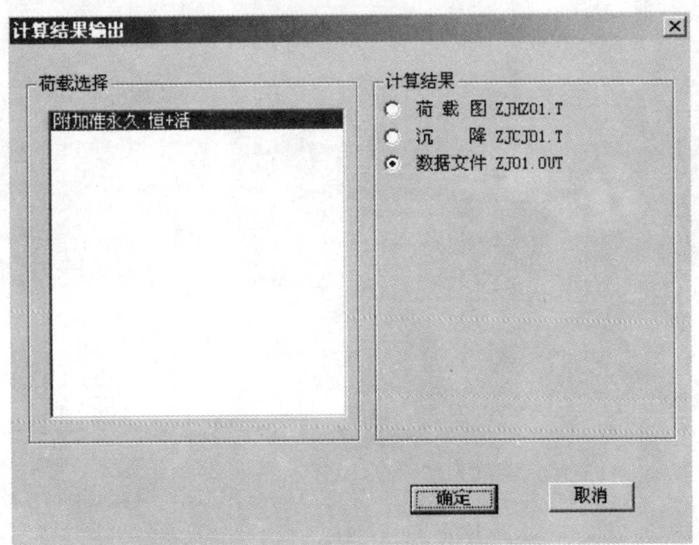

图 4-11　计算结果输出

操作说明：

○ 点选结果，观察打印。

②SATWE 荷载计算(图 4-12)

操作说明：

○ 点选结果，观察打印。

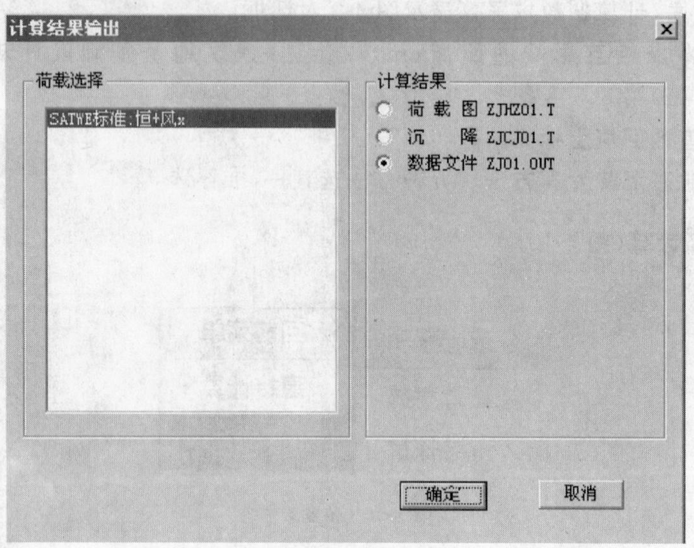

图 4-12 计算结果输出

五、桩筏筏板有限元计算

〈**桩筏筏板有限元计算**〉用于桩基础(桩筏)和筏板基础的有限元分析计算。进入后,屏幕显示〈**计算内容**〉对话框(图 5-1)。

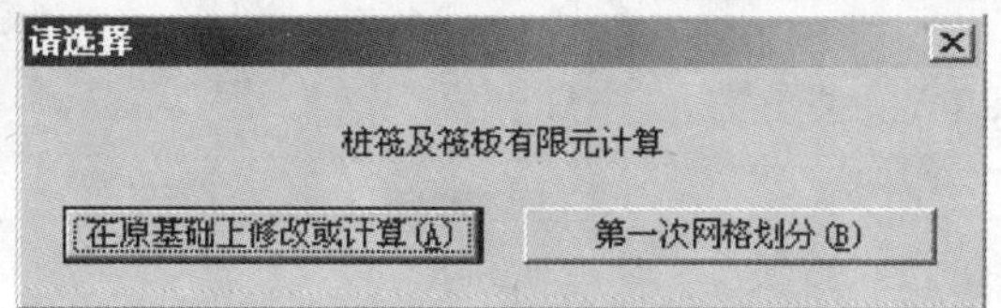

图 5-1 计算内容对话框

操作说明:

○ 据实际情况,选 A 或 B,现选 B,显示如图 5-2 对话框。

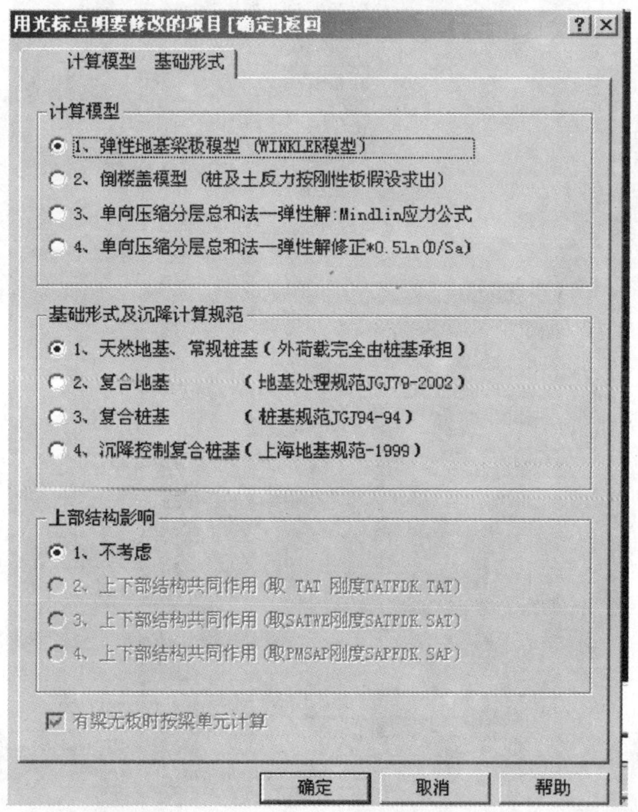

图 5-2 计算模型、基础形式对话框

操作说明:

○〈**计算模型**〉:四选一,现选1。

○〈**基础形式及沉降计算规范**〉:四选一,现选1。

○〈**上部结构影响**〉:四选一,推荐3或1。

○〈**有梁无板按梁单元计算**〉:勾选。

1. 模型参数(图5-3～图5-5)

位置:位置菜单\模型参数

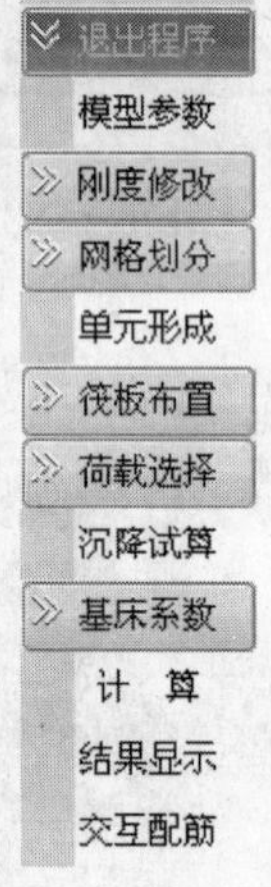

图5-3 位置菜单

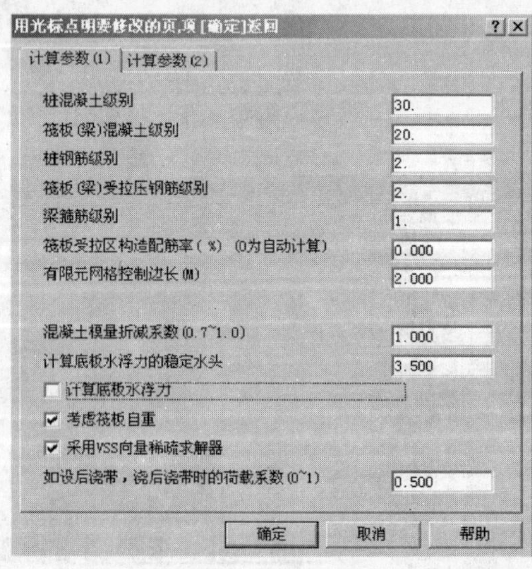

图 5-4 计算参数(1)

操作说明及规范链接：

○〈**桩混凝土级别**〉

○〈**筏板(梁)混凝土级别**〉

以上两项参见《混凝土结构设计规范》(GB 50010—2002)表 4.1.4，具体取值参见表 2-3。

○(**桩钢筋级别**)

○〈**筏板(梁)受拉压钢筋级别**〉

○〈**梁箍筋级别**〉

以上三项参见《混凝土结构设计规范》(GB 50010—2002)表 4.2.3-1，具体取值参见表 2-4。

○〈**筏板受拉区构造配筋率**〉：可取隐含值 0.15%。

○〈**有限元网格控制边长**〉：可取 2m。

○〈**混凝土模量折减系数**〉：可选 0.7～1.0。

○〈**计算底板水浮力的稳定水头**〉：据地质报告填写。

○〈**计算底板水浮力**〉：有稳定水头时，勾选。

○〈**考虑筏板自重**〉：勾选。

○〈**采用 VSS 向量稀疏求解器**〉：勾选。

○〈**如设后浇板带，浇后浇板带的荷载系数**〉：可用初始值。

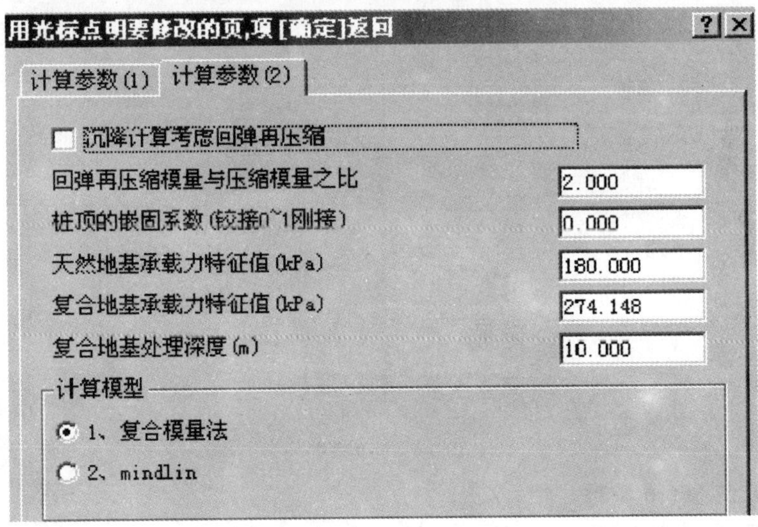

图 5-5　计算参数(2)

操作说明及规范链接：

○〈**沉降计算考虑回弹再压缩**〉：参见《建筑地基基础设计规范》(GB 50007—2002)第 5.3.9 条。

○〈**回弹再压缩模量与压缩模量之比**〉:可取初始值。

○〈**桩顶的嵌固系数**〉:铰接填 0,刚接填 1。

○〈**天然地基承载力特征值**〉:按地质报告填写。

○〈**复合地基承载力特征值**〉:按地质报告填写。

○〈**复合地基处理深度**〉:据实填写。

○〈**计算模型**〉:程序内定一般 mindlin。

JCCAD 提供两种计算方法:

1)复合模量法;

2)mindlin。

2. 刚度修改(图 5-6)

退出程序
模型参数
刚度修改
网格划分
单元形成
筏板布置
荷载选择
沉降试算
基床系数
计　算
结果显示
交互配筋

回主菜单
桩K定义
K值布置
K值删除
刚度显示
局部放大

图 5-6　位置菜单

桩 K 定义(图 5-7)

位置:位置菜单\刚度修改\桩 K 定义

操作说明:

○ 若有地质数据,程序自动根据地质数据计算桩刚度;若没有,则需要根据勘察单位提供的地质资料以及桩大小计算桩的刚度。

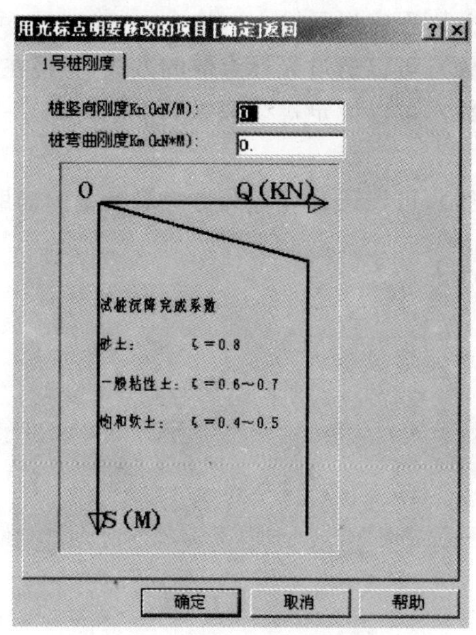

图 5-7 刚度定义

3. 网格划分(图 5-8)

位置:位置菜单\网格划分

图 5-8 网格划分

操作说明:

○ 点击〈**自动划分**〉,程序提示输入网格大小,确定后,可自动划分网格。

○ 点击〈**加辅助线**〉,可以通过光标点取的方式,直接在平面上布置辅助线。

○ 点击〈**加等分线**〉,可以设定等分段数,用光标方式一次画出多线来添加辅助线。

○ 点击〈**删辅助线**〉,可以通过光标等方式删除画的辅助线。

4. 单元形成(图 5-9)

位置:位置菜单\单元形成

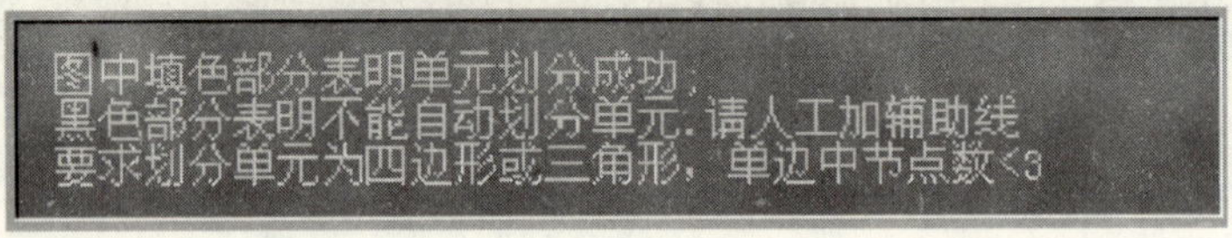

图 5-9 单元形成

操作说明:

○ 完成网格划分后,可进行单元形成。

5. 筏板布置(图 5-10)

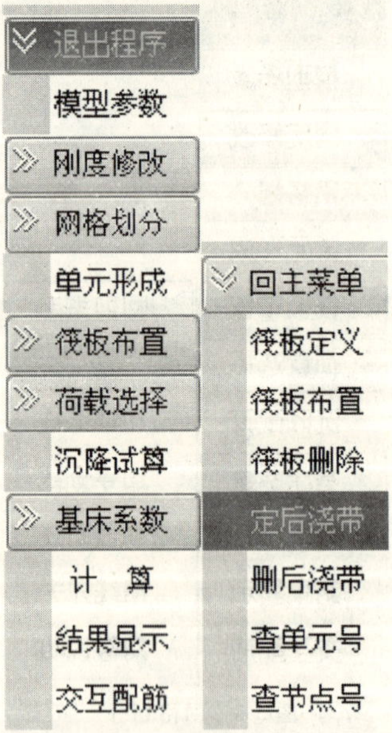

图 5-10 位置菜单

(1) 筏板定义(图 5-11)

位置:位置菜单\筏板布置\筏板定义

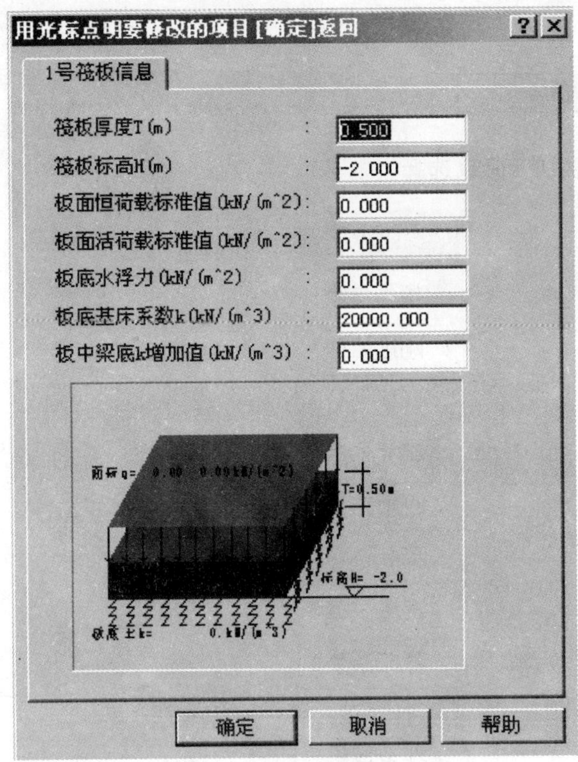

图 5-11 筏板定义

操作说明及规范链接:

○ **〈筏板厚度〉**:据实填写。

○ **〈筏板标高〉**:据实填写。

○ **〈板面恒载〉**:填写覆土重。

○ **〈板面活载〉**:可取 0。

○ **〈板底水浮力〉**:由稳定地下水位标高与板顶标高的关系求出。

○ **〈板底基床系数 K(kN/m^3)〉**:可通过后面的沉降试算得出,然后通过程序自动回代该值。当板不承受土反力可将其值定为 0。

(2) 后浇带

操作说明:

○ 进入〈**定后浇带**〉,通过光标点取方式确定两点,定出后浇带位置,程序根据定义进行后浇带的受力计算。

后浇带的设置参见《高层建筑混凝土结构技术规程》(JGJ 3—2002)第12.1.10条。

6. 荷载选择(图 5-12)

位置:位置菜单\荷载选择

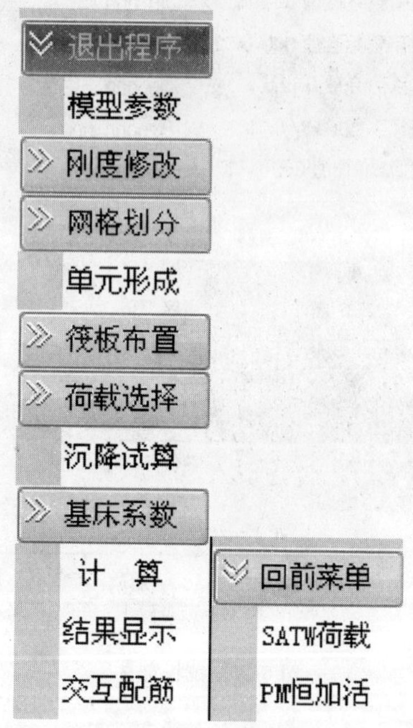

图 5-12　荷载选择

操作说明:

○ 选择计算用上部荷载。

7. 沉降试算(图 5-13)

位置:位置菜单\沉降试算

操作说明:

○ 群桩沉降放大系数为程序根据地质资料等数据自动计算得出。

○ 板底土基床系数为程序根据选定的计算模型等计算参数自动计算后的值。

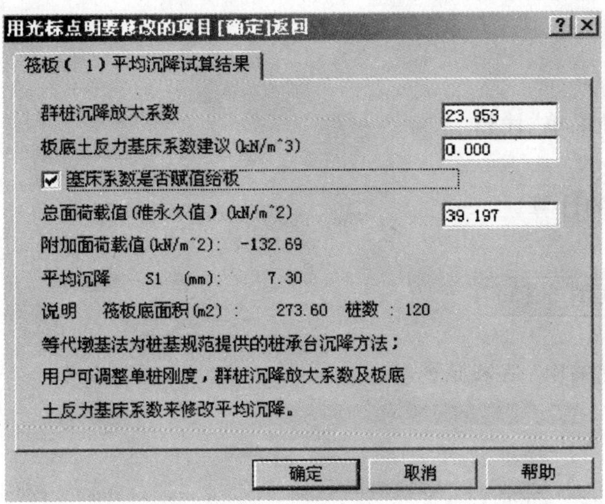

图 5-13 沉降试算

8. 基床系数(图 5-14)

位置：位置菜单\基床系数

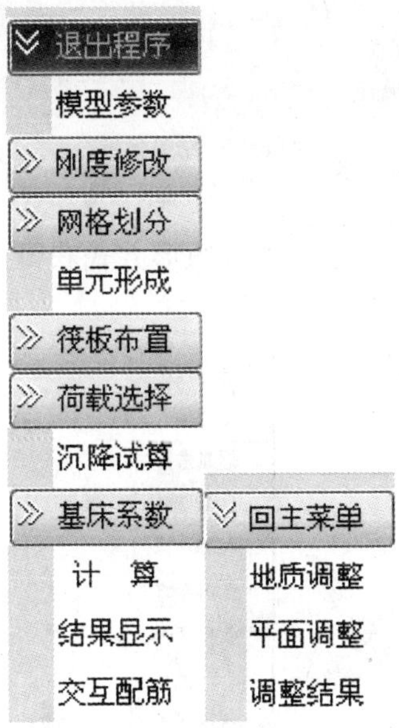

图 5-14 基床系数

操作说明：

用于地质资料的调整。

9. 计算

位置:位置菜单\计算

操作说明:

用于板梁的计算。

10. 结果显示(图 5-15)

位置:位置菜单\结果显示

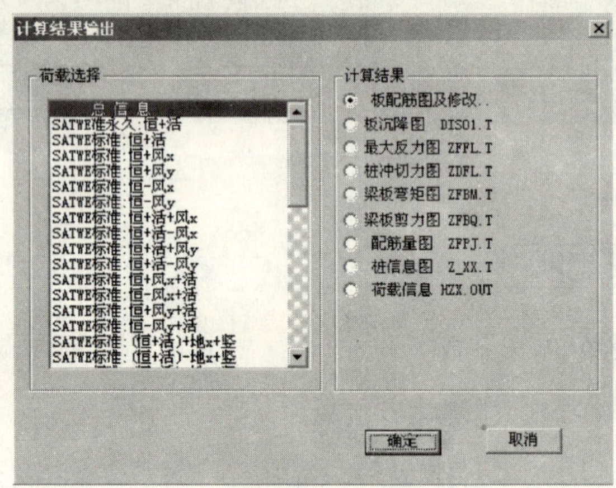

图 5-15 结果显示

操作说明:

○ 点击〈**结果显示**〉可通过文本或图形方式获得计算结果。

板配筋图及修改(图 5-16)

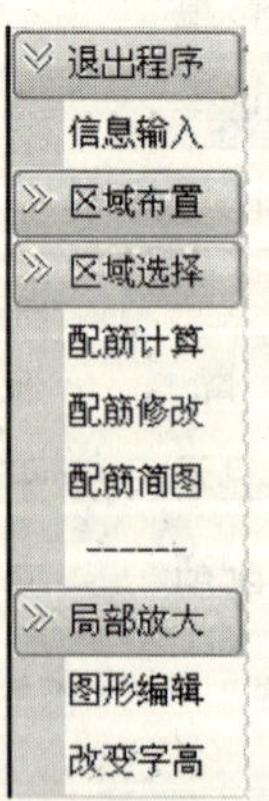

图 5-16 板配筋图及修改

①信息输入(图 5-17、图 5-18)

位置:位置菜单\结果显示\板配筋图及修改\信息输入

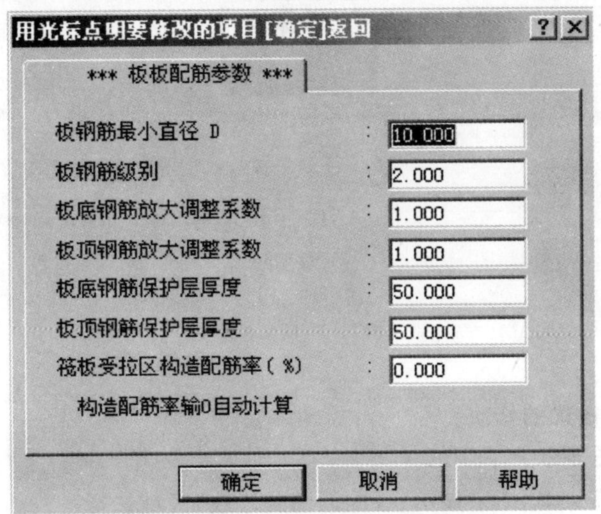

图 5-17　板配筋参数

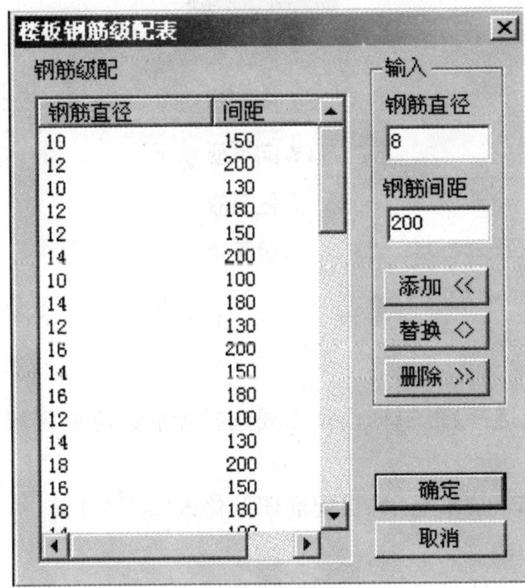

图 5-18　钢筋级配

操作说明:

○ 进入〈**信息输入**〉可根据设计需要修改相关的数据。

②区域布置(图 5-19)

位置:位置菜单\结果显示\板配筋图及修改\区域布置

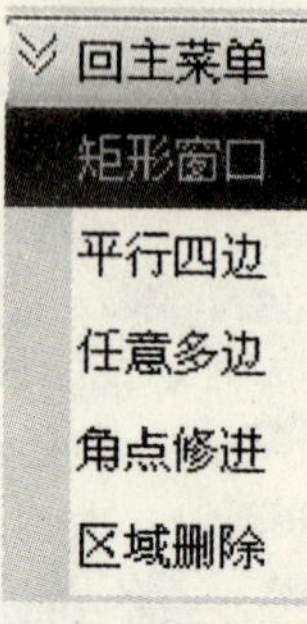

图 5-19 区域布置

操作说明:

用于布置板梁的修改。

③区域选择(图 5-20)

位置:位置菜单\结果显示\板配筋图及修改\区域选择

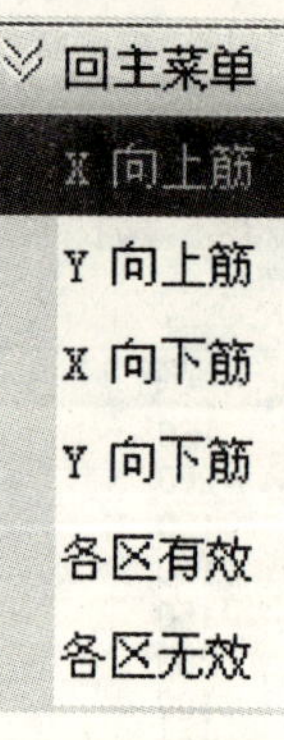

图 5-20 区域选择

操作说明:

○ 进入〈**区域选择**〉可根据设计需要选择配筋计算的区域。

④配筋计算

位置:位置菜单\结果显示\板配筋图及修改\配筋计算

⑤配筋修改(图 5-21)

位置:位置菜单\结果显示\板配筋图及修改\配筋修改

操作说明及规范链接:

○ 点击〈**配筋修改**〉,程序提示如图 5-21 所示对话框内容,可根据设计需要直接点取并修改配筋大小。

第 1区域	面积	配置	实配面积	
X向上筋	1250	1Φ18@200	1272	118.200
Y向上筋	1120	1Φ12@100	1130	112.100
X向下筋	1000	1Φ16@200	1005	116.200
Y向下筋	1407	1Φ18@180	1413	118.180

图 5-21　配筋修改

⑥配筋简图

位置:位置菜单\结果显示\板配筋图及修改\配筋简图

操作说明:

○ 进入〈**配筋简图**〉,程序根据计算结果以及〈**配筋修改**〉后的结果给出配筋简图。

11. 交互配筋图(图 5-22)

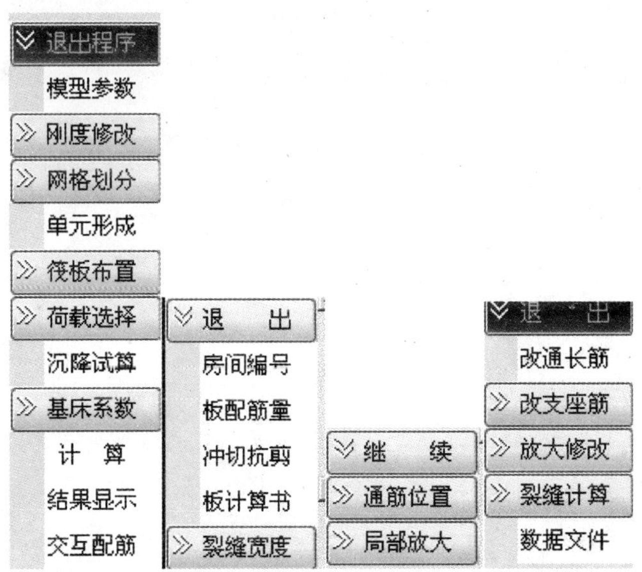

图 5-22　位置菜单

操作说明:

○ 进入〈**交互配筋**〉,程序提示如图 5-23 所示对话框,其操作步骤参见第三部分 3. 弹性地基板内力配筋计算(图 3-29、图 3-30)。

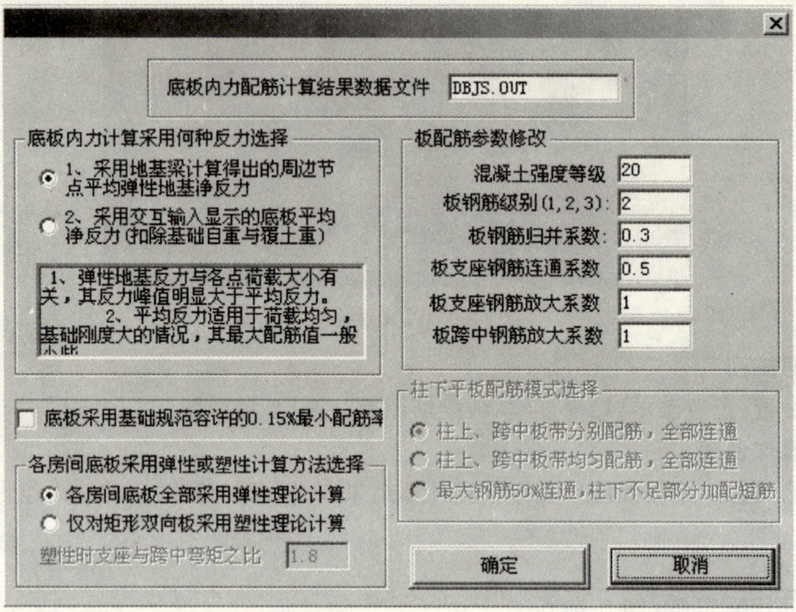

底板内力配筋计算结果数据文件 DBJS.OUT

底板内力计算采用何种反力选择

1、采用地基梁计算得出的周边节点平均弹性地基净反力

2、采用交互输入显示的底板平均净反力(扣除基础自重与覆土重)

1、弹性地基反力与各点荷载大小有关，其反力峰值明显大于平均反力。 2、平均反力适用于荷载均匀，基础刚度大的情况，其最大配筋值一般小些

底板采用基础规范容许的0.15%最小配筋率

各房间底板采用弹性或塑性计算方法选择

各房间底板全部采用弹性理论计算

仅对矩形双向板采用塑性理论计算

塑性时支座与跨中弯矩之比 1.8

板配筋参数修改

混凝土强度等级 20

板钢筋级别(1,2,3): 2

板钢筋归并系数: 0.3

板支座钢筋连通系数 0.5

板支座钢筋放大系数 1

板跨中钢筋放大系数 1

柱下平板配筋模式选择

柱上、跨中板带分别配筋，全部连通

柱上、跨中板带均匀配筋，全部连通

最大钢筋50%连通，柱下不足部分加配短筋

确定 取消

图 5-23 交互配筋

六、基础平面施工图

本节的功能是基础平面施工图的绘制。

进入〈**基础平面施工图**〉,屏幕显示如图 6-1 所示对话框。

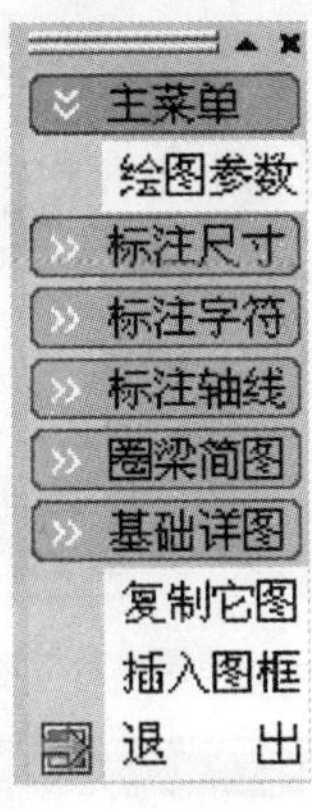

图 6-1　位置菜单

1. 绘图参数(图 6-2～图 6-4)

位置:位置菜单\绘图参数

操作说明及规范链接:

○ 〈**画独基钢筋表**〉:据单位习惯做法确定。

○ 〈**画柱插筋**〉:应勾选。

○ 〈**柱下独立基础详图**〉:推荐点选画柱。

○ 〈**墙下条基上墙体**〉:推荐点选不加厚。

○ 〈**毛石基础放脚尺寸**〉:宽 150～200,高 300～400,高宽比为 2。

参见《建筑地基基础设计规范》(GB 50007—2002)第 8.1.2 条。

○ 〈**独基插筋连接方式**〉:此数据钢筋单排根数确定,推荐点选"闪光对接焊"。

参见《建筑地基基础设计规范》(GB 50007—2002)第 8.2.4 条。

○ 〈**平面图比例**〉:可用初始值。

○ 〈**大样图比例**〉:可用初始值。

○ 〈**条基放脚尺寸**〉:可用初始值。

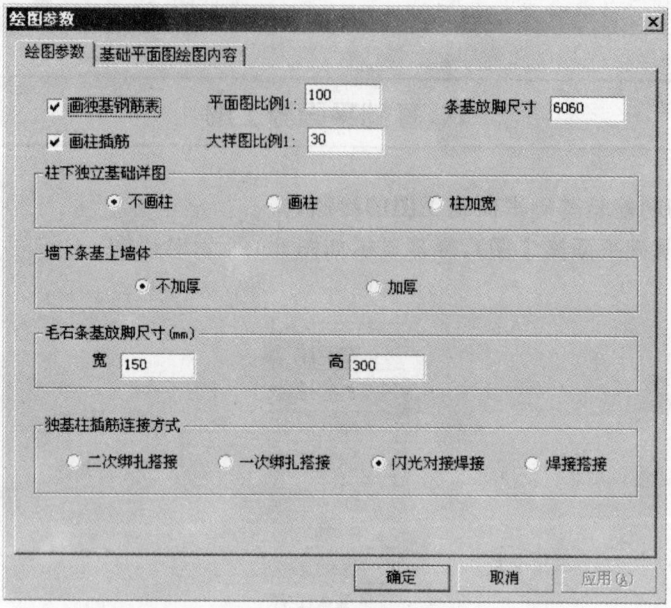

绘图参数
绘图参数
基础平面图绘图内容
画独基钢筋表
平面图比例1:
100
条基放脚尺寸
6060
画柱插筋
大样图比例1:
30
柱下独立基础详图
不画柱
画柱
柱加宽
墙下条基上墙体
不加厚
加厚
毛石条基放脚尺寸(mm)
宽
150
高
300
独基柱插筋连接方式
二次绑扎搭接
一次绑扎搭接
闪光对接焊接
焊接搭接
确定
取消
应用(A)

图 6-2　绘图参数对话框

绘图参数
绘图参数
基础平面图绘图内容
柱
墙
拉梁
独基
条基
桩
承台
弹性地基梁
筏板
柱涂黑
筏板剖面涂黑
预制地梁端头距柱边的距离
0
确定
取消
应用(A)

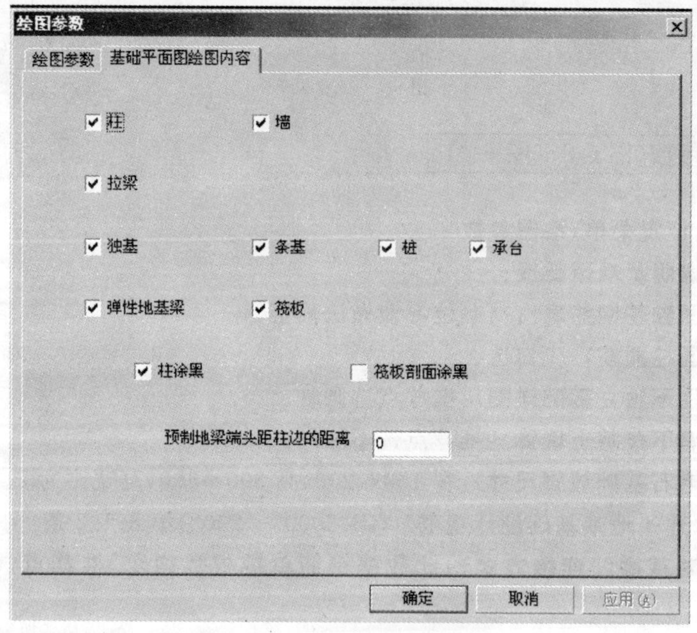

图 6-3　基础平面绘图内容对话框

操作说明：

○ 图示内容按工程实际勾选。

○ 〈柱、筏板剖面涂黑〉：应勾选。

○ **〈预制地梁端头距柱边距离〉**:应填10。

图 6-4　选择对话框

操作说明:

○ 据实选项。

2. 标注尺寸(图 6-5)

位置:位置菜单\标注尺寸

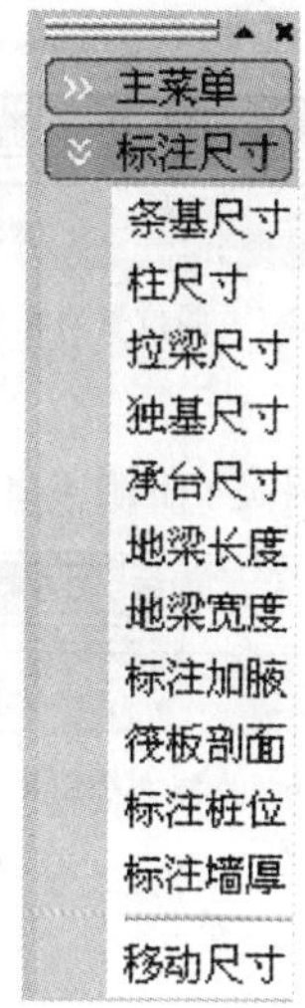

图 6-5　标注尺寸

操作说明:

○ 根据具体施工图的要求,选择标注项。

○ 光标的位置决定标注尺寸的方向。

3. 标注字符(图 6-6)

位置:位置菜单\标注字符

操作说明:

○ 柱编号、梁编号、独基编号可直接标注。

○ 洞口、地梁编号及写图名操作如下。

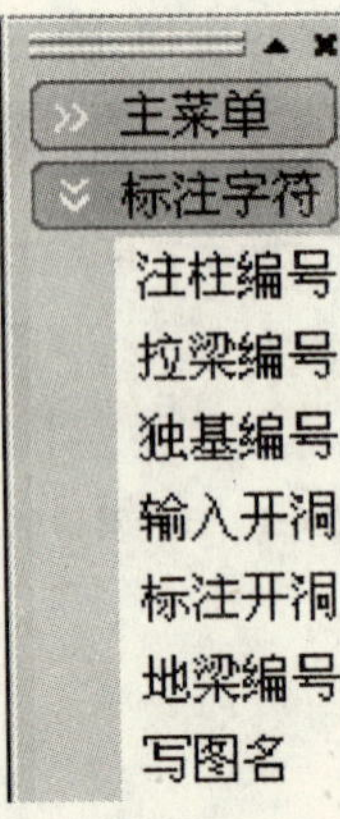

图 6-6 标注字符

(1) 洞口输入、标注(图 6-7)

位置:位置菜单\标注字符\标注洞口

图 6-7 洞位置对话框

操作说明:

○ 在图 6-7 中,输入坐标及洞宽;在图 6-8 中输入洞高及洞底标高。

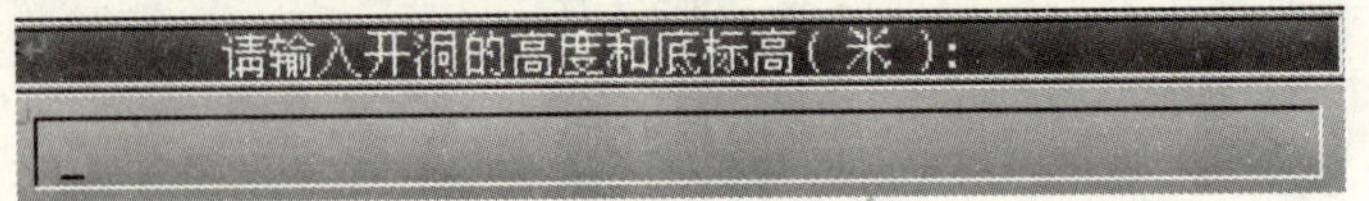

图 6-8 洞大小对话框

(2) 地梁编号(图 6-9)

位置:位置菜单\标注字符\地梁编号

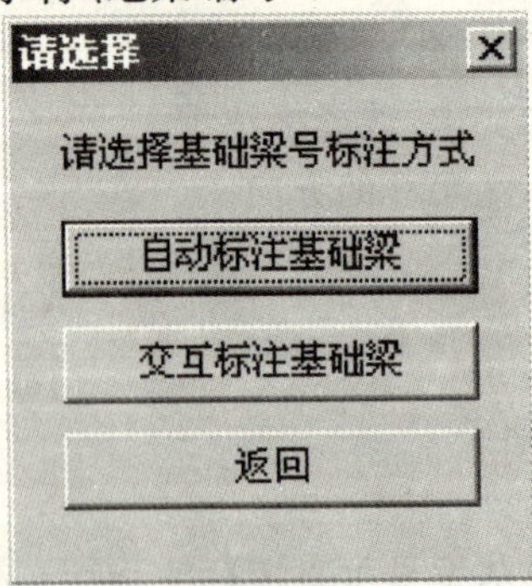

图 6-9 地梁编号标注

操作说明:

○ 在图 6-9 中,选择标注方式。

(3) 写图名

位置:位置菜单\标注字符\写图名

操作说明:

○ 进入写图名,确定图名位置。

4. 标注轴线(图 6-10)

位置:位置菜单\标注轴线

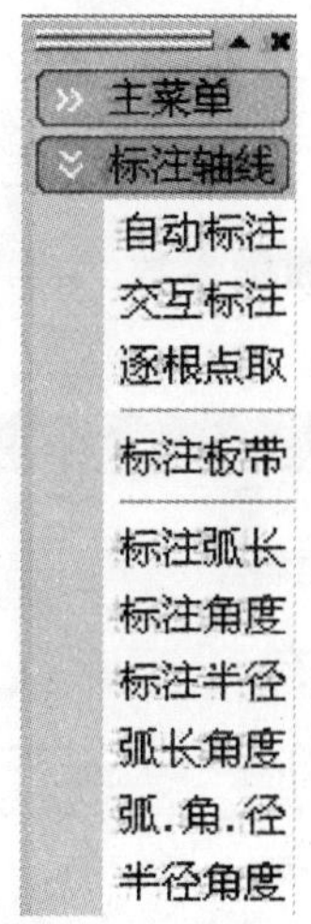

图 6-10　标注轴线

操作说明:

○ 进入〈**自动标注**〉,屏幕显示图 6-11,定义标注轴线参数。

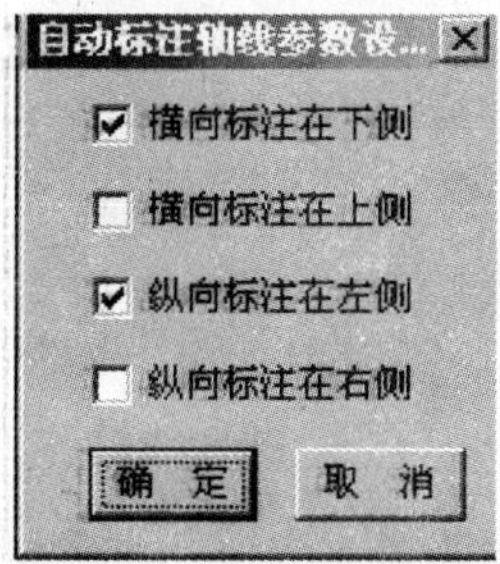

图 6-11　定义标注轴线参数

5. 圈梁简图(图 6-12)

位置:位置菜单\圈梁简图

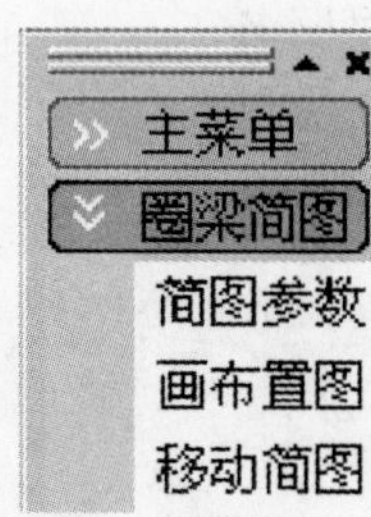

6-12　圈梁简图

(1) 圈梁参数(图 6-13)

位置:位置菜单\圈梁简图\圈梁参数

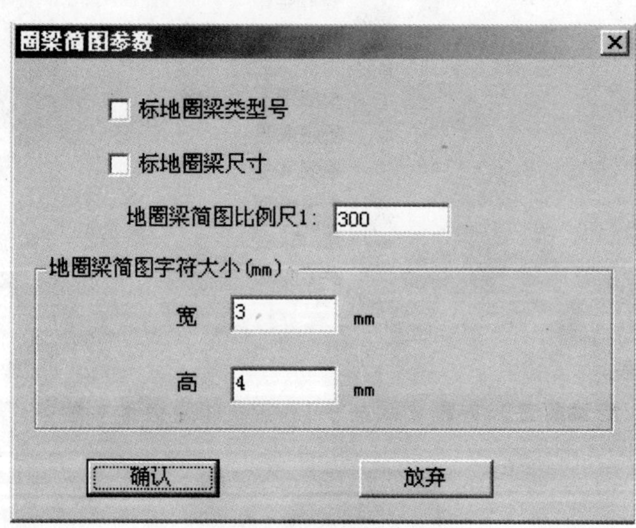

图 6-13　圈梁参数

操作说明:

○ **〈标地圈梁类型号〉**:勾选。

○ **〈标地圈梁尺寸〉**:勾选。

○ **〈地圈梁简图比例〉**:可取初始值。

○ **〈地圈梁简图字符大小〉**:可取初始值。

(2) 移动简图

位置:位置菜单\圈梁简图\移动简图

操作说明:

○ 圈梁参数设置后,程序自动形成圈梁简图。

○ 本项功能可对圈梁简图进行移动。

6. 基础详图(图 6-14)

位置:位置菜单\基础详图

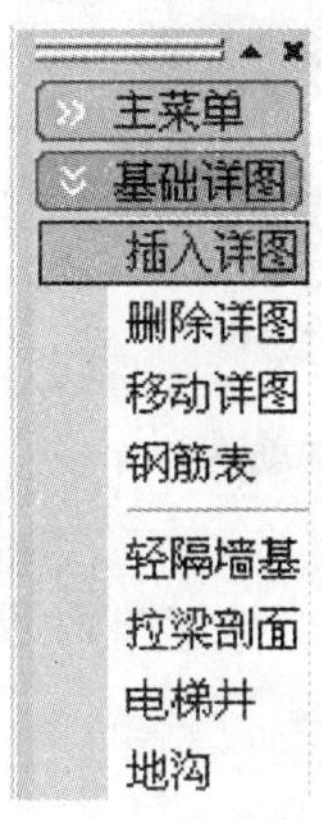

图 6-14 基础详图

(1) 插入详图(图 6-15)

位置:位置菜单\基础详图\插入详图

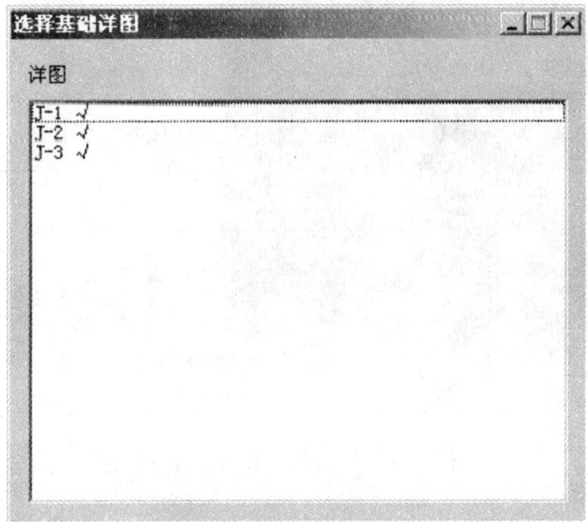

图 6-15 选择基础详图

操作说明:

○ 进入〈**插入详图**〉,屏幕显示图 6-15,选择详图编号后,可于屏幕上自动生成该编号基础的基础详图。

(2) 删除详图

位置:位置菜单\基础详图\删除详图

操作说明:

○ 本项功能可对详图进行删除。

(3) 移动详图

位置:位置菜单\基础详图\移动详图

操作说明:

○ 本项功能可对详图进行移动。

(4) 钢筋表

位置:位置菜单\基础详图\钢筋表

操作说明:

○ 点击〈**钢筋表**〉,程序自动统计详图钢筋量,并形成钢筋表。

(5) 轻隔墙基(图 6-16)

位置:位置菜单\基础详图\轻隔墙基

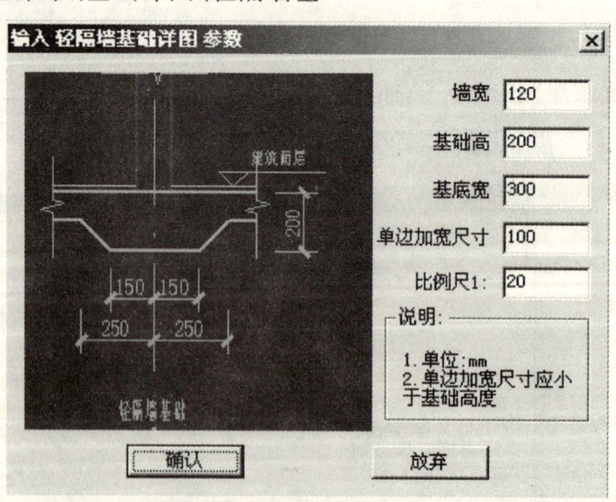

图 6-16 轻隔墙基础详图参数

操作说明:

○ 本项功能可自动形成轻隔墙基础详图。

(6) 拉梁剖面(图 6-17)

位置:位置菜单\基础详图\拉梁剖面

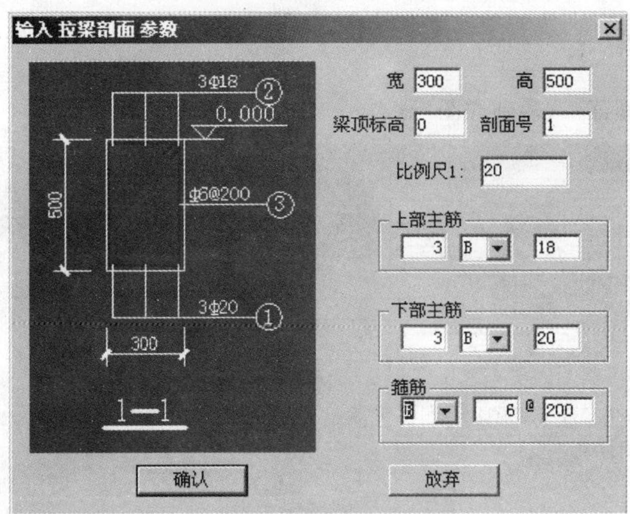

图 6-17　拉梁剖面参数

操作说明:

○ 进入〈**拉梁剖面**〉,定义完拉梁剖面参数后,程序自动生成拉梁剖面。

○ 对于拉梁的配筋,程序并不计算。

(7) 电梯井(图 6-18)

位置:位置菜单\基础详图\电梯井

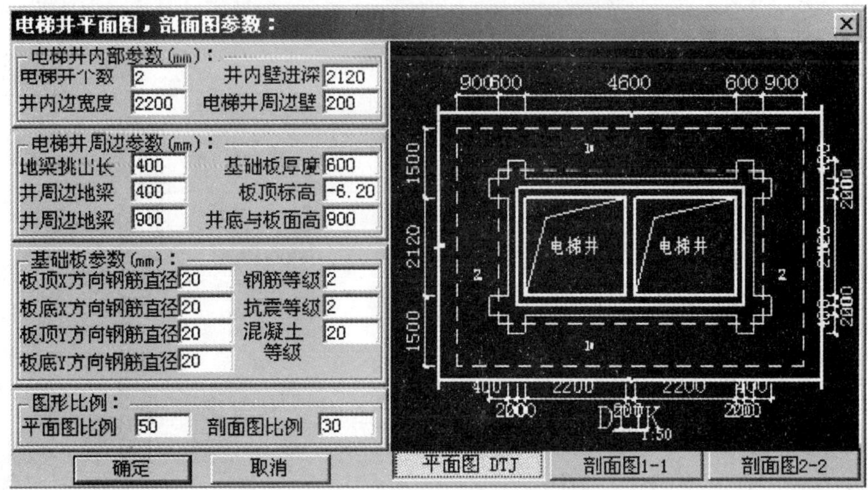

图 6-18　电梯井平面图、剖面图参数定义

操作说明:

○ 进入〈**电梯井**〉,屏幕显示图 6-18,用于电梯井平面图、剖面图参数定义。

(8) 地沟(图 6-19)

位置:位置菜单\基础详图\地沟

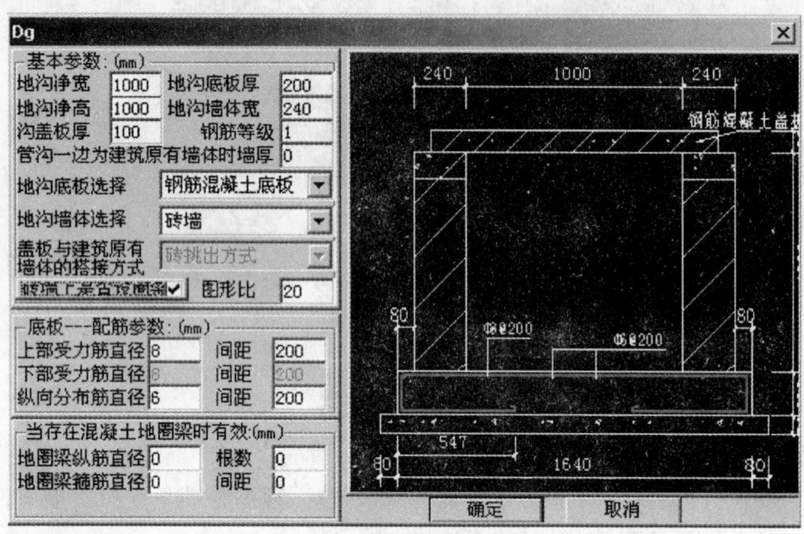

图 6-19 地沟

操作说明:

○ 进入〈**地沟**〉,屏幕显示图 6-19 所示对话框。可根据设计需要选择。

7. 复制它图(图 6-20)

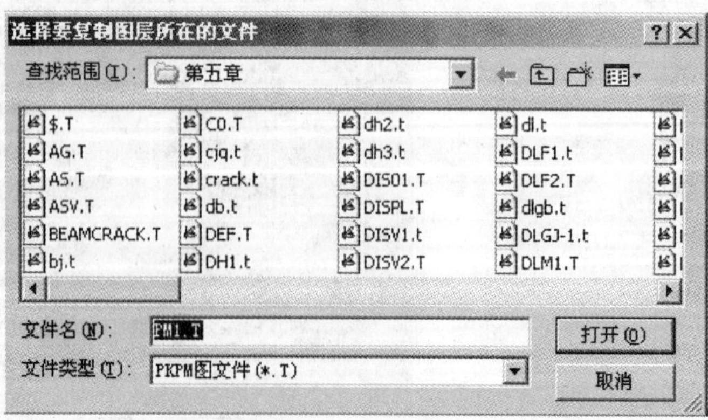

图 6-20 复制它图

位置:位置菜单\复制它图

操作说明:

○ 进入〈**复制它图**〉,屏幕显示图 6-20,用于复制它图。

8. 插入图框(图 6-21)

位置:位置菜单\插入图框

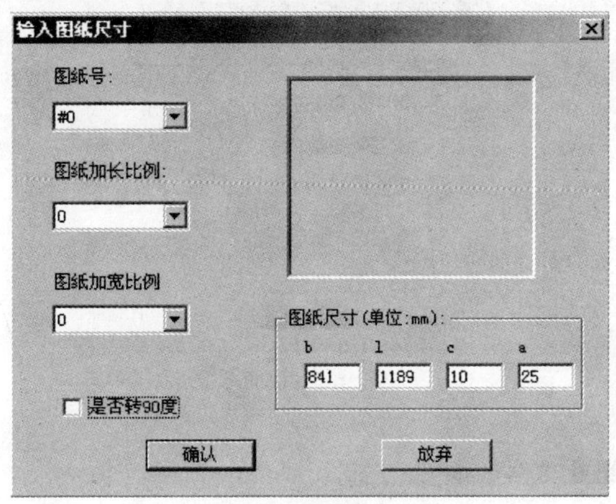

图 6-21 输入图纸尺寸

操作说明:

○ 进入〈**插入图框**〉,屏幕显示图 6-21,用于插入图框。

○ 〈**插入图框**〉前,应据本单位的规定,制作图签。

七、筏板基础配筋施工图

本节的功能是筏板基础配筋施工图的绘制。

进入后，屏幕显示图7-1、图7-2。

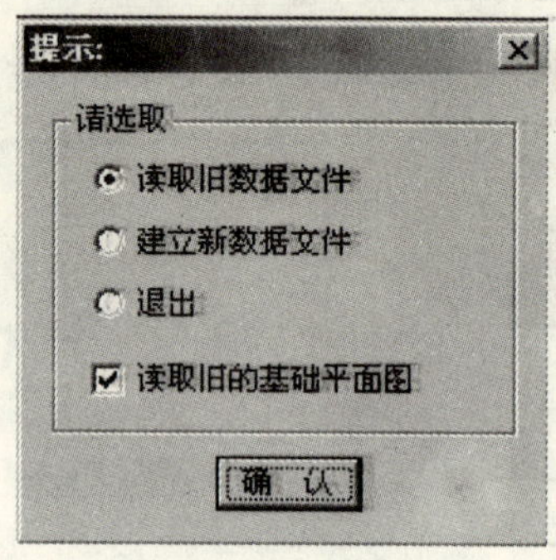

图7-1 对话框

操作说明：

○ **〈读取旧数据文件〉**：据实点选。

○ **〈建立新数据文件〉**：据实点选。

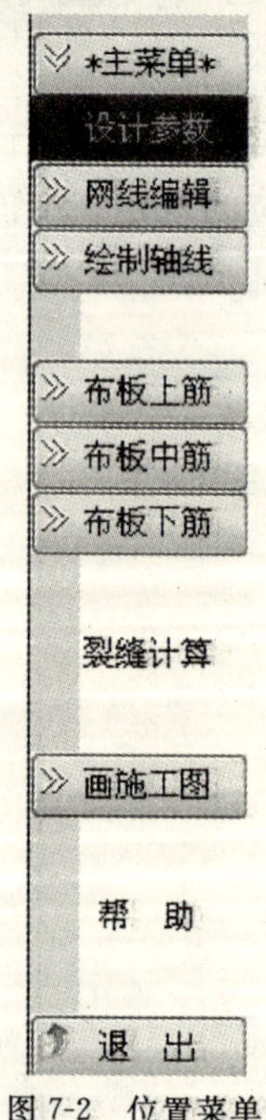

图7-2 位置菜单

○〈**退出**〉:据实点选。

○〈**读取旧的基础平面图**〉:据实勾选。

1. 设计参数,共四页(图 7-3～图 7-6)

位置:位置菜单\设计参数

第 1 页　常用参数

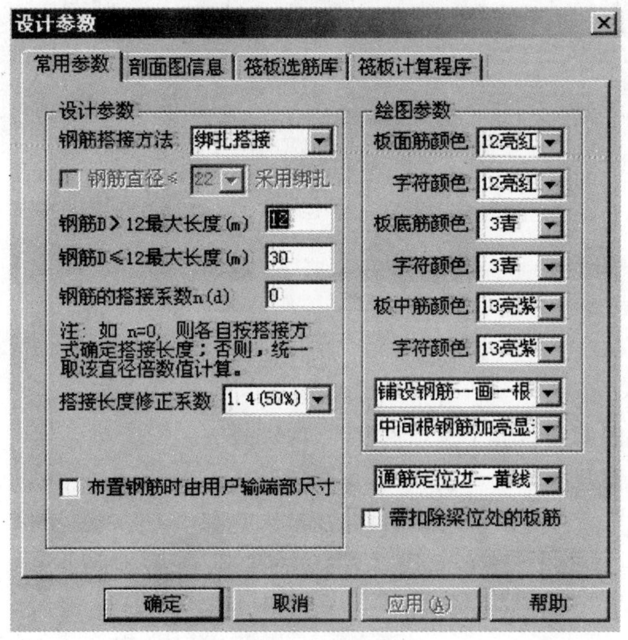

图 7-3　常用参数

操作说明及规范链接:

○〈**设计参数**〉:可用初始定义,也可修改。

其中:对于钢筋连接,程序提供了绑扎搭接、机械连接、焊接三种方式。

参见《混凝土结构设计规范》(GB 50010—2002)第 9.4.1 条。

对于搭接长度修正系数,程序提供了 1.4(50%)、1.2(25%)、1.6(100%)三种模式。

参见《混凝土结构设计规范》(GB 50010—2002)第 9.4.3 条。

○〈**绘图参数**〉:可用初始定义,也可修改。

○〈**通筋定位边**〉:可用初始定义,也可修改。

○〈**需扣除梁位处的板筋**〉:勾选。

第 2 页　剖面图信息

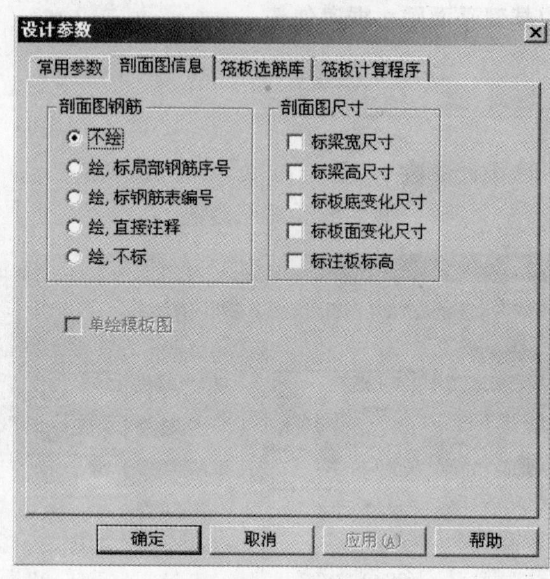

图 7-4　剖面图信息

操作说明:

○ **〈剖面图钢筋〉**:五个选项选其一,推荐勾选 3。

○ **〈剖面图尺寸〉**:五个选项,推荐全部勾选。

第 3 页　筏板选筋库

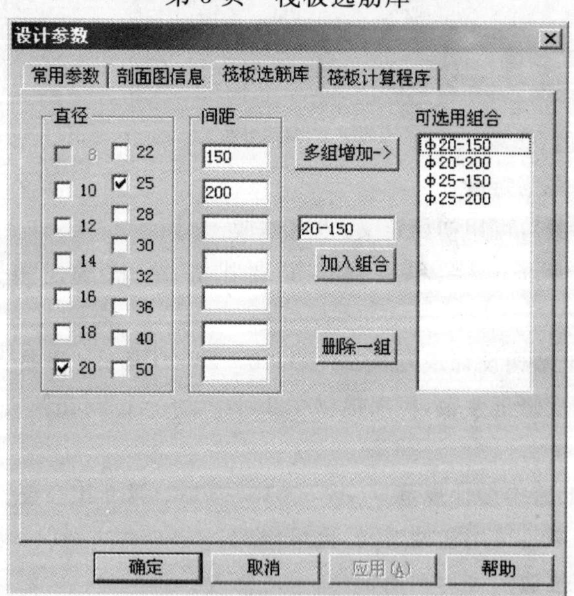

图 7-5　筏板选筋库

操作说明：

○ 〈**直径**〉：种类不宜太多。

○ 〈**直径**〉：可选 12、14、16、18、20。

第 4 页　筏板计算程序

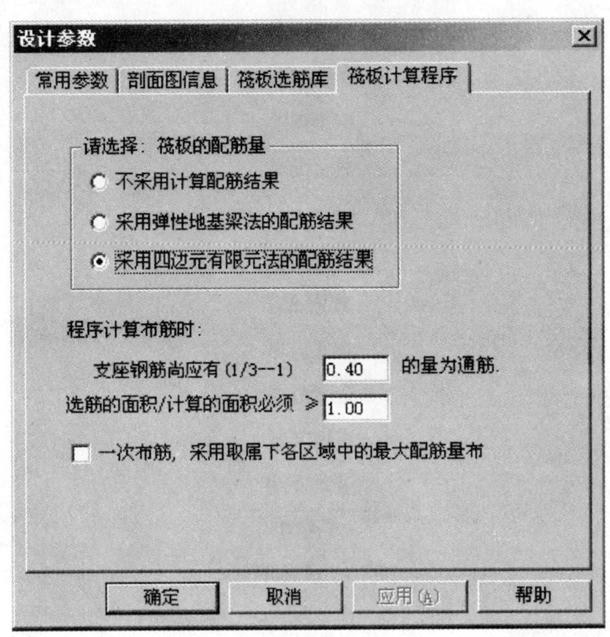

图 7-6　筏板计算程序

操作说明及规范链接：

○ 〈**筏板的配筋量**〉：三个选项选其一，推荐勾选 3。

○ 〈**支座通筋**〉：参见《建筑地基基础设计规范》(GB 50007—2002)第 8.4.11、8.4.12 条。

○ 〈**选筋面积/计算面积**〉：应大于 1。

2. 网线编辑(图 7-7)

位置：位置菜单\网线编辑

操作说明：

○ 根据设计绘图需要，通过〈**网线编辑**〉设定网格线，以方便后续钢筋布置的操作。

○ 〈**加矩形框**〉可精确地确定网格线，以方便操作。

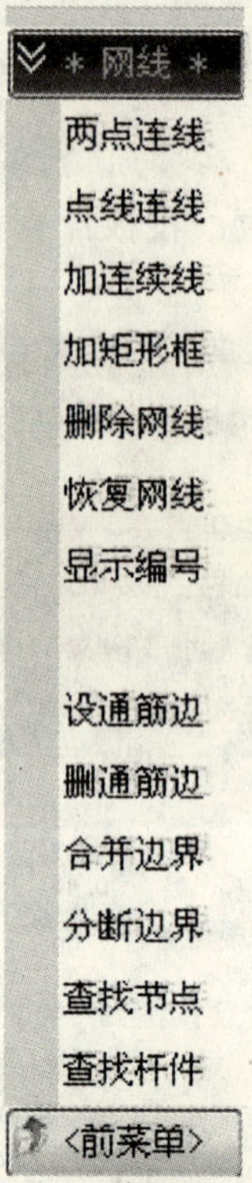

* 网线 *
两点连线
点线连线
加连续线
加矩形框
删除网线
恢复网线
显示编号
设通筋边
删通筋边
合并边界
分断边界
查找节点
查找杆件
<前菜单>

图 7-7　网线编辑

3. 绘制轴线(图 7-8)

位置:位置菜单\绘制轴线

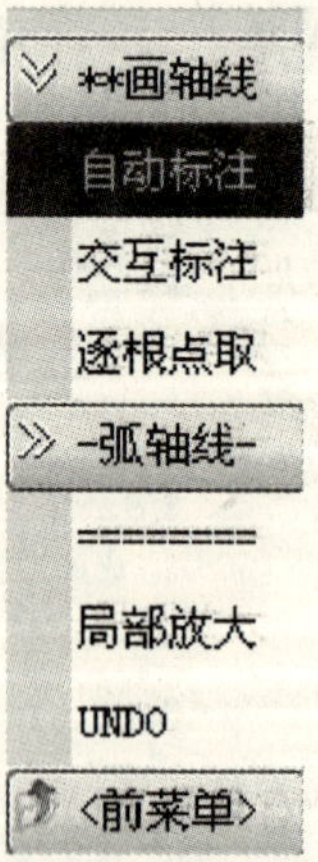

**画轴线
自动标注
交互标注
逐根点取
-弧轴线-
========
局部放大
UNDO
<前菜单>

图 7-8　绘制轴线

操作说明:

○ 直轴线标注方法有三种，可任选其一，推荐〈**自动标注**〉。

○ 〈**自动标注**〉需在图 7-9 中定义参数。

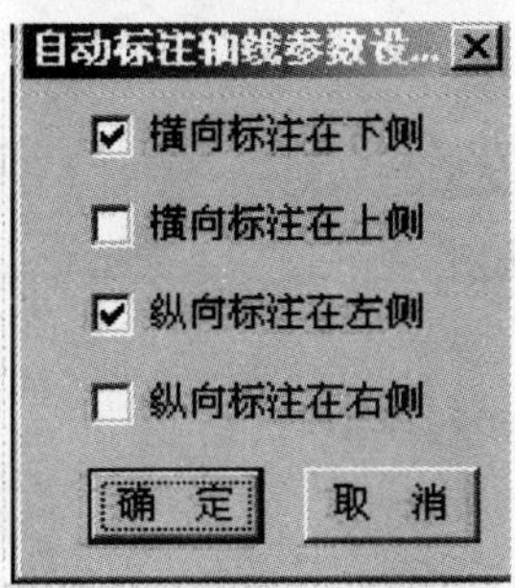

图 7-9 自动标注轴线参数

4. 布板上筋(图 7-10)

位置:位置菜单\布板上筋

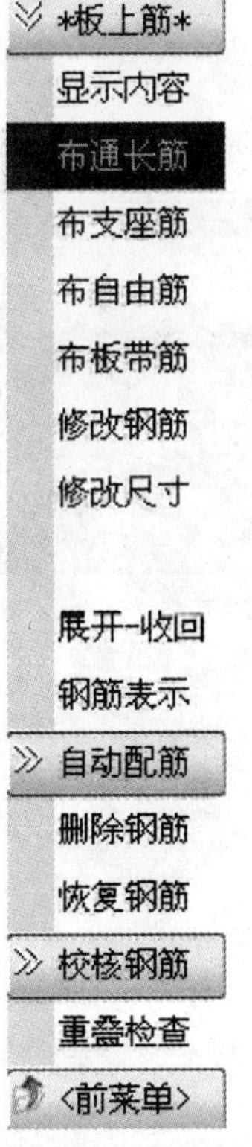

图 7-10 位置菜单

(1) 显示内容(图 7-11)

位置:位置菜单\布板上筋\显示内容

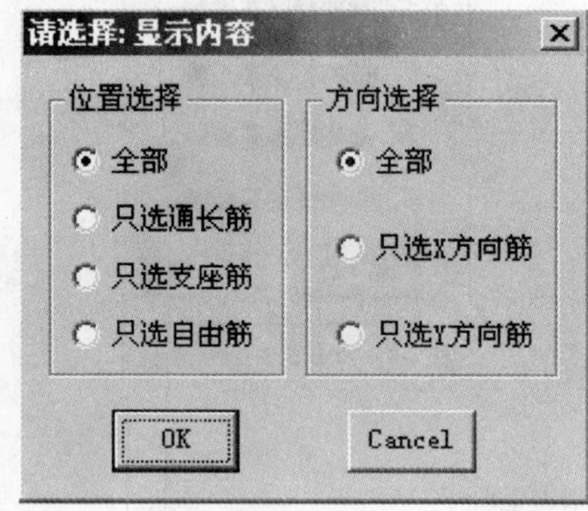

图 7-11　显示内容

操作说明:

○ **〈位置、方向选择〉**:都选**〈全部〉**。

(2) 布通长筋(图 7-12、图 7-13)

位置:位置菜单\布板上筋\布通长筋

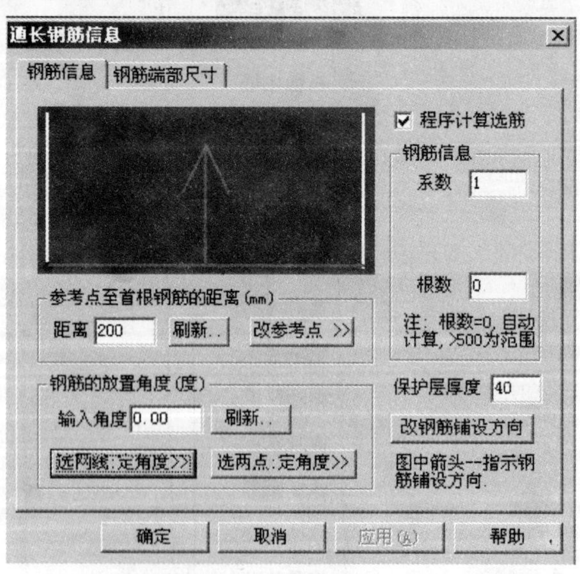

图 7-12　钢筋信息

操作说明:

○ **〈参考点至首根钢筋的距离〉**:可用初始定义,也可修改。

○ **〈钢筋的放置角度〉**：可用初始定义，也可修改。

○ **〈程序计算选筋〉**：勾选。

○ **〈钢筋信息〉**：可用初始定义，也可修改。

○ **〈保护层厚度〉**：有垫层取 40，无垫层取 70。

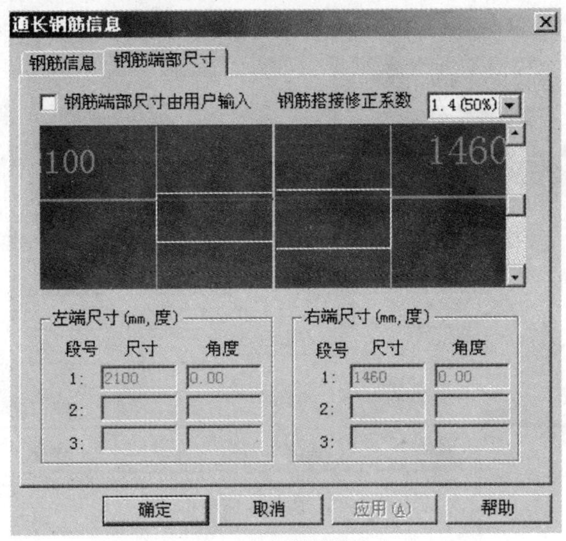

图 7-13　钢筋端部尺寸

操作说明：

○ 钢筋端部尺寸，应以图面适度为准。

(3) 布支座筋(图 7-14、图 7-15)

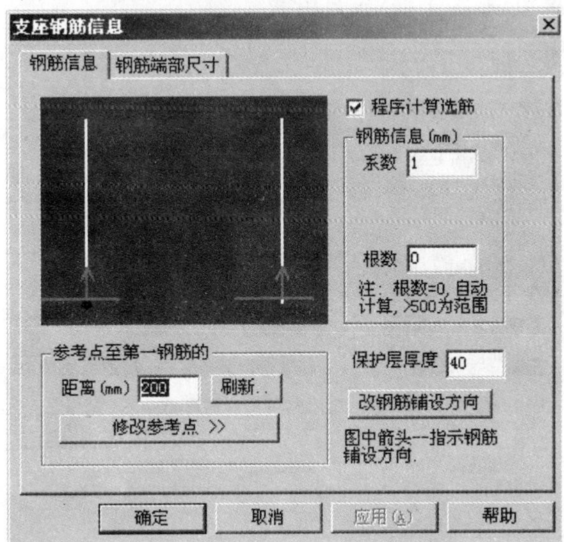

图 7-14　钢筋信息

位置:位置菜单\布板上筋\布支座筋

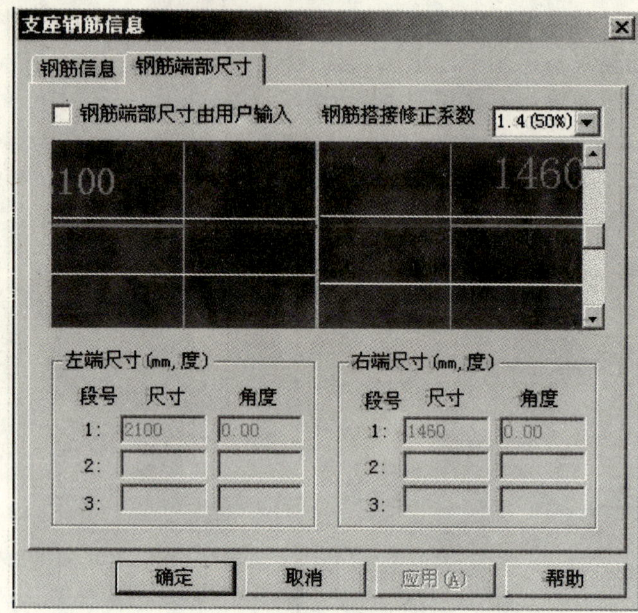

图 7-15 钢筋端部尺寸

操作说明:

○ 参见〈**布通长筋**〉。

(4) 布自由筋(图 7-16)

位置:位置菜单\布板上筋\布自由筋

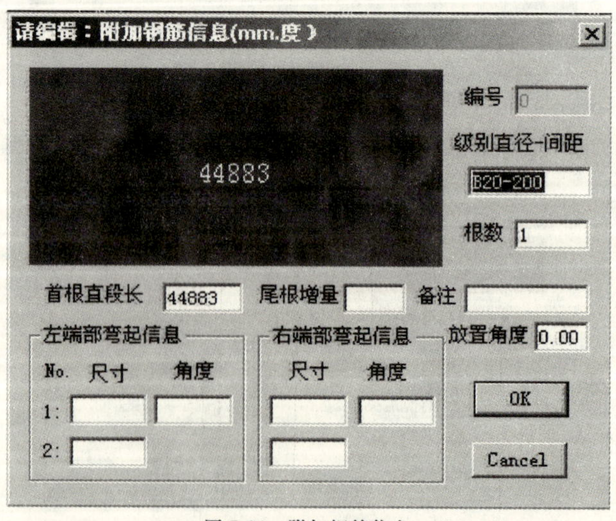

图 7-16 附加钢筋信息

操作说明：

○ 布自由筋，应以图面适度为准。

(5) 布板带筋（图 7-17、图 7-18）

位置：位置主菜单\布板上筋\布板带筋

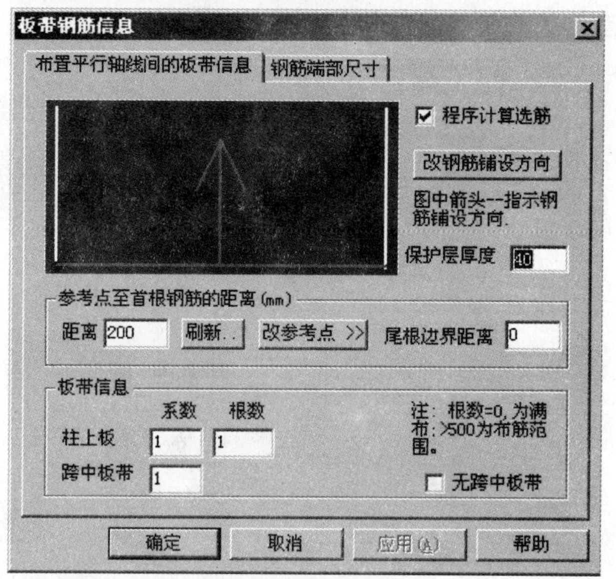

图 7-17　布置平行轴线间的板带信息

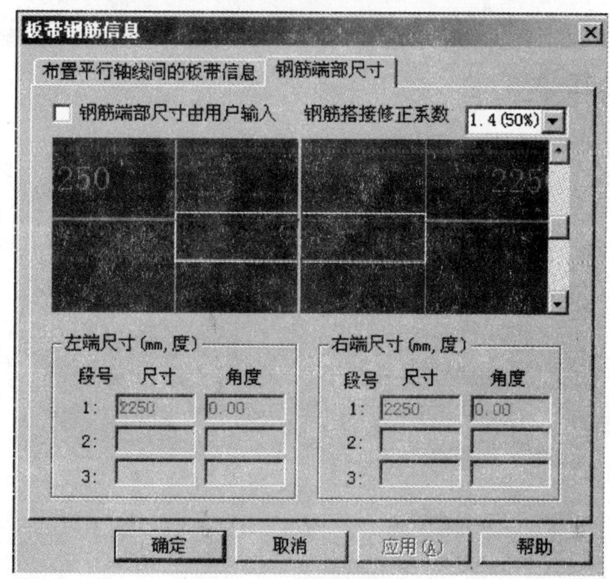

图 7-18　钢筋端部尺寸

操作说明:

○ 参见〈**布通长筋**〉。

○ 与第二章的布置〈**板带**〉相关联。

(6) 修改尺寸(图 7-19)

位置:位置菜单\布板上筋\修改尺寸

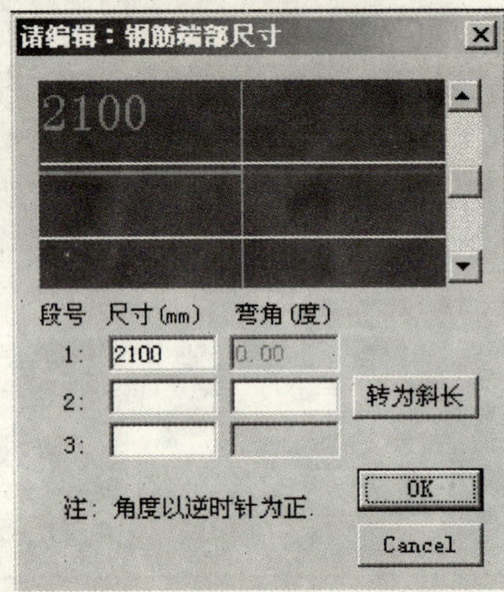

图 7-19 钢筋端部尺寸

操作说明:

○ 用于修改钢筋端部尺寸。

(7) 展开—收回(图 7-20)

位置:位置菜单\布板上筋\展开—收回

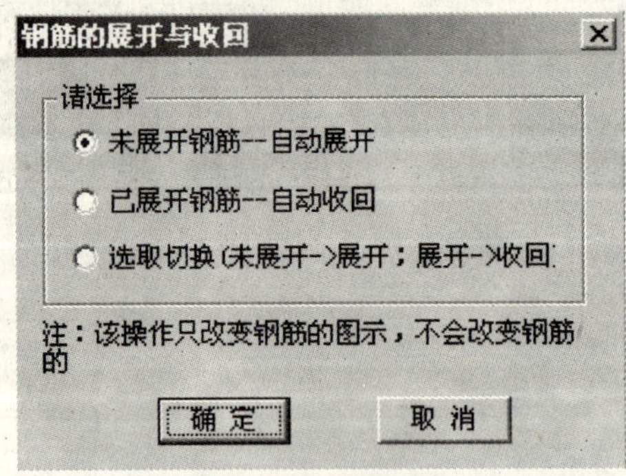

图 7-20 展开—收回

操作说明:

○ 用于删除钢筋。

(8) 钢筋表示(图 7-21)

位置:位置菜单\布板上筋\钢筋表示

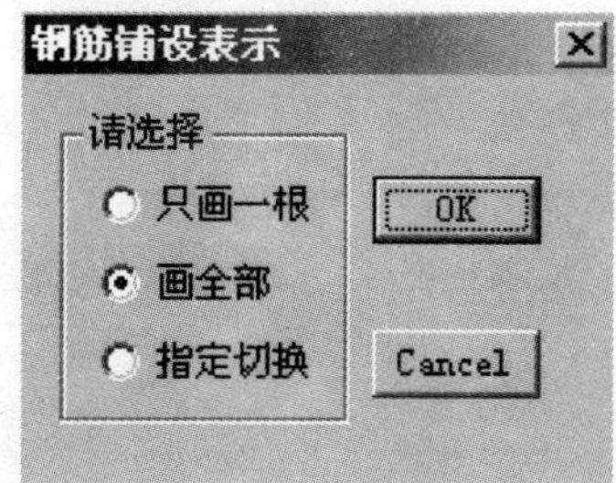

图 7-21 钢筋表示

操作说明:

○ 推荐点选〈**画全部**〉。

(9) 自动配筋(图 7-22)

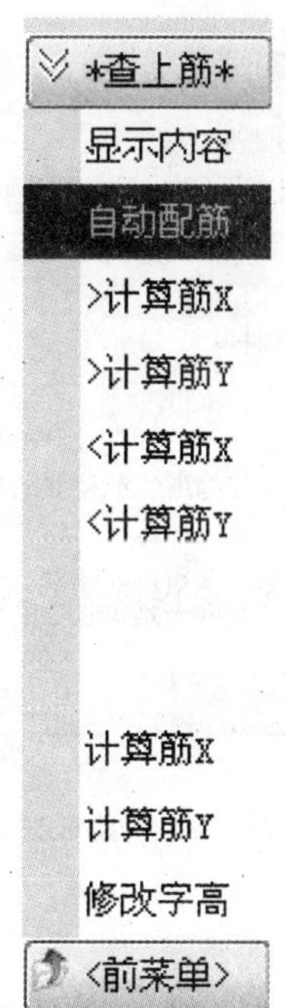

图 7-22 位置菜单

①显示内容(图 7-23)

位置:位置菜单\布板上筋\自动配筋\显示内容

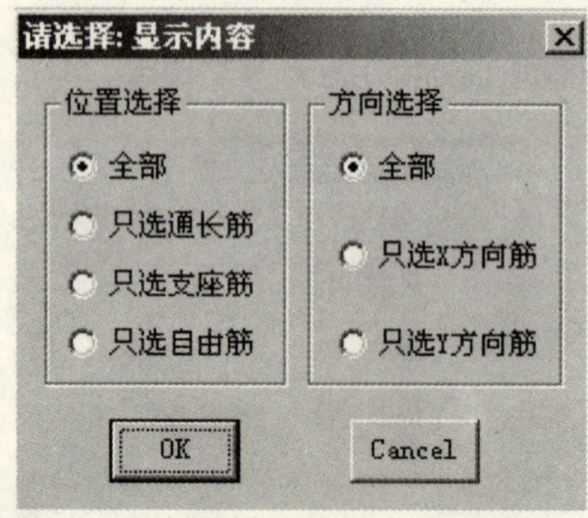

图 7-23　显示内容

操作说明:

○ 推荐点选〈**全部**〉。

②**自动配筋**(图 7-24)

位置:位置菜单\布板上筋\自动配筋

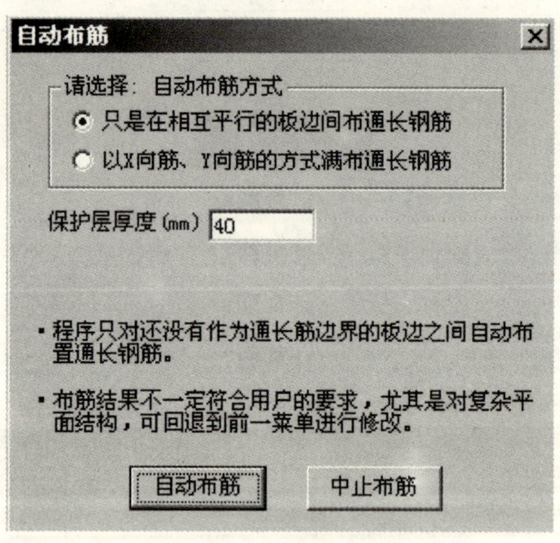

图 7-24　自动布筋

操作说明:

○ 〈**自动布筋方式**〉:推荐点选第 2 项。

○ 〈**保护层厚度**〉:有垫层取 40,无垫层取 70。

(10) 删除钢筋

位置:位置菜单\布板上筋\删除钢筋

(11) 恢复钢筋

位置:位置菜单\布板上筋\恢复钢筋

(12) 校核钢筋(图 7-25)

位置:位置菜单\布板上筋\校核钢筋

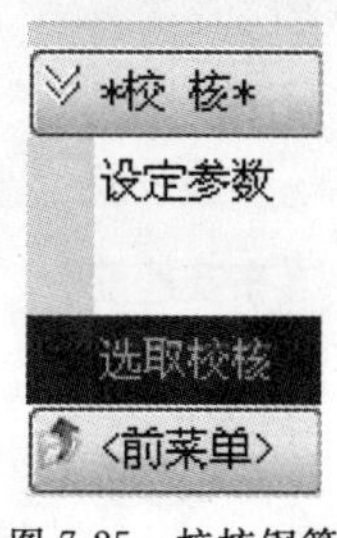

图 7-25 校核钢筋

①设定参数(图 7-26)

位置:位置菜单\布板上筋\校核钢筋\设定参数

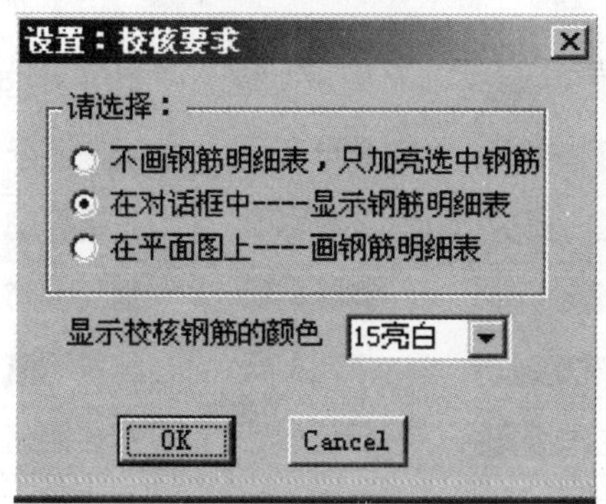

图 7-26 校核要求

②选择校核(图 7-27)

位置:位置菜单\布板上筋\校核钢筋\选择校核

查看:钢筋明细表

编号	钢筋形状	规格	长度(mm)	搭接长度	搭接个数	根数	重量(Kg)
①	240 47920	Φ20@200	48400	510720	456	114	14866
					合计:		14866

图 7-27 钢筋明细

5. 布板中筋(图 7-28)

位置:位置菜单\布板中筋

板上筋	*板中筋*	*板下筋*
显示内容	显示内容	显示内容
布通长筋	布通长筋	布通长筋
布支座筋	布支座筋	布支座筋
布自由筋	布自由筋	布自由筋
布板带筋	布板带筋	布板带筋
修改钢筋	修改钢筋	修改钢筋
修改尺寸	修改尺寸	修改尺寸
展开-收回	展开-收回	展开-收回
钢筋表示	钢筋表示	钢筋表示
自动配筋	复制钢筋	自动配筋
删除钢筋	删除钢筋	删除钢筋
恢复钢筋	恢复钢筋	恢复钢筋
校核钢筋	校核钢筋	校核钢筋
重叠检查	重叠检查	重叠检查
<前菜单>	<前菜单>	<前菜单>

图 7-28　布板中筋

操作说明:

○ 该菜单内容的操作同〈**布板上筋**〉。

6. 布板下筋(图 7-29)

位置:位置菜单\布板下筋

操作说明:

○ 该菜单内容的操作同〈**布板上筋**〉。

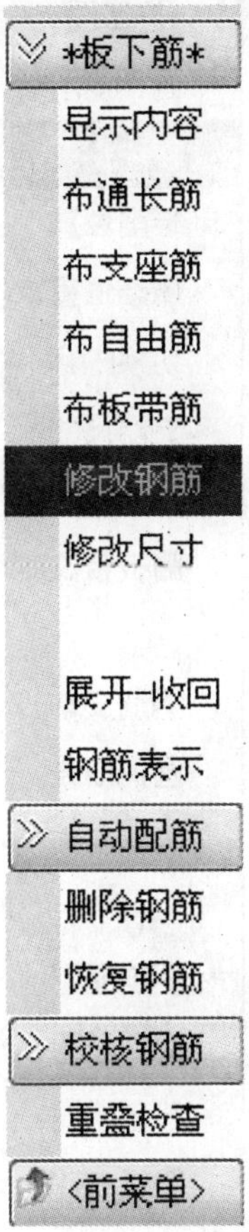

板下筋
显示内容
布通长筋
布支座筋
布自由筋
布板带筋
修改钢筋
修改尺寸
展开-收回
钢筋表示
自动配筋
删除钢筋
恢复钢筋
校核钢筋
重叠检查
〈前菜单〉

图 7-29　布板下筋

7. 裂缝计算

位置:位置菜单\裂缝计算

操作说明及规范链接:

○ 点击〈**裂缝计算**〉菜单,程序根据所配钢筋进行裂缝计算,不满足要求则用红色表示。

8. 画施工图(图 7-30)

位置:位置菜单\画施工图

操作说明:

○ 点击〈**画施工图**〉菜单下所含子菜单,可根据设计绘图需要,方便快速绘图。

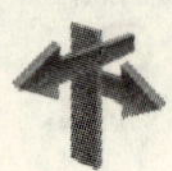

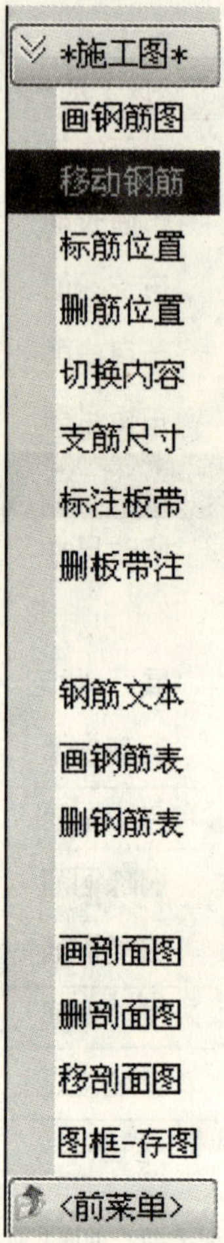

施工图
画钢筋图
移动钢筋
标筋位置
删筋位置
切换内容
支筋尺寸
标注板带
删板带注
钢筋文本
画钢筋表
删钢筋表
画剖面图
删剖面图
移剖面图
图框-存图
<前菜单>

图 7-30　画施工图

9. 退出(图 7-31)

位置：位置菜单\退出

提示:
请选择: 退出时
保存数据
不存数据
退 出
不退出

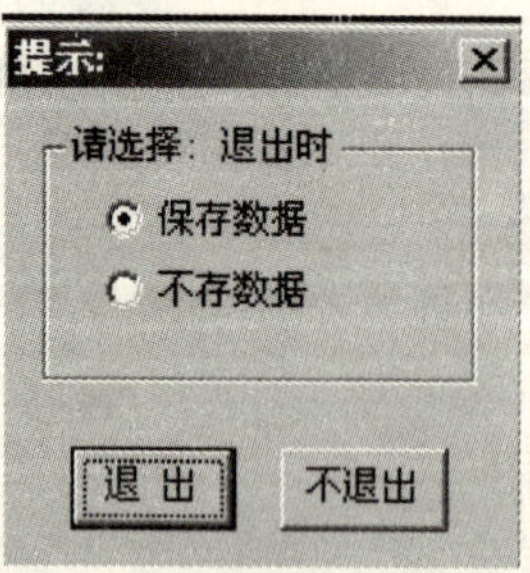

图 7-31　数据保存对话框

八、弹性地基梁施工图绘制

本节的功能是弹性地基梁施工图绘制。

进入后屏幕显示如图 8-1 所示对话框。

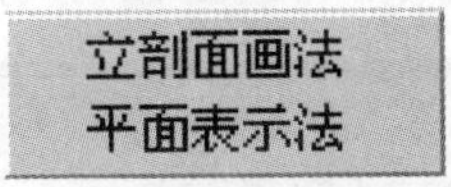

立剖面画法
平面表示法

图 8-1　位置菜单

操作说明：

○〈**立剖面画法**〉：习惯画法，不推荐使用。

○〈**平面表示法**〉：国标规定的表示法，推荐使用。

1. 立剖面画法(图 8-2～图 8-4)

位置：位置菜单\立剖面画法

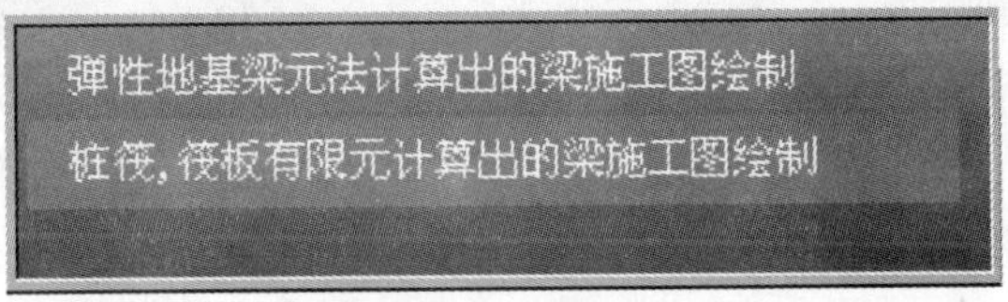

弹性地基梁元法计算出的梁施工图绘制
桩筏，筏板有限元计算出的梁施工图绘制

图 8-2　对话框

操作说明：

○〈**弹性地基梁元法**〉：据工程实际选用。

○〈**桩筏、筏板有限元法**〉：据工程实际选用。

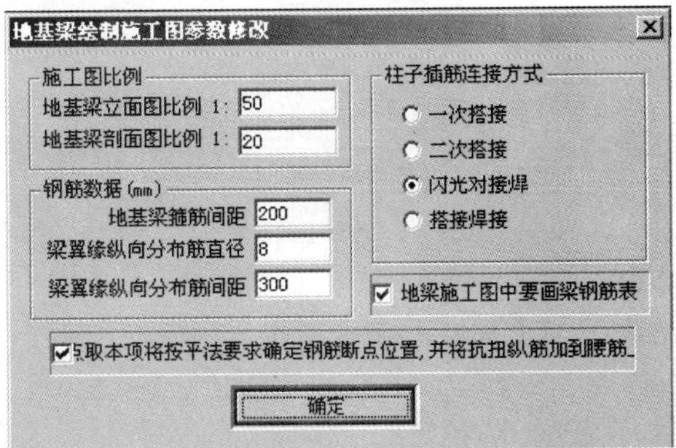

图 8-3　对话框

操作说明：

○ **〈施工图比例〉**：可采用初始值，也可修改。

○ **〈钢筋数据〉**：可采用初始值，也可修改。

○ **〈柱子插筋连接方式〉**：搭接次数与钢筋单边根数有关，连接方式推荐“闪光对接焊”。

○ **〈钢筋表〉**：可不勾选。

○ **〈按平法要求确定钢筋断点与抗扭腰筋〉**：应勾选。

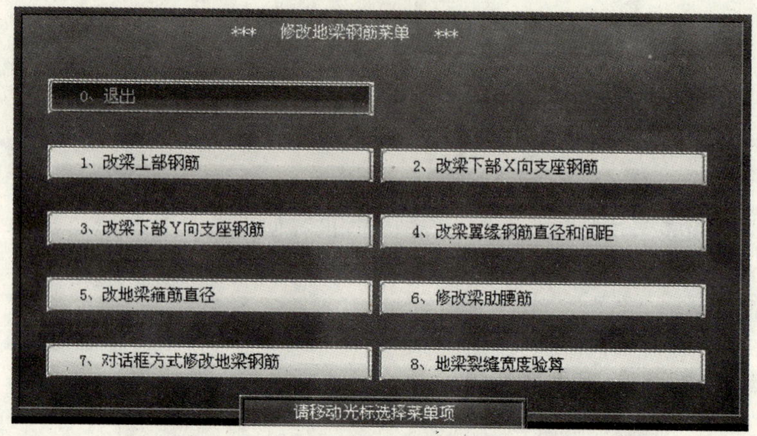

图 8-4　位置菜单

(1) 改梁上部钢筋(图 8-5)

位置：位置菜单\改梁上部钢筋

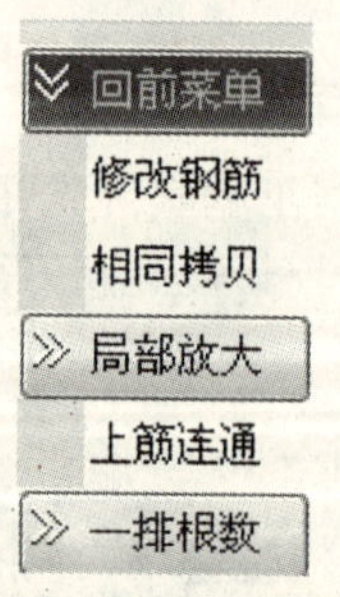

图 8-5　改梁上部钢筋

①**修改钢筋**(图 8-6)

位置：位置菜单\改梁上部钢筋\修改钢筋

操作说明：

○ 填写根数、直径，点击**〈确定〉**。

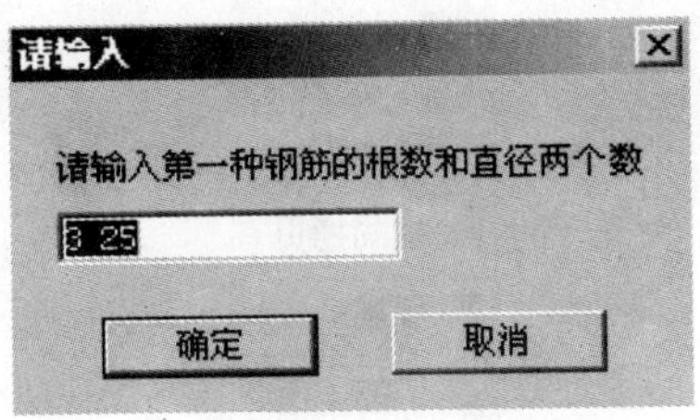

图 8-6 修改钢筋

②上筋连通(图 8-7)

位置:位置菜单\改梁上部钢筋\上筋连通

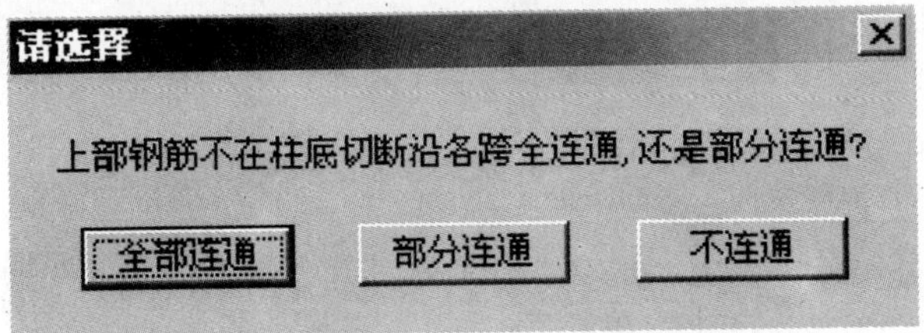

图 8-7 上筋连通

操作说明及规范链接:

○ 按构造规定选定连通方式后,用光标拾取需要连通的梁。

○ 构造规定参见《建筑地基基础设计规范》(GB 50007—2002)第 8.3.1 条第 4 款、第 8.4.11 条。

③一排根数(图 8-8)

位置:位置菜单\改梁上部钢筋\一排根数

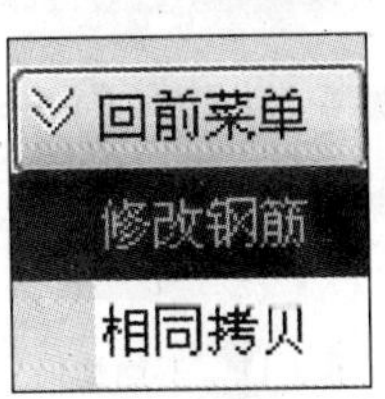

图 8-8 一排根数

操作说明:

○ 进入〈**一排根数**〉,选〈**修改钢筋**〉,可重新确定一排的钢筋根数。

(2) 改梁下部 X 向钢筋(图 8-9、图 8-10)

位置:位置菜单\改梁下部 X 向钢筋

①修改钢筋

位置:位置菜单\改梁下部 X 向钢筋\修改钢筋

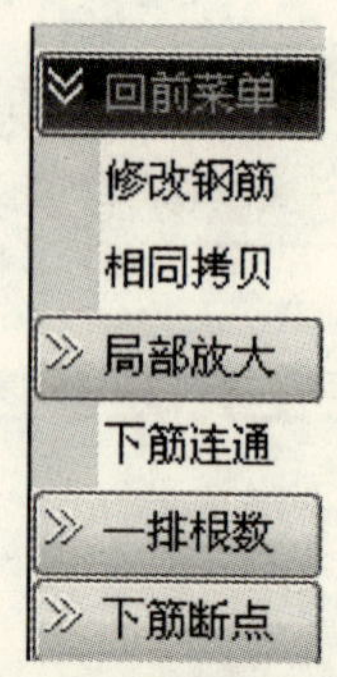

图 8-9　改梁下部 X 向钢筋

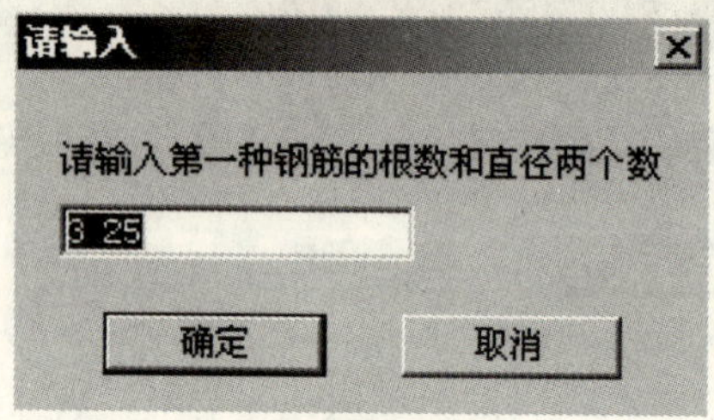

图 8-10　修改钢筋

操作说明:

○ 填写根数、直径,点击〈确定〉。

②下筋连通(图 8-11)

位置:位置菜单\改梁下部 X 向钢筋\下筋连通

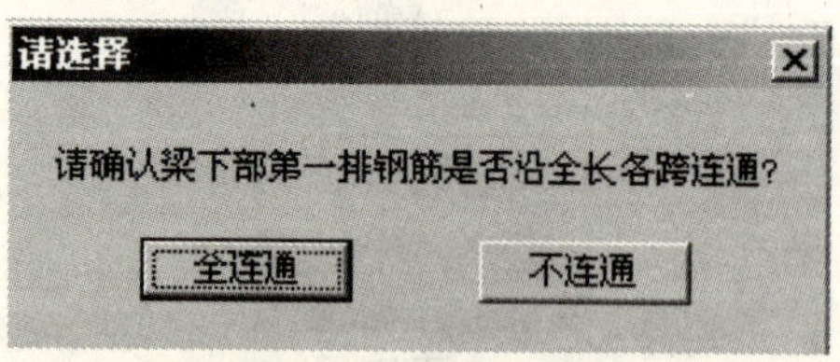

图 8-11　下筋连通

操作说明:

○ 按构造规定选定连通方式后,用光标拾取需要连通的梁。

○ 构造规定参见《建筑地基基础设计规范》(GB 50007—2002)第 8.3.1 条第 4 款、第 8.4.11 条。

③一排根数(图 8-12)

位置:位置菜单\改梁下部 X 向钢筋\一排根数

操作说明:

○ 进入**〈一排根数〉**,选修改钢筋,可重新确定一排的钢筋根数。

图 8-12　一排根数

④下筋断点(图 8-13)

位置:位置菜单\改梁下部 X 向钢筋\下筋断点

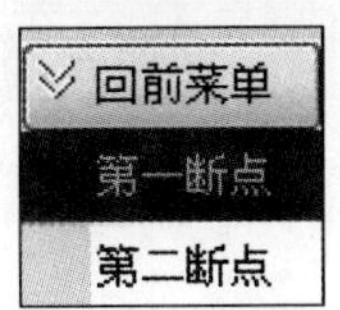

图 8-13　下筋断点

a. 第一断点(图 8-14)

位置:位置菜单\改梁下部 X 向钢筋\下筋断点\第一断点

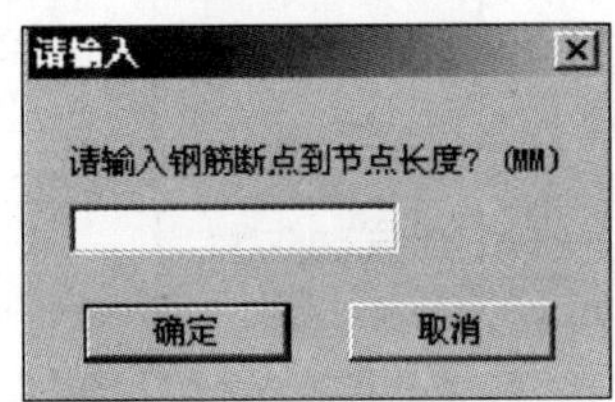

图 8-14　断点距离

操作说明:

○ 进入〈**第一断点**〉,用光标拾取需要断点的梁,填写断点长度,点击〈**确定**〉。

b. 第二断点

位置:位置菜单\改梁下部 X 向钢筋\下筋断点\第二断点

操作说明:

○ 同第一断点。

(3) 改梁下部 Y 向钢筋(图 8-15)

位置:位置菜单\改梁下部 Y 向钢筋

操作说明:

○ 同〈**改梁下部 X 向钢筋**〉。

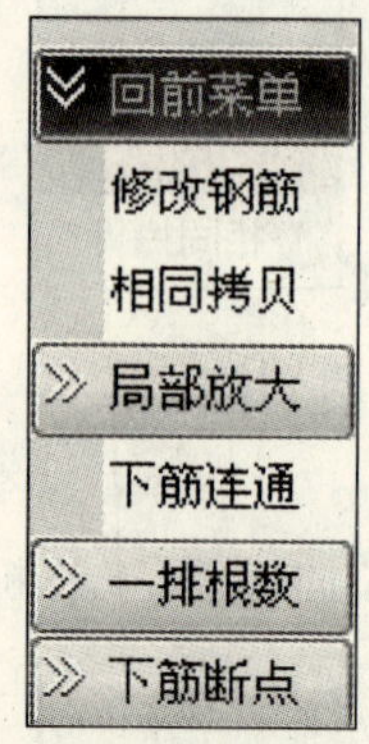

图 8-15　改梁下部 Y 向钢筋

(4) 改梁翼缘钢筋直径和间距（图 8-16）

位置：位置菜单\改梁翼缘钢筋直径和间距

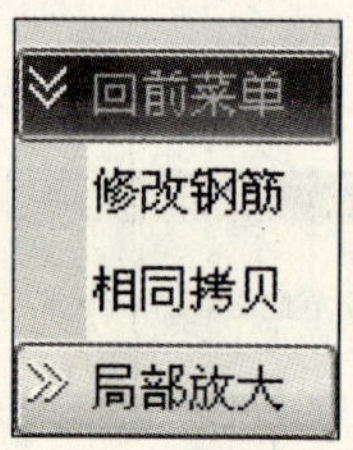

图 8-16　改梁翼缘钢筋直径和间距

修改钢筋（图 8-17）

位置：位置菜单\改梁翼缘钢筋直径和间距\修改钢筋

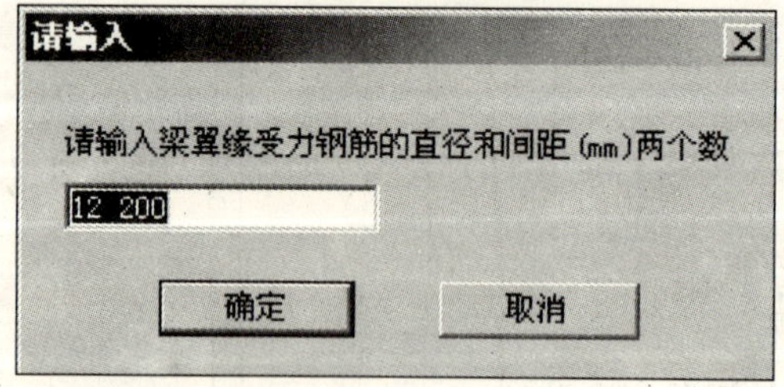

图 8-17　修改钢筋

操作说明：

○ 填写根数、直径，点击〈**确定**〉。

(5) 改地梁箍筋直径(图 8-18)

位置:位置菜单\改地梁箍筋直径

图 8-18 改地梁箍筋直径

操作说明:

○ 同〈**改梁翼缘钢筋直径和间距**〉。

(6) 修改梁肋腰筋(图 8-19)

位置:位置菜单\修改梁肋腰筋

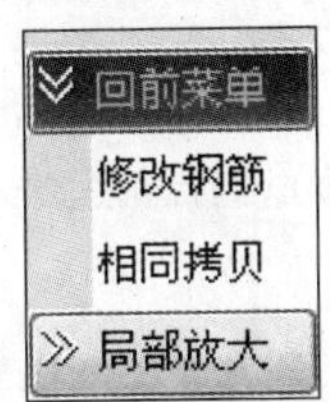

图 8-19 修改梁肋腰筋

操作说明:

○ 同〈**改梁翼缘钢筋直径和间距**〉。

(7) 对话方式修改地梁钢筋(图 8-20)

位置:位置菜单\对话方式修改地梁钢筋

图 8-20 对话方式修改地梁钢筋

修改梁筋(图 8-21～图 8-24)

位置:位置菜单\对话方式修改地梁钢筋\修改梁筋

操作说明:

○ 进入〈**修改梁筋**〉,用光标拾取要修改的梁,据图 8-21～图 8-24 所提示的内容,填写数据,点击〈**确定**〉。

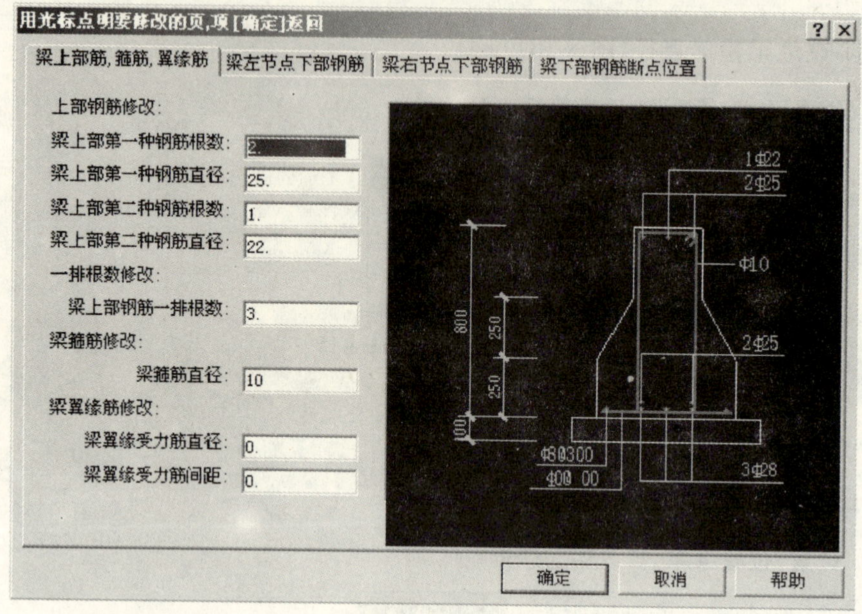

图 8-21 梁上部筋、箍筋、翼缘筋对话框

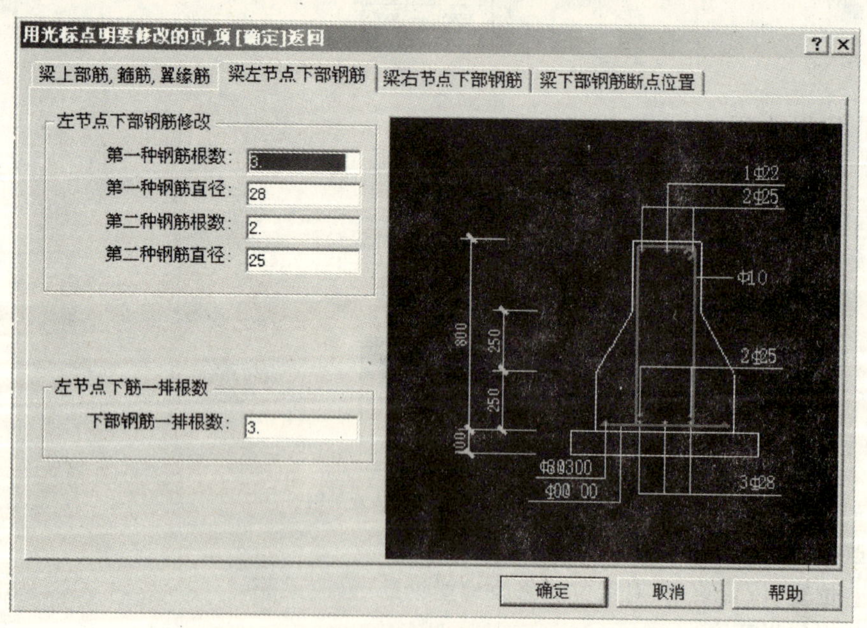

图 8-22 梁左节点下部钢筋对话框

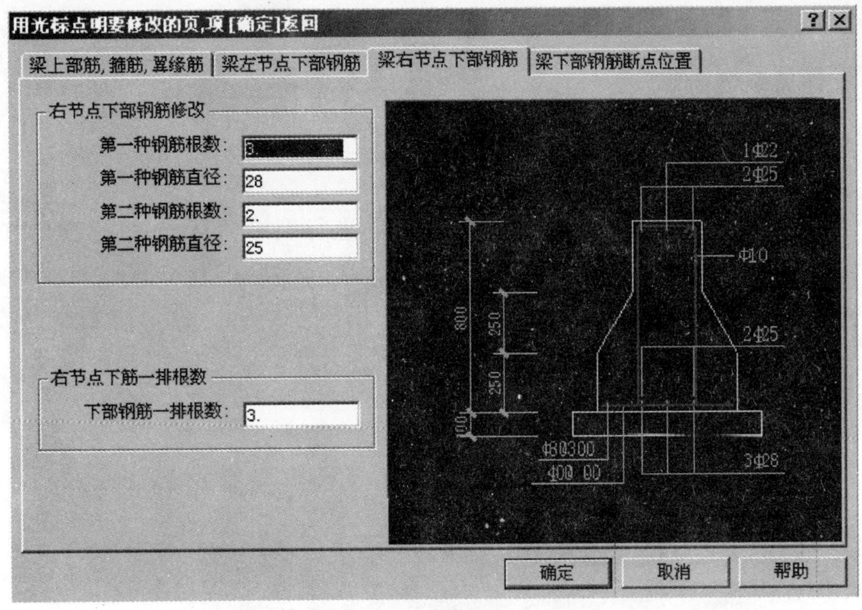

图 8-23　梁右节点下部钢筋对话框

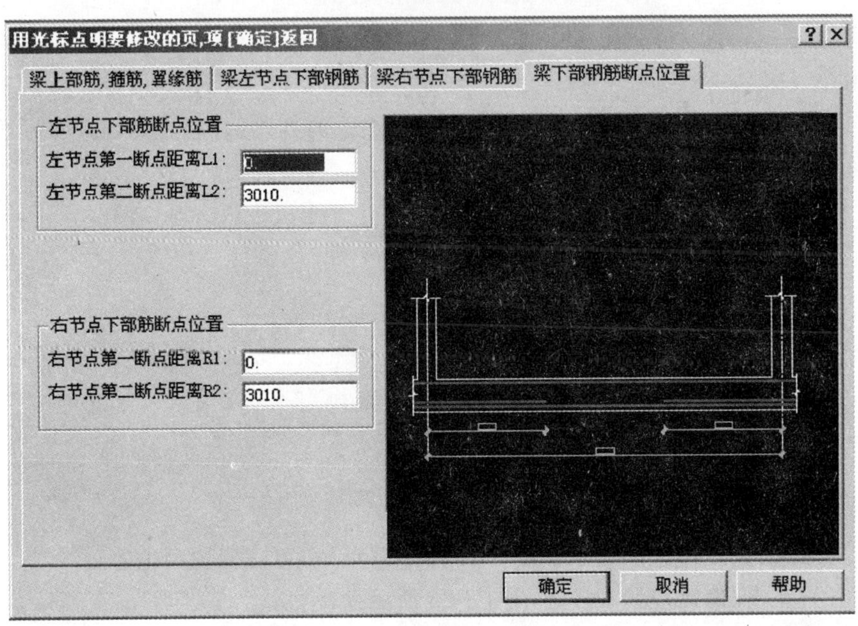

图 8-24　梁下部钢筋断点位置对话框

(8) 地梁裂缝验算

位置:位置菜单\地梁裂缝验算

操作说明:

○ 进入〈**地梁裂缝验算**〉,程序根据配筋进行裂缝验算,超过标准以红色显示。

(9) 退出

位置:位置菜单\退出

操作说明:

○ 点击〈退出〉,程序进入绘图程序,提示如图 8-25 所示对话框。

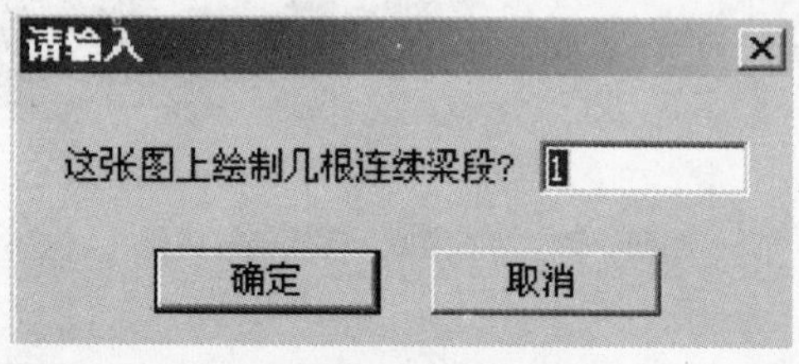

图 8-25　选择梁段数量

○ 根据提示,选择梁段数后,通过光标点取的方式选择〈**确定**〉后,程序显示如图 8-26 所示对话框。

图 8-26　对话框

○ 选〈**是**〉后,程序显示如图 8-27 所示对话框,可编辑各项内容。

○ 点击〈**确定**〉后,程序显示图 8-28 所示菜单栏。

继续(图 8-29)

位置:位置菜单\退出\继续

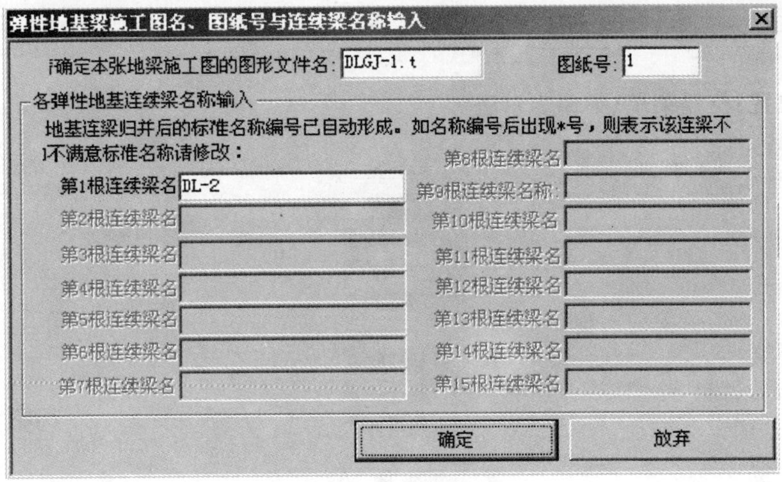
弹性地基梁施工图名、图纸号与连续梁名称输入
确定本张地梁施工图的图形文件名: DLGJ-1.t
图纸号: 1
各弹性地基连续梁名称输入
地基连梁归并后的标准名称编号已自动形成。如名称编号后出现*号，则表示该连梁不
不满意标准名称请修改：
第1根连续梁名 DL-2
第2根连续梁名
第3根连续梁名
第4根连续梁名
第5根连续梁名
第6根连续梁名
第7根连续梁名
第8根连续梁名
第9根连续梁名称:
第10根连续梁名
第11根连续梁名
第12根连续梁名
第13根连续梁名
第14根连续梁名
第15根连续梁名
确定
放弃

图 8-27　弹性地基梁施工图名、图纸号与连续梁名称输入

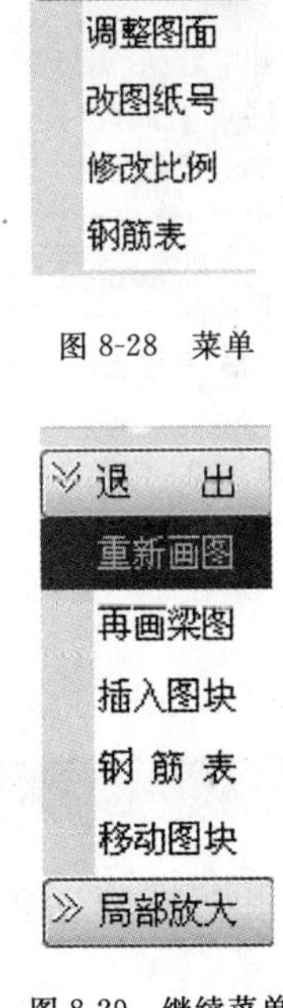

继续
调整图面
改图纸号
修改比例
钢筋表

图 8-28　菜单

退　出
重新画图
再画梁图
插入图块
钢 筋 表
移动图块
局部放大

图 8-29　继续菜单

操作说明：

○ 进入〈继续〉，程序自动根据确定的配筋，生成配筋施工图。

2. 平面表示法(图 8-30)

位置:位置菜单\平面表示法

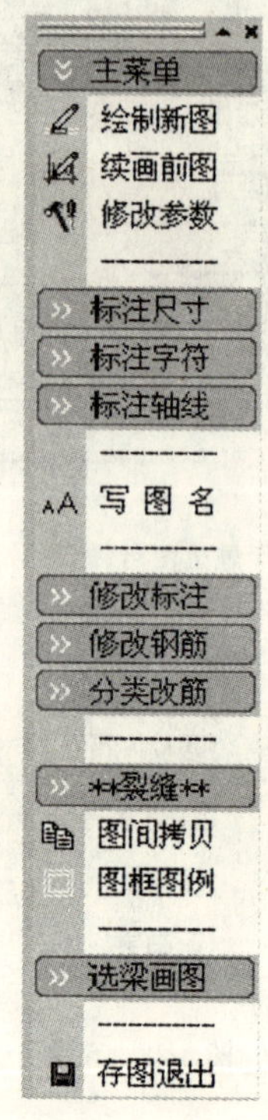

图 8-30 位置菜单

(1) 绘制新图(图 8-31~图 8-34)

位置:位置菜单\绘制新图

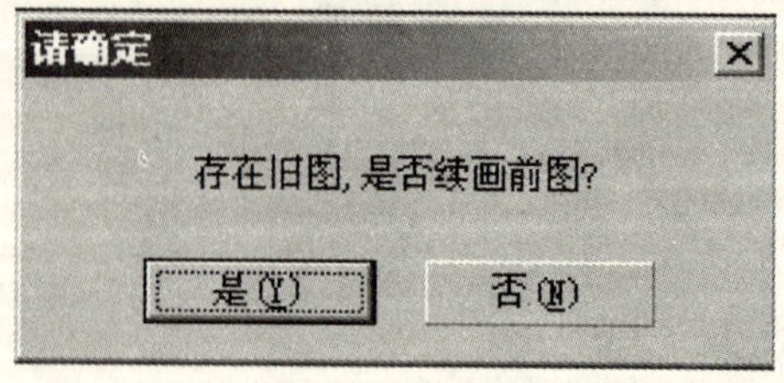

图 8-31 对话框

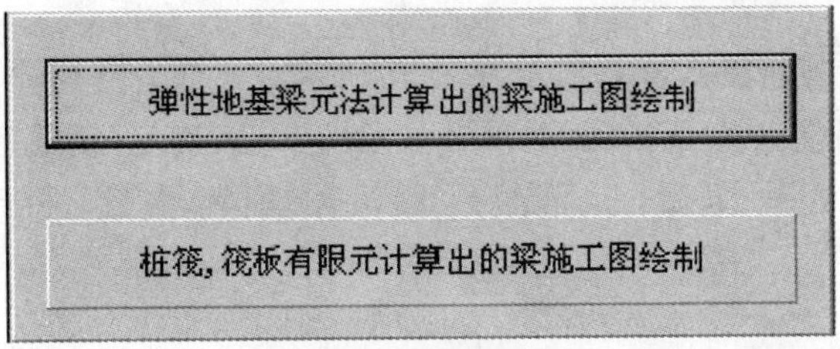

弹性地基梁元法计算出的梁施工图绘制

桩筏，筏板有限元计算出的梁施工图绘制

图 8-32　计算程序选择

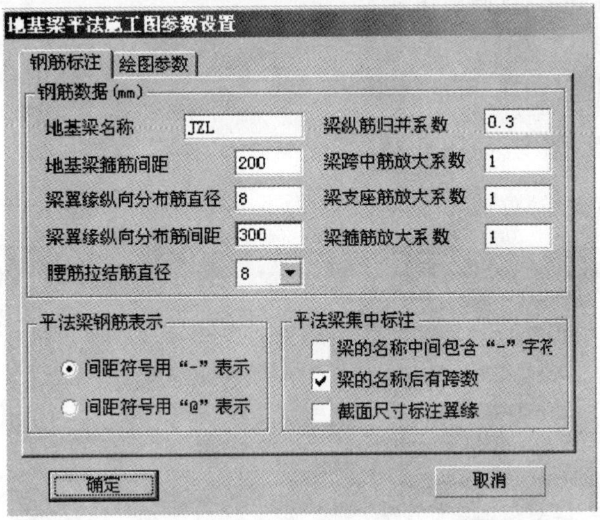

地基梁平法施工图参数设置

钢筋标注　绘图参数

钢筋数据（mm）

地基梁名称　JZL　　梁纵筋归并系数　0.3

地基梁箍筋间距　200　　梁跨中筋放大系数　1

梁翼缘纵向分布筋直径　8　　梁支座筋放大系数　1

梁翼缘纵向分布筋间距　300　　梁箍筋放大系数　1

腰筋拉结筋直径　8

平法梁钢筋表示

间距符号用“-”表示

间距符号用“@”表示

平法梁集中标注

梁的名称中间包含“-”字符

梁的名称后有跨数

截面尺寸标注翼缘

确定　　取消

图 8-33　钢筋标注

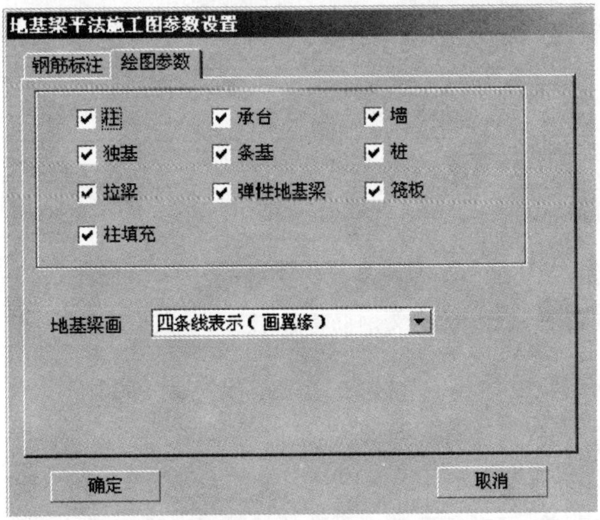

地基梁平法施工图参数设置

钢筋标注　绘图参数

柱　承台　墙

独基　条基　桩

拉梁　弹性地基梁　筏板

柱填充

地基梁画　四条线表示（画翼缘）

确定　　取消

图 8-34　绘图参数

操作说明：

○ 进入〈**绘制新图**〉，屏幕显示图 8-31 所示对话框。选〈**是**〉后，屏幕显示图 8-32，选定一个计算程序下的配筋，屏幕显示图 8-33，确定〈**钢筋标注**〉。

○ 完成上述操作后，屏幕显示图 8-34 所示内容，用于绘图参数的确定。

(2) 续画前图

位置：位置菜单\续画前图

操作说明：

○ 屏幕显示〈**前图**〉，可继续编辑、修改。

(3) 修改参数(图 8-35、图 8-36)

位置：位置菜单\修改参数

地基梁平法施工图参数设置

钢筋标注 | 绘图参数

钢筋数据(mm)

地基梁名称 JZL　　梁纵筋归并系数 0.3

地基梁箍筋间距 200　　梁跨中筋放大系数 1

梁翼缘纵向分布筋直径 8　　梁支座筋放大系数 1

梁翼缘纵向分布筋间距 300　　梁箍筋放大系数 1

腰筋拉结筋直径 8

平法梁钢筋表示

● 间距符号用“-”表示

○ 间距符号用“@”表示

平法梁集中标注

☐ 梁的名称中间包含“-”字符

☑ 梁的名称后有跨数

☐ 截面尺寸标注翼缘

确定　　取消

图 8-35　钢筋标注

操作说明：

○ 通过本菜单，可重新定义钢筋标注、绘图参数。

(4) 标注尺寸(图 8-37)

位置：位置菜单\标注尺寸

操作说明：

○ 通过本菜单，可对条形基础、柱、拉梁等对象进行尺寸标注。

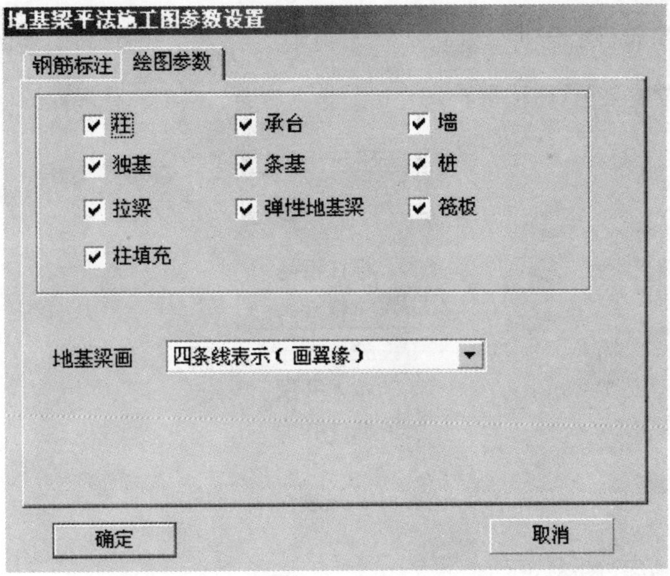

地基梁平法施工图参数设置

钢筋标注　绘图参数

☑柱　☑承台　☑墙
☑独基　☑条基　☑桩
☑拉梁　☑弹性地基梁　☑筏板
☑柱填充

地基梁画　四条线表示（画翼缘）

确定　取消

图 8-36　绘图参数

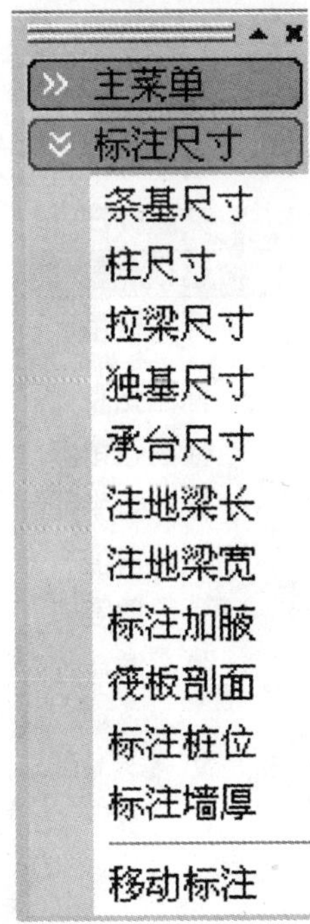

图 8-37　标注尺寸

(5) 标注字符(图 8-38)

位置:位置菜单\标注字符

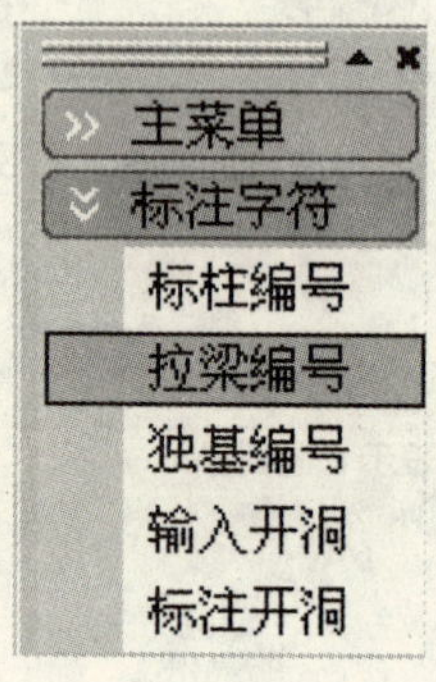

图 8-38 标注字符

(6) 标注轴线(图 8-39)

位置:位置菜单\标注轴线

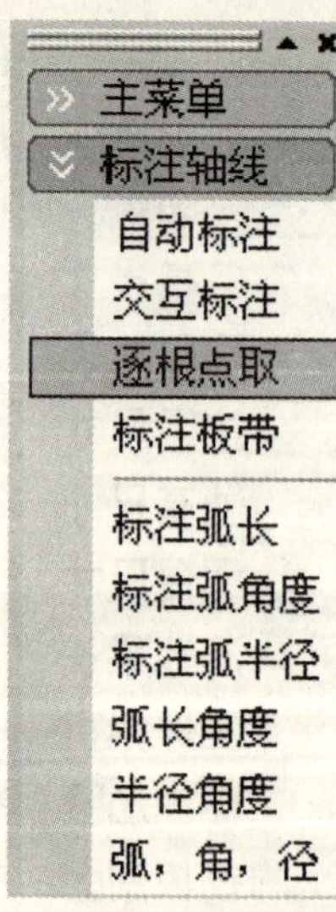

图 8-39 标注轴线

(7) 写图名

位置:位置菜单\写图名

操作说明:

○ 通过本菜单,程序自动插入“基础梁平面配筋图”的图名。

(8) 修改标注(图 8-40)

位置:位置菜单\修改标注

图 8-40 修改标注

操作说明:

○ 通过本菜单,可移动重叠的标注内容,使图面简洁明快。

(9) 修改钢筋(图 8-41)

位置:位置菜单\平面表示法\主菜单\修改钢筋

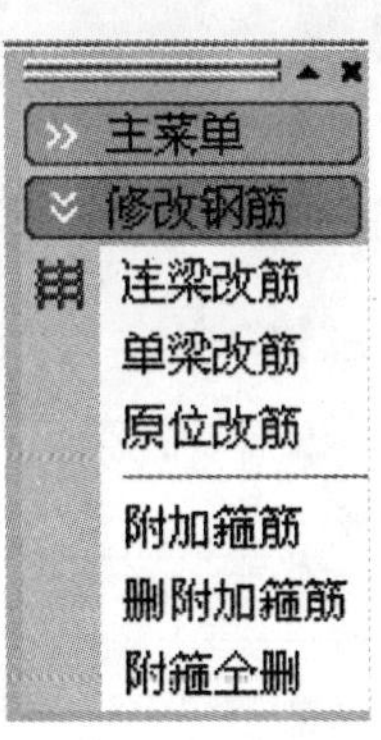

图 8-41 修改钢筋

①连梁改筋(图 8-42)

位置:位置菜单\修改钢筋\连梁改筋

操作说明:

○ 通过本菜单,可通过对话方式修改连续梁的配筋结果。

②单梁改筋(图 8-43)

位置:位置菜单\修改钢筋\单梁改筋

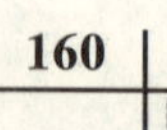

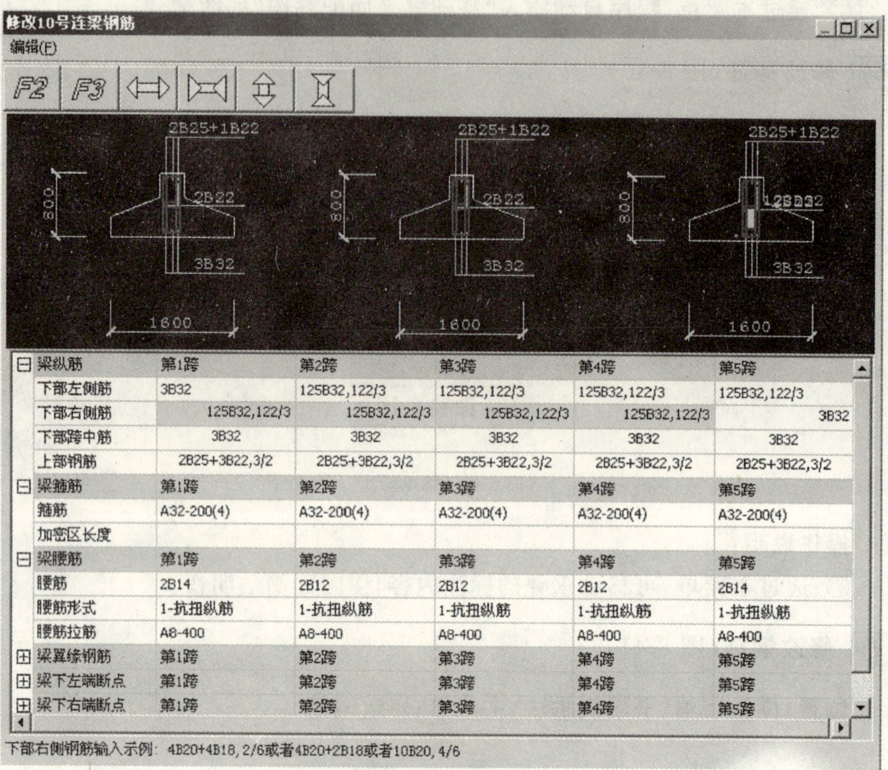

梁纵筋	第1跨	第2跨	第3跨	第4跨	第5跨
下部左侧筋	3B32	125B32,122/3	125B32,122/3	125B32,122/3	125B32,122/3
下部右侧筋	125B32,122/3	125B32,122/3	125B32,122/3	125B32,122/3	3B32
下部跨中筋	3B32	3B32	3B32	3B32	3B32
上部钢筋	2B25+3B22,3/2	2B25+3B22,3/2	2B25+3B22,3/2	2B25+3B22,3/2	2B25+3B22,3/2
梁箍筋	第1跨	第2跨	第3跨	第4跨	第5跨
箍筋	A32-200(4)	A32-200(4)	A32-200(4)	A32-200(4)	A32-200(4)
加密区长度					
梁腰筋	第1跨	第2跨	第3跨	第4跨	第5跨
腰筋	2B14	2B12	2B12	2B12	2B14
腰筋形式	1-抗扭纵筋	1-抗扭纵筋	1-抗扭纵筋	1-抗扭纵筋	1-抗扭纵筋
腰筋拉筋	A8-400	A8-400	A8-400	A8-400	A8-400
梁翼缘钢筋	第1跨	第2跨	第3跨	第4跨	第5跨
梁下左端断点	第1跨	第2跨	第3跨	第4跨	第5跨
梁下右端断点	第1跨	第2跨	第3跨	第4跨	第5跨

图 8-42　连梁改筋

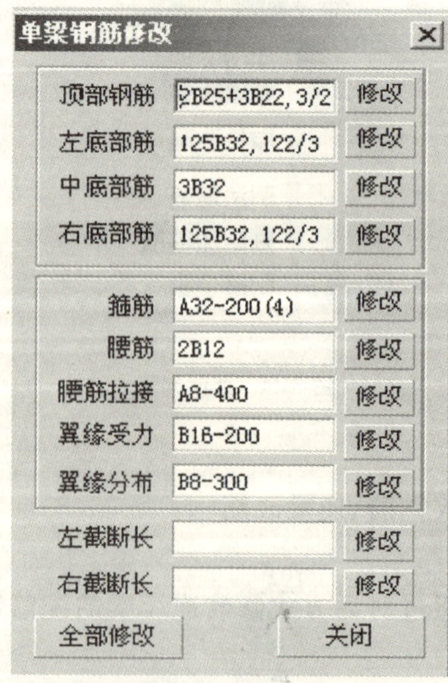

图 8-43　单梁改筋

操作说明:

○ 通过本菜单,可对相对独立地梁的配筋进行重新定义。

③原位改筋(图 8-44)

位置:位置菜单\修改钢筋\原位改筋

图 8-44　原位改筋

操作说明:

○ 点击〈**原位改筋**〉菜单,通过光标直接选择需要修改的原位标注后,程序提示图 8-44 所示对话框,可进行重新定义。

(10) 分类改筋(图 8-45)

位置:位置菜单\分类改筋

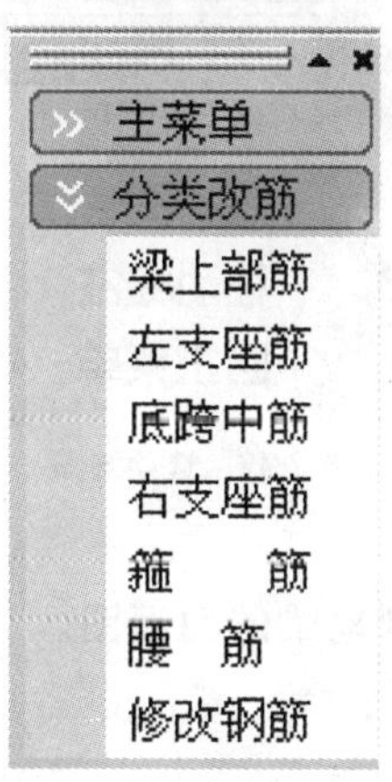

图 8-45　分类改筋

操作说明:

○ 通过本菜单,可对所有梁的同位置处钢筋进行批量修改。

(11) 裂缝(图 8-46)

位置:位置菜单\裂缝

操作说明:

图 8-46 裂缝

○ 点击〈** 裂缝 **〉,程序自动根据所配钢筋计算裂缝。

○ 若不满足要求,可重新进行基础配筋设计。

(12) 图框图例

位置:位置菜单\图框图例

(13) 选梁画图(图 8-47)

位置:位置菜单\选梁画图

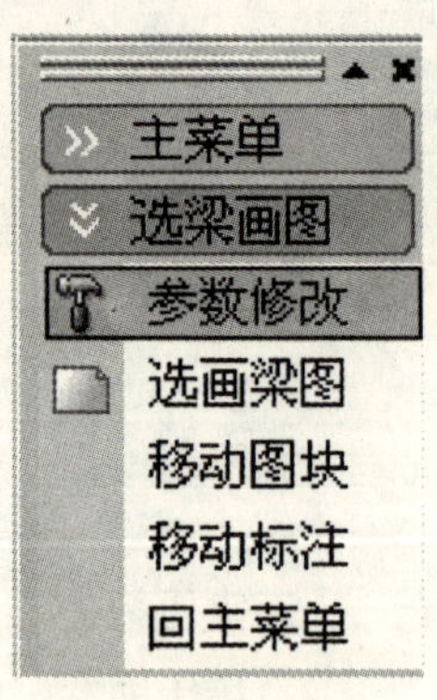

图 8-47 选梁画图

操作说明:

○ 点击〈**选梁画图**〉可绘制地梁的剖面图。

九、桩基承台详图、桩位平面图

本节用于桩基计算及桩基承台详图施工图的绘制。

1. 桩基承台详图

进入 JCCAD 主菜单后，屏幕显示图 9-1 所示对话框。

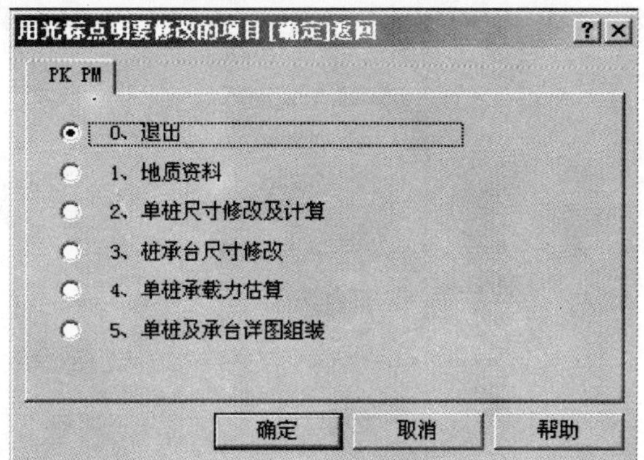

图 9-1　位置菜单

(1) 地质资料(图 9-2)

位置:位置菜单\地质资料

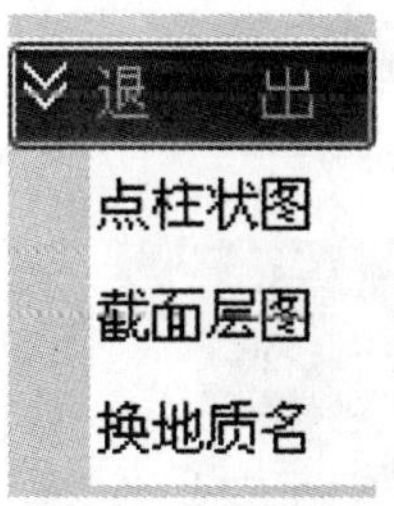

图 9-2　地质资料对话框

操作说明:

○ 见第一章，地质资料输入的相关内容。

(2) 单桩尺寸修改及计算(图 9-3)

位置:位置菜单\单桩尺寸修改及计算

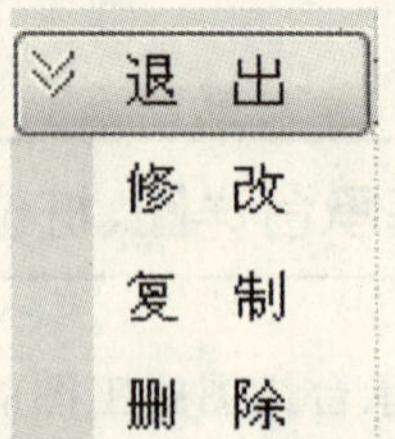

图 9-3 单桩尺寸修改及计算

修改(图 9-4)

位置:位置菜单\单桩尺寸修改及计算\修改

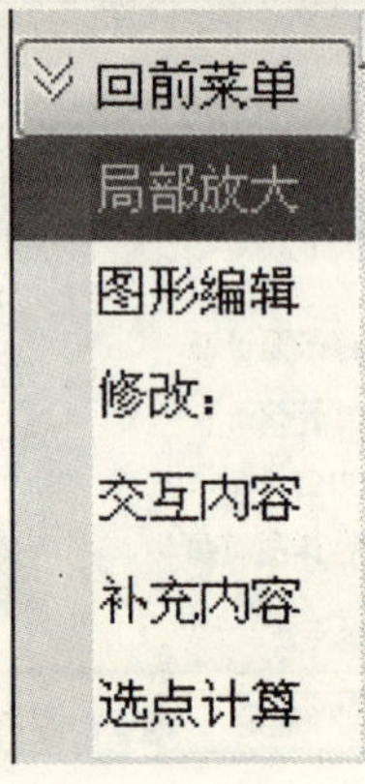

图 9-4 修改

a. 交互内容(图 9-5)

位置:位置菜单\单桩尺寸修改及计算\修改\交互内容

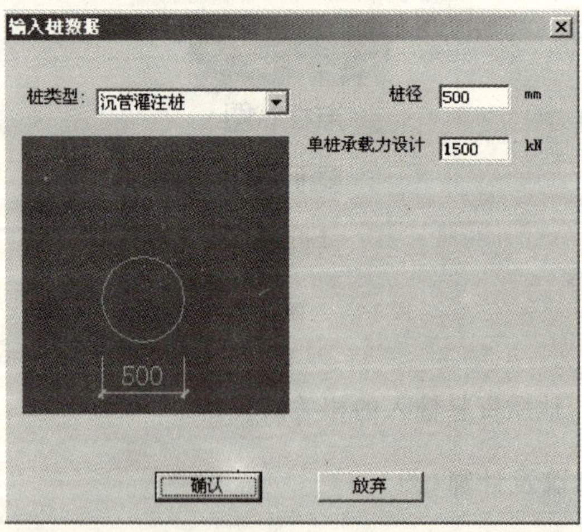

图 9-5 交互内容

操作说明：

○ 见第二章相关内容，可重新定义桩类型。

b. 补充内容（图 9-6～图 9-9）

位置：位置菜单\单桩尺寸修改及计算\修改\补充内容

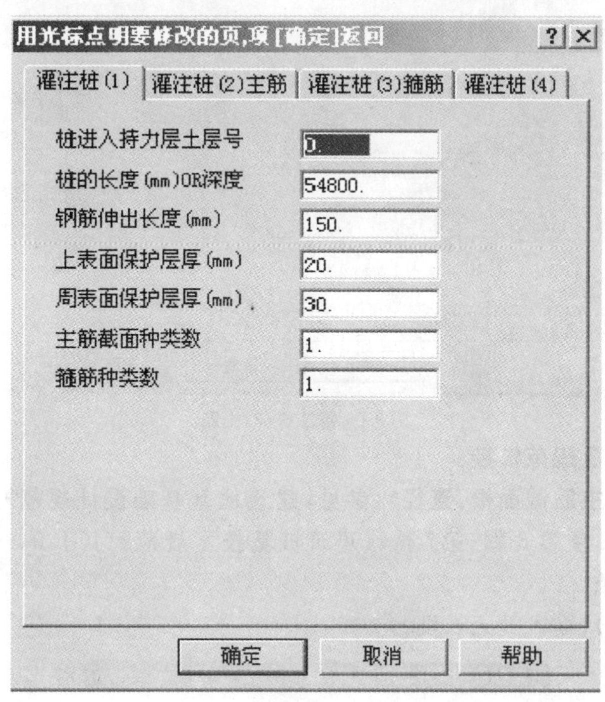

图 9-6　灌注桩(1)

操作说明及规范链接：

○〈**桩进入持力层土层号**〉：输入补充持力层土层号。

○〈**桩的长度**〉：输入补充长度。

○〈**钢筋伸出长度**〉：参见《建筑地基基础设计规范》(GB 50007—2002)第 8.5.2 条第8 款。

○〈**上表面保护层厚度**〉：灌注桩无此项参数。

○〈**周表面保护层厚度**〉：参见《建筑桩基技术规范》(JGJ 94—94)第 4.1.4.2 条。

○〈**主筋截面种类数**〉：输入补充主筋截面种类数。

○〈**箍筋种类数**〉：输入补充箍筋种类数。

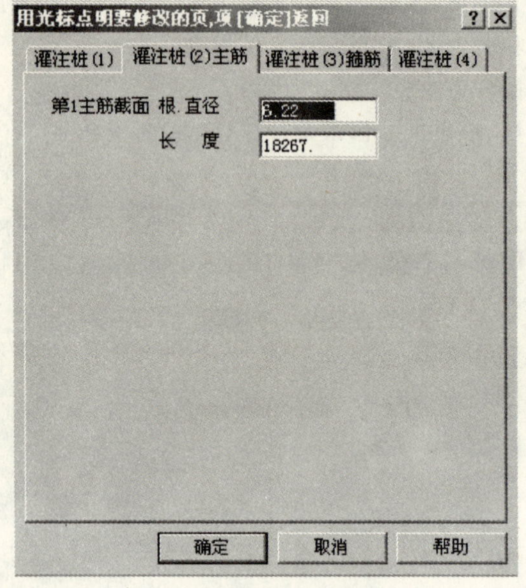

图 9-7 灌注桩(2)主筋

操作说明及规范链接：

○ **〈第 1 主筋截面根,直径〉**:参见《建筑地基基础设计规范》(GB 50007—2002)第 8.5.2 条第 6 款、第7 款;《建筑桩基技术规范》(JGJ 94—94)第 4.1.2 条、第 4.1.3 条。

○ **〈长度〉**:输入补充长度。

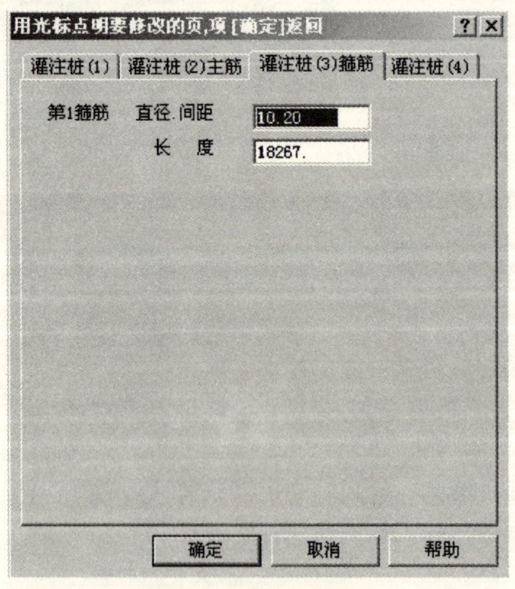

图 9-8 灌注桩(3)箍筋

操作说明及规范链接：

○〈**第一箍筋直径，间距**〉：参见《建筑桩基技术规范》(JGJ 94—94)第4.1.3.4条。

○〈**长度**〉：输入补充长度。

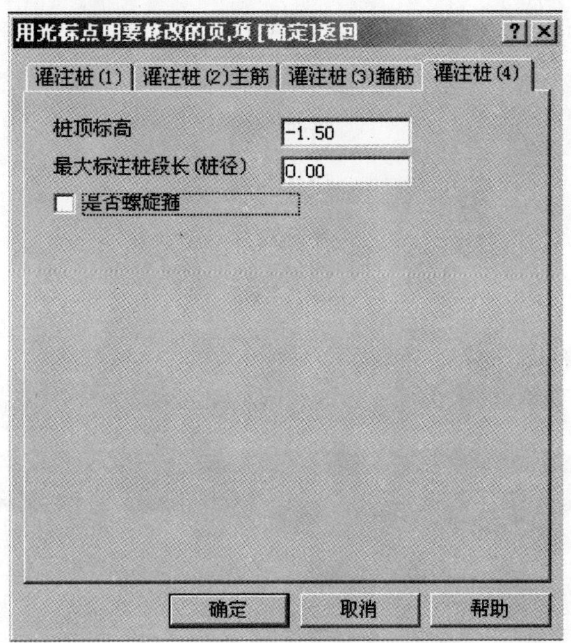

图 9-9　灌注桩(4)

操作说明：

○〈**桩顶标高**〉：输入补充桩顶标高。

○〈**最大标注桩段长(桩径)**〉：输入补充桩径。

○〈**是否螺旋箍**〉：是时勾选。

(3)　桩承台尺寸修改(图 9-10)

位置：位置菜单\桩承台尺寸修改

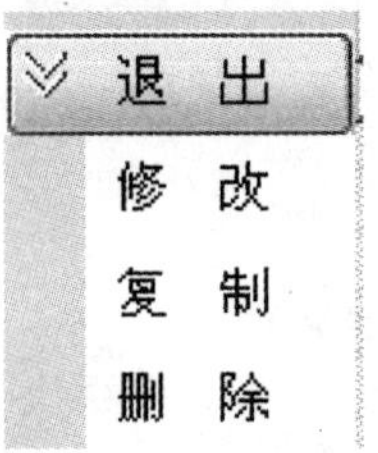

图 9-10　桩承台尺寸修改

修改(图 9-11)

位置:位置菜单\桩承台尺寸修改\修改

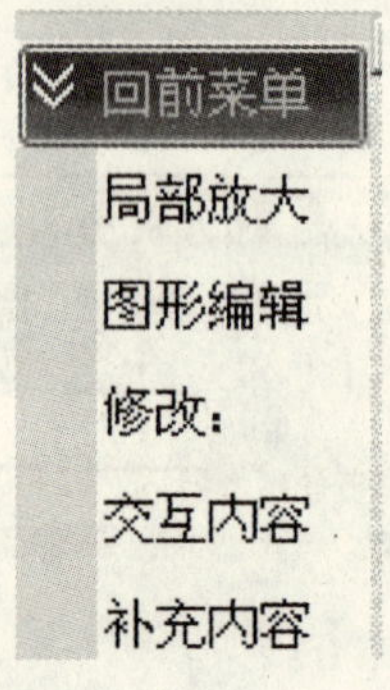

图 9-11　修改

a. 交互内容(图 9-12)

位置:位置菜单\桩承台尺寸修改\修改\交互内容

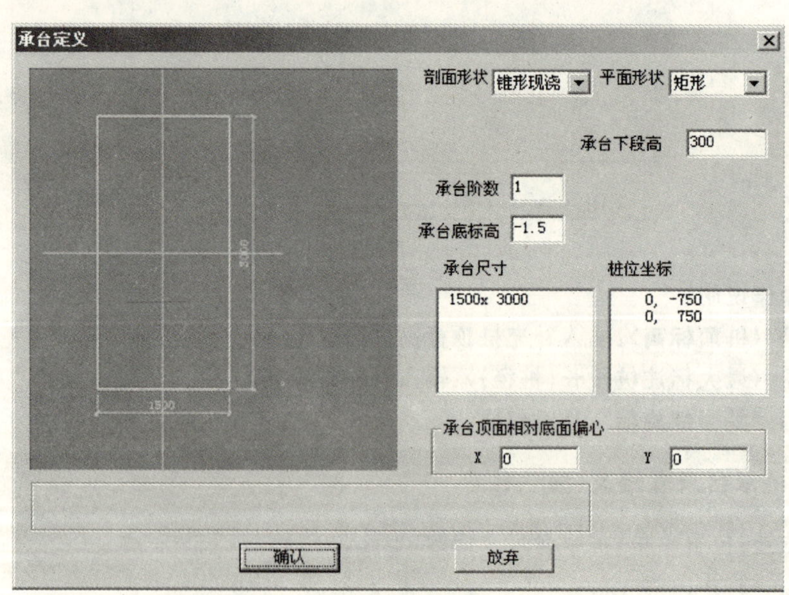

图 9-12　交互输入

操作说明:

○ 参见第二章中的〈**承台定义**〉。

b. 补充内容(图 9-13、图 9-14)

位置:位置菜单\桩承台尺寸修改\修改\补充内容

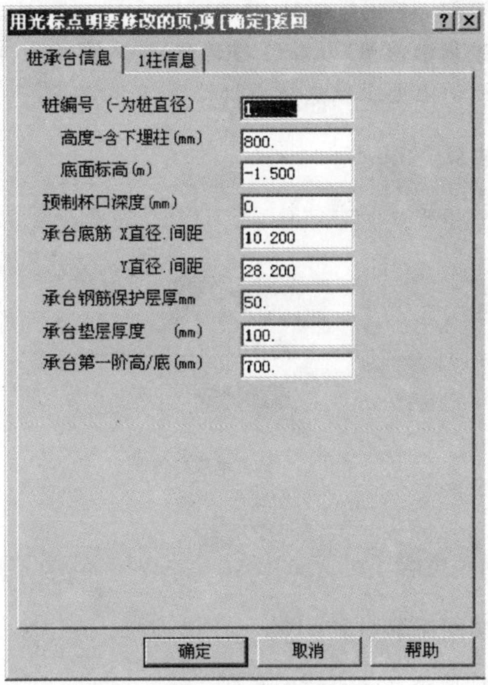

用光标点明要修改的页,项[确定]返回

桩承台信息 | 1柱信息

桩编号（-为桩直径）	1
高度-含下埋柱(mm)	800.
底面标高(m)	-1.500
预制杯口深度(mm)	0.
承台底筋 X直径.间距	10.200
Y直径.间距	28.200
承台钢筋保护层厚mm	50.
承台垫层厚度 (mm)	100.
承台第一阶高/底(mm)	700.

确定 取消 帮助

图 9-13 桩承台信息

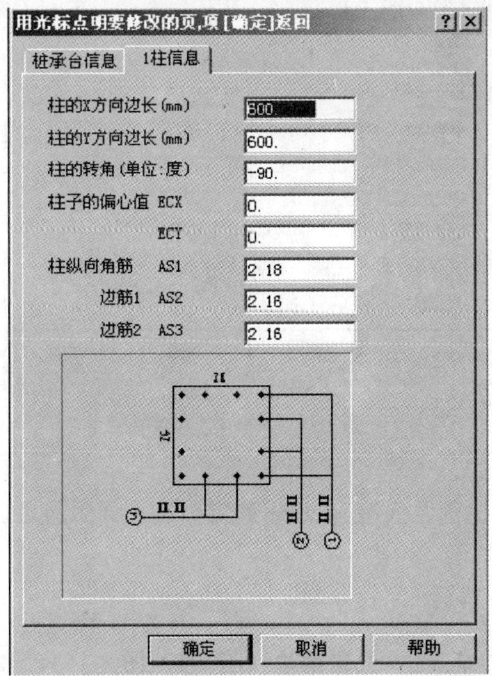

用光标点明要修改的页,项[确定]返回

桩承台信息 | 1柱信息

柱的X方向边长(mm)	300.
柱的Y方向边长(mm)	600.
柱的转角(单位:度)	-90.
柱子的偏心值 ECX	0.
ECY	0.
柱纵向角筋 AS1	2.18
边筋1 AS2	2.16
边筋2 AS3	2.16

确定 取消 帮助

图 9-14 1 柱信息

操作说明:

○ 本菜单中〈**桩承台信息**〉以及〈**1 柱信息**〉中内容均为承台计算后的结果。

○ 可进行调整,但需要重新进行承台计算。

(4) 单桩承载力估算(图 9-15)

位置:位置菜单\单桩承载力估算

图 9-15 单桩承载力估算

操作说明:

○ 见第二章相关内容。

(5) 单桩及承台详图组装(图 9-16)

位置:位置菜单\单桩及承台详图组装

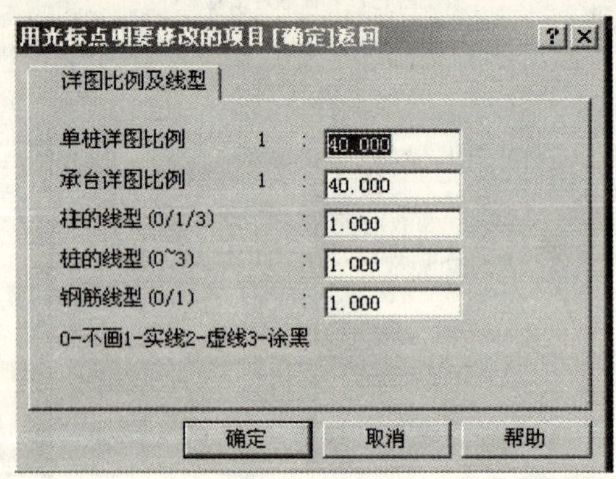

图 9-16 详图比例及线型

操作说明:

○ 输入〈详图比例及线型〉,点击〈**确定**〉,进入详图组装。

2. 桩位平面图

进入主界面,屏幕显示〈**位置菜单**〉(图 9-17、图 9-18)。

图 9-17 请选择

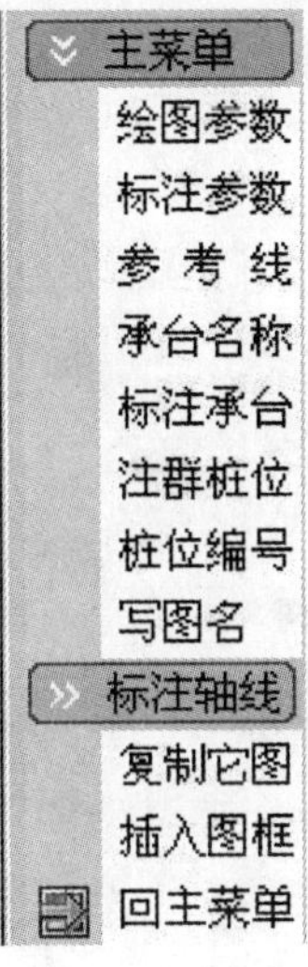

图 9-18 位置菜单

(1) 绘图参数(图 9-19、图 9-20)

位置:位置菜单\绘图参数

操作说明:

○ 参见图 9-19。

操作说明:

○ 参见图 9-20。

(2) 标注参数(图 9-21)

位置:位置菜单\标注参数

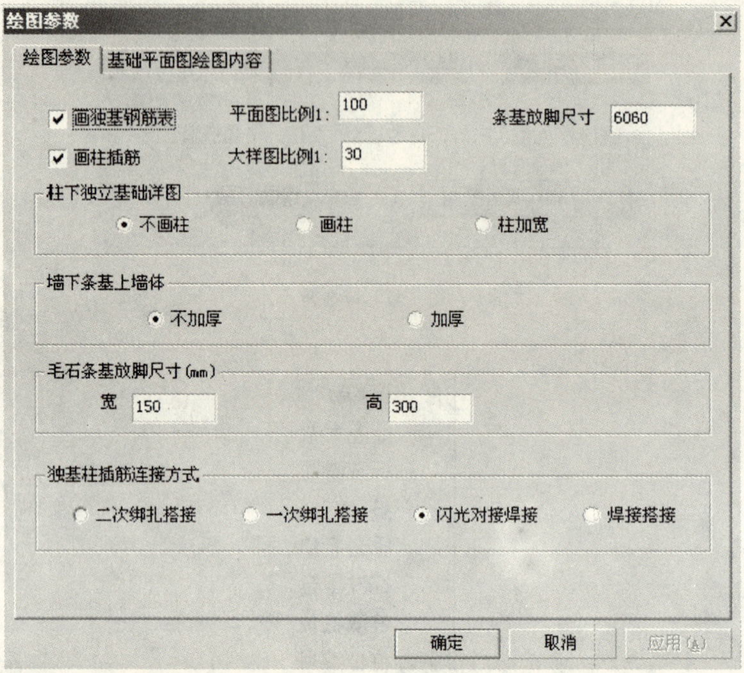

绘图参数
绘图参数
基础平面图绘图内容
画独基钢筋表
平面图比例1:
100
条基放脚尺寸
6060
画柱插筋
大样图比例1:
30
柱下独立基础详图
不画柱
画柱
柱加宽
墙下条基上墙体
不加厚
加厚
毛石条基放脚尺寸(mm)
宽
150
高
300
独基柱插筋连接方式
二次绑扎搭接
一次绑扎搭接
闪光对接焊接
焊接搭接
确定
取消
应用(A)

图 9-19　绘图参数

绘图参数
绘图参数
基础平面图绘图内容
柱
墙
拉梁
独基
条基
桩
承台
弹性地基梁
筏板
柱涂黑
筏板剖面涂黑
预制地梁端头距柱边的距离
0
确定
取消
应用(A)

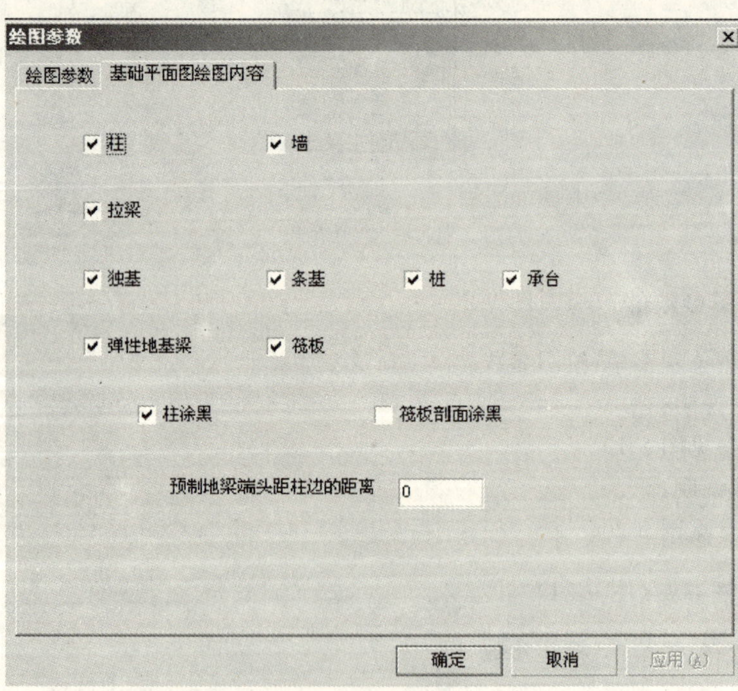

图 9-20　绘图内容

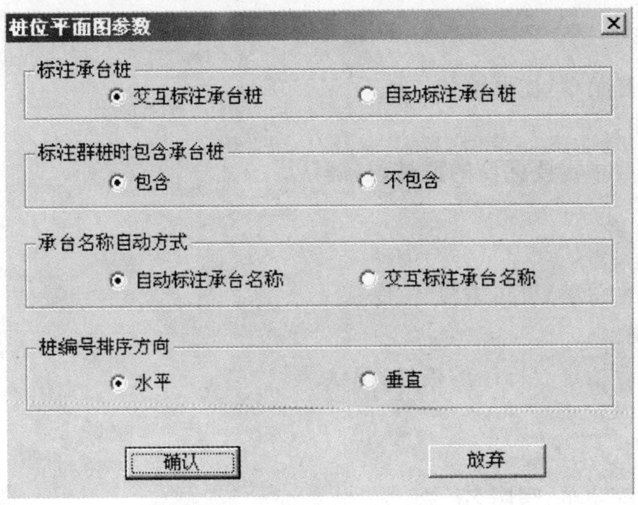

图 9-21　桩位平面图参数

操作说明：

○ 〈**标注承台桩**〉：推荐〈**自动标注承台桩**〉。

○ 〈**标注群桩时包含承台桩**〉：推荐〈**包含**〉。

○ 〈**承台名称自动方式**〉：推荐〈**自动标注承台名称**〉。

○ 〈**桩编号排序方向**〉：推荐〈**水平**〉。

(3) 参考线

位置：位置菜单\标注参数

操作说明：

○ 进入后指定、选取一条线作为参考线。

(4) 承台名称

位置：位置菜单\承台名称

操作说明：

○ 进入后指定要标注的承台，确认。

(5) 标注承台

位置：位置菜单\标注承台

操作说明：

○ 进入后指定要标注的承台，确认。

(6) 注群桩位

位置:位置菜单\注群桩位

操作说明:

○ 进入后指定要标注的群桩位,确认。

(7) 桩位编号

位置:位置菜单\桩位编号

操作说明:

○ 进入后指定要标注的桩位,确认。

(8) 写图名

位置:位置菜单\写图名

操作说明:

○ 进入后可将图名插入图中。

(9) 标注轴线(图 9-22)

位置:位置菜单\标注轴线

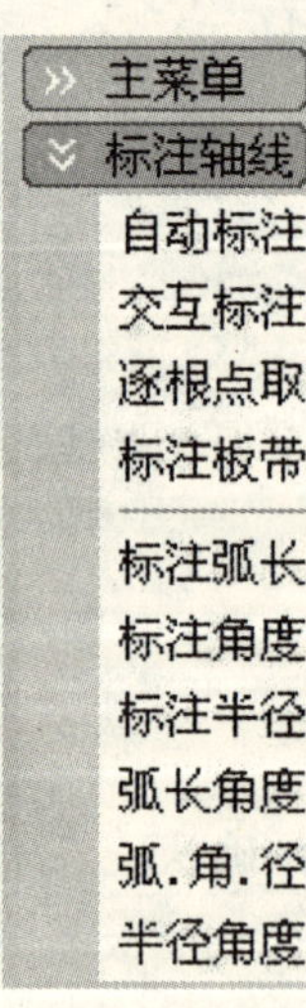

图 9-22　标注轴线

操作说明:

○ 参见第六章 4.标注轴线。

(10) 复制它图

位置:位置菜单\复制它图

操作说明:

○ 进入后指定被复制的图名,确认。

(11) 插入图框

位置:位置菜单\插入图框

操作说明:

○ 进入后指定图幅大小,可将图框插入图中。

十、工 具 箱

本节可用于地基基础部分的单体设计、校核,以及人防构件的计算。进入 JCCAD-E 菜单,屏幕显示如图 10-1 所示对话框。

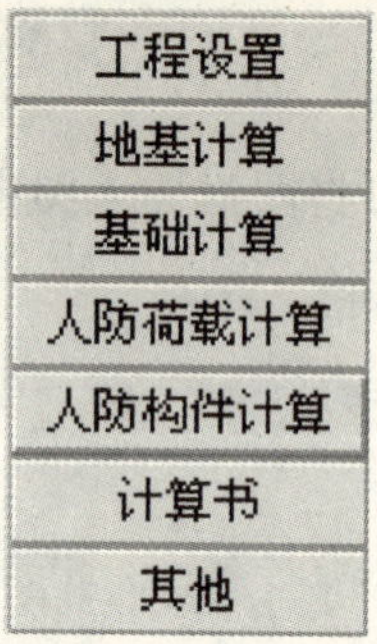

工程设置
地基计算
基础计算
人防荷载计算
人防构件计算
计算书
其他

图 10-1 位置菜单

1. 工程设置(图 10-2)

位置:位置菜单\工程设置

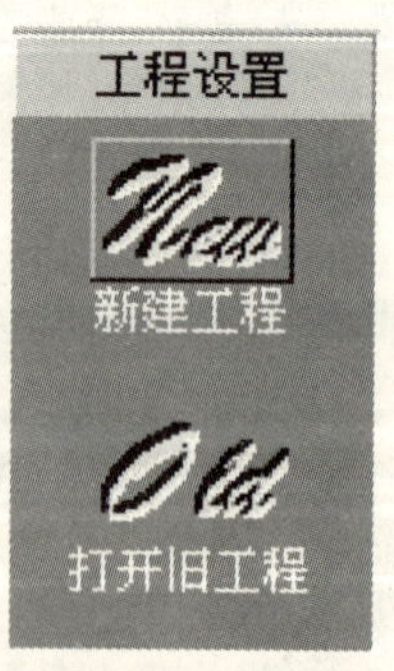

图 10-2 工程设置

(1) 新建工程(图 10-3)

位置:位置菜单\工程设置\新建工程

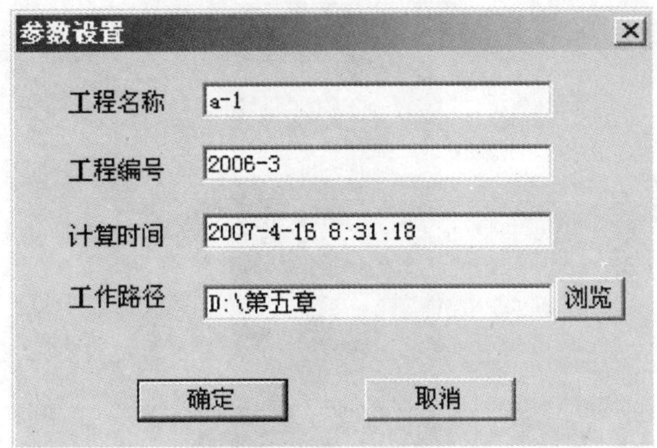

图 10-3　参数设置

(2) 打开旧工程(图 10-4)

位置:位置菜单\工程设置\新建工程

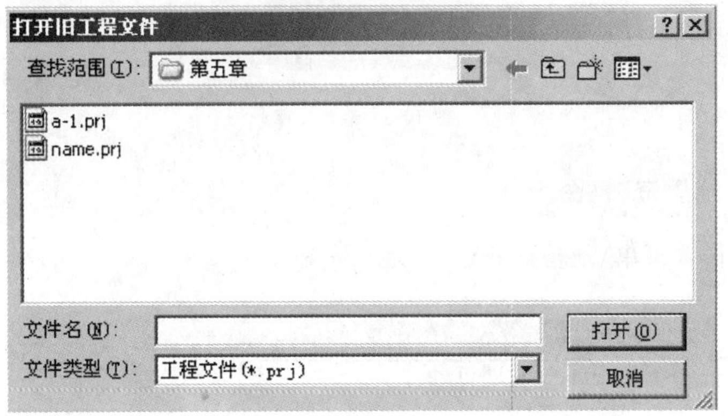

图 10-4　打开旧工程文件

操作说明:

○ 点击〈**新建工程**〉或〈**打开旧工程**〉可建立计算文件名称。

○ 工程名称、工程编号可以是任意的,但必须填写,工程编号即计算文件名称。

○ 工作时间、工作路径程序会自动形成。

2. 地基计算(图 10-5)

位置:位置菜单\地基计算

图 10-5　地基计算

(1) 导入地质资料(图 10-6)

位置:位置菜单\地基计算\导入地质资料

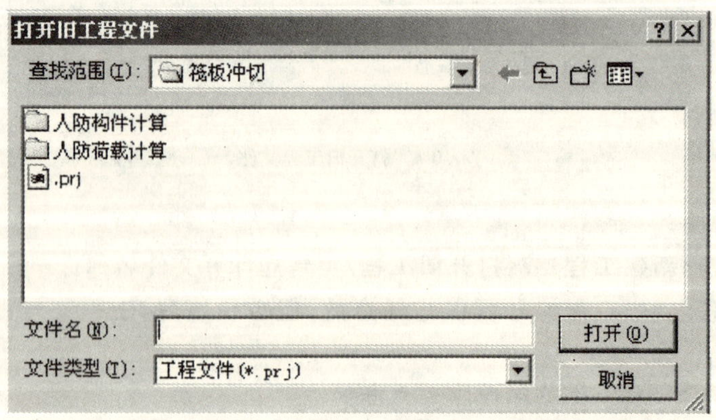

图 10-6　导入地质资料

操作说明:

○ 进入〈**导入地质资料**〉,可导入地质文件,用于沉降计算。

(2) 沉降计算(图 10-7)

位置:位置菜单\地基计算\沉降计算

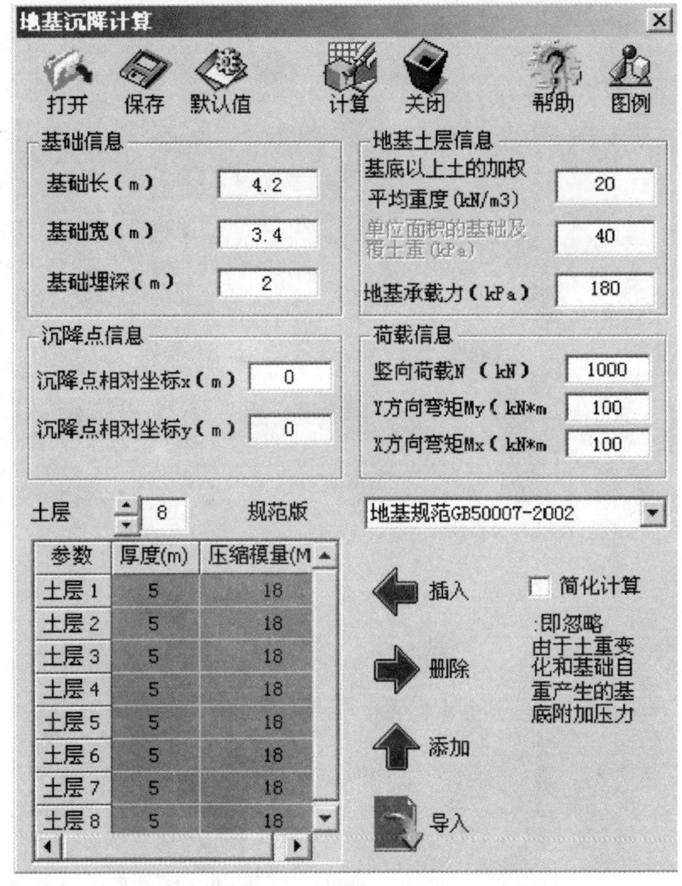

图 10-7 地基沉降计算

操作说明及规范链接:

○ **〈基础信息〉**:据实填写。

○ **〈地基土层信息〉**:据地质报告填写。

○ **〈沉降点信息〉**:以左下角点为原点,填写相对坐标。

○ **〈荷载信息〉**:据实填写。

○ **〈土层〉**:由地质文件导入。

○ **〈规范版〉**:推荐《建筑地基基础设计规范》(GB 50007—2002)。

○ **〈简化计算〉**:若勾选,则忽略"由于土重变化和基础自重产生的基底附加压力"。

(3) 承载力计算(图 10-8)

位置:位置菜单\地基计算\承载力计算

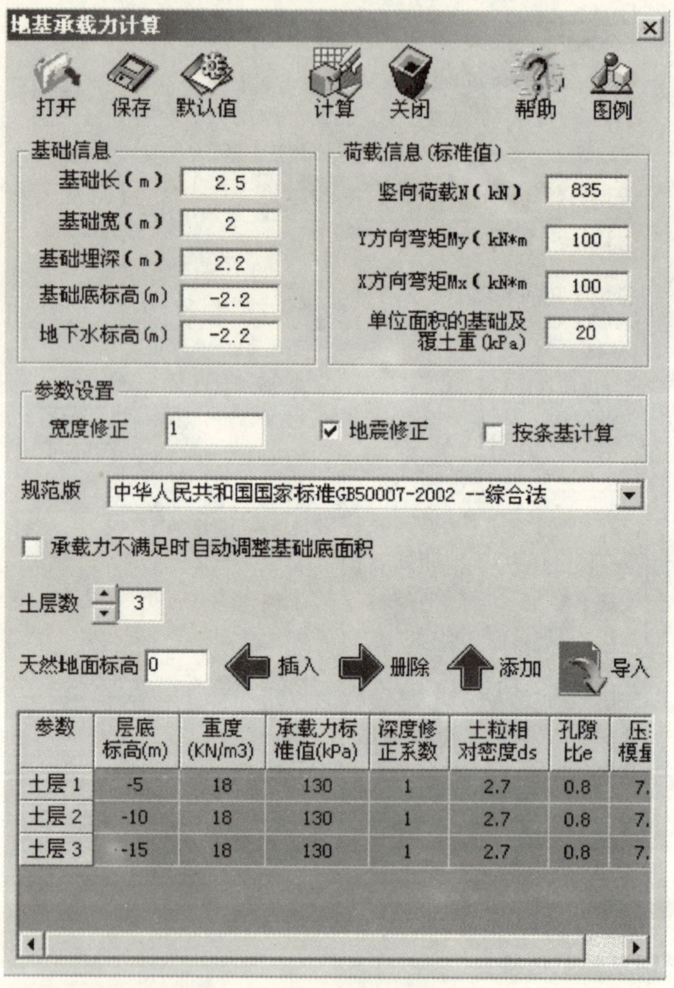

图 10-8 地基承载力计算

操作说明及规范链接:

○ **〈基础信息〉**:据实填写。

○ **〈荷载信息〉**:据实填写。

○ **〈参数设置〉**:

a.〈宽度修正〉:参见《建筑地基基础设计规范》(GB 50007—2002)第 5.2.4 条。

b.〈地震修正〉:参见《建筑抗震设计规范》(GB 50011—2001)第 4.2.3 条。

c.〈按条基计算〉:是条基时勾选。

○〈**规范版**〉:推荐《建筑地基基础设计规范》(GB 50007—2002)。

○〈**承载力不满足时自动调整基础底面积**〉:应勾选。

○〈**土层数**〉:由地质文件导入。

○〈**天然地面标高**〉:据实填写。

(4) 单桩承载力计算(图 10-9)

位置:位置菜单\地基计算\单桩承载力计算

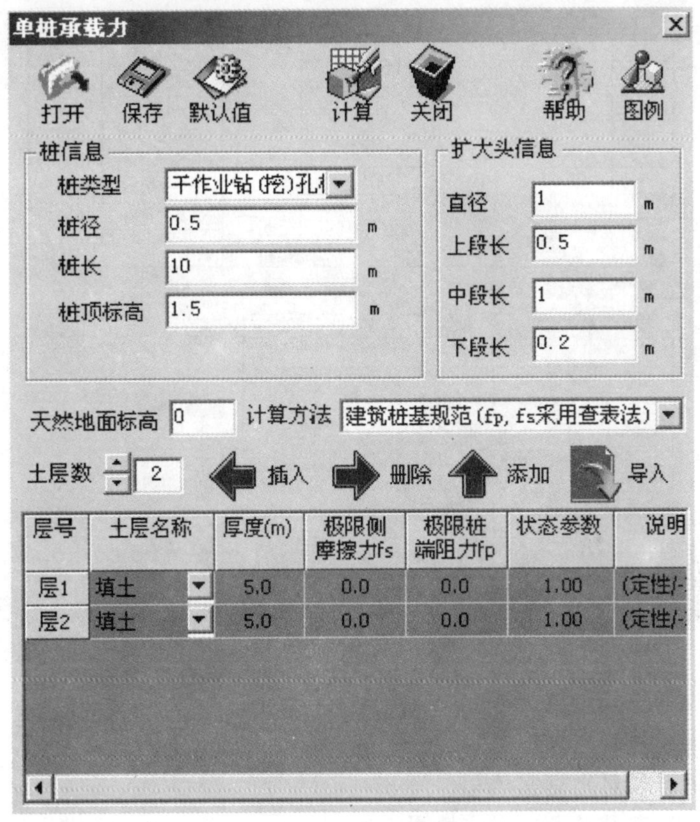

图 10-9 单桩承载力

操作说明及规范链接:

○〈**桩信息**〉:据实填写。

○〈**扩大头信息**〉:据实填写。

○〈**天然地面标高**〉:据实填写。

○〈**计算方法**〉:推荐《建筑桩基技术规范》(JGJ 94—94)第 5.2.8 条。

○〈**土层数**〉:由地质文件导入。

(5) 桩承台沉降计算(图 10-10)

位置:位置菜单\地基计算\桩承台沉降计算

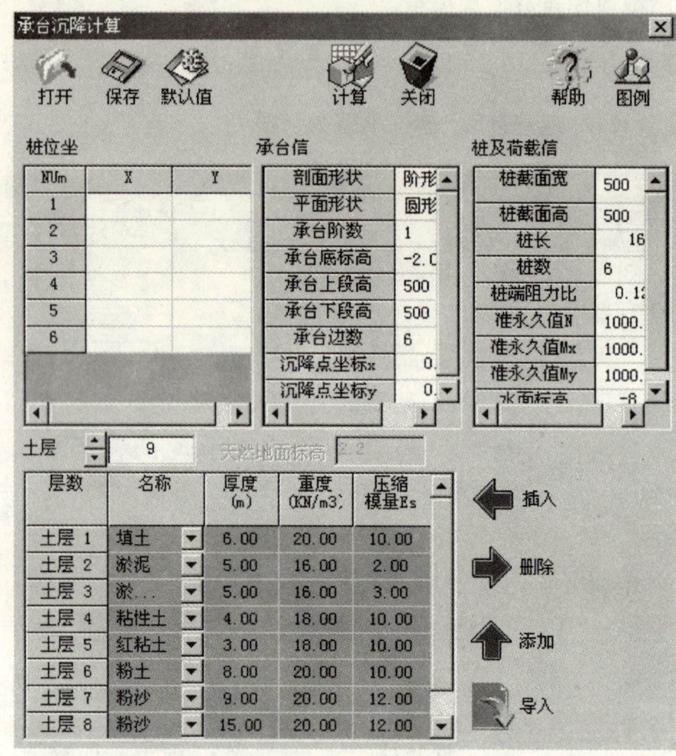

图 10-10 承台沉降计算

操作说明及规范链接:

○ **〈桩位坐标〉**:据实填写。

○ **〈承台信息〉**:据实填写。

○ **〈桩及荷载信息〉**:据实填写。

其中:桩端阻力比值的选取,参见《建筑地基基础设计规范》(GB 50007—2002)附录 R。

○ **〈土层〉**:由地质文件导入。

○ **〈天然地面标高〉**:据实填写。

3. 基础计算(图 10-11)

位置:位置菜单\基础计算

图 10-11 基础计算

(1) 独立基础(图 10-12)

位置:位置菜单\基础计算\独立基础

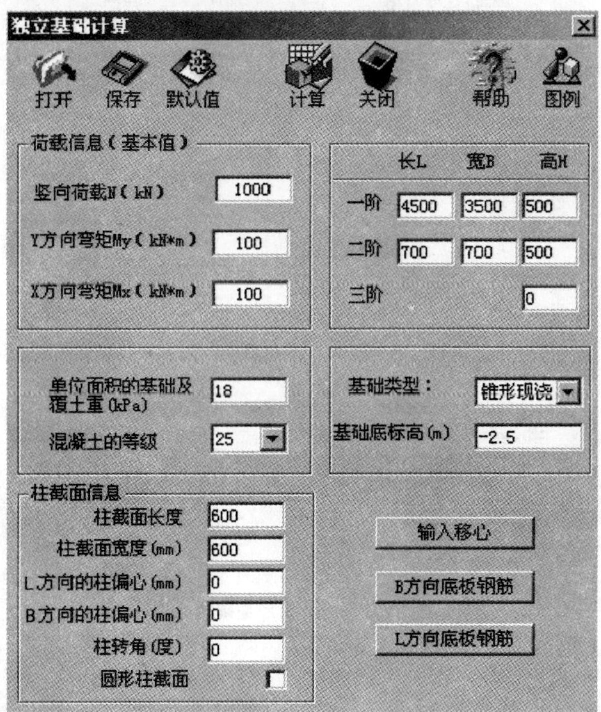

图 10-12 独立基础计算

操作说明：

○ 〈**荷载信息**〉：据实填写。

○ 〈**参数设置 *L*、*B*、*H***〉：据实填写。

○ 〈**基础及覆土重**〉：取加权平均值，也可近似取 20。

○ 〈**混凝土等级**〉：据实填写。

○ 〈**基础类型**〉：据实填写。

○ 〈**基底标高**〉：据实填写。

○ 〈**柱截面信息**〉：据实填写。

○ 〈**输入形心**〉：点击后可输入形心。

○ 〈***B* 向底板钢筋**〉：点击后可输入 *B* 向底板钢筋。

○ 〈***L* 向底板钢筋**〉：点击后可输入 *L* 向底板钢筋。

(2) 条形基础(图 10-13)

位置：位置菜单\基础计算\条形基础

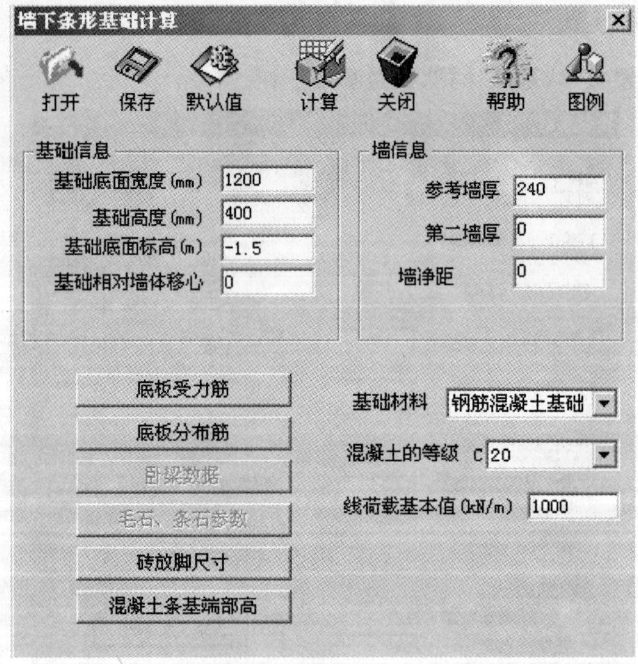

图 10-13 墙下条形基础计算

操作说明：

○ 〈**基础信息**〉：据实填写。

○ 〈**墙信息**〉：据实填写。

○ **〈基础材料〉**:据实选取。

○ **〈混凝土等级〉**:据实填写。

○ **〈线荷载基本值〉**:据实填写。

○ **〈底板受力筋〉**:进入后,据提示信息输入相关数据。

○ **〈底板分布筋〉**:进入后,据提示信息输入相关数据。

○ **〈卧梁数据〉**:进入后,据提示信息输入相关数据。

○ **〈毛石、条石数据〉**:进入后,据提示信息输入相关数据。

○ **〈砖放脚尺寸〉**:进入后,据提示信息输入相关数据。

○ **〈混凝土条基端部高〉**:进入后,据提示信息输入相关数据。

(3) 桩承台(图 10-14)

位置:位置菜单\基础计算\桩承台

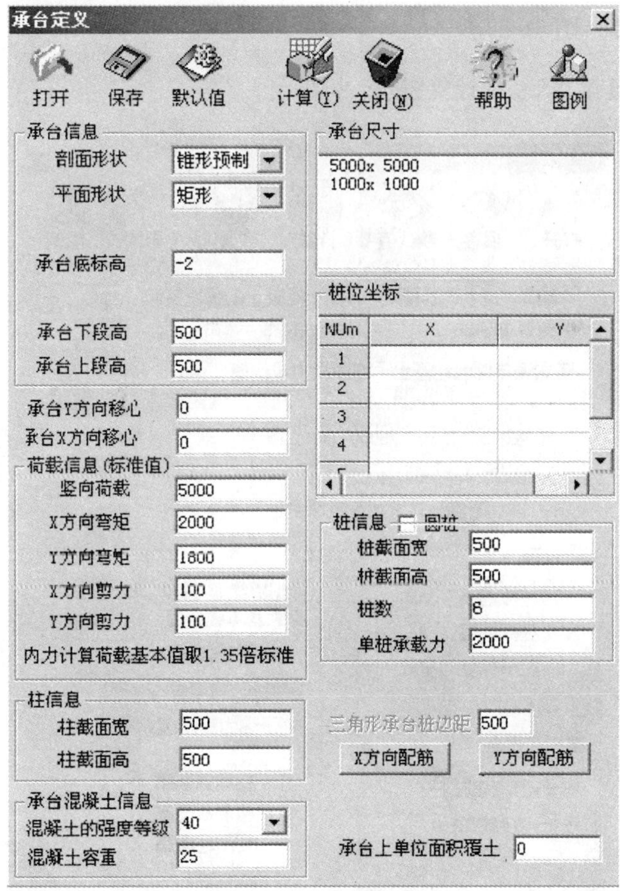

图 10-14 承台定义

操作说明:

○ **〈承台信息〉**:据实填写。

○ **〈承台尺寸〉**:据实填写。

○ **〈承台移心〉**:据实填写。

○ **〈桩信息〉**:据实填写。

○ **〈柱信息〉**:据实填写。

○ **〈承台混凝土信息〉**:据实填写。

○ **〈三角形承台桩边距〉**:至少150。

○ **〈承台信息〉**:据实填写。

○ **〈*X*向配筋〉**:进入后,据提示信息输入相关数据。

○ **〈*Y*向配筋〉**:进入后,据提示信息输入相关数据。

○ **〈承台上单位面积覆土重〉**:据实填写。

(4) 筏板冲切(图10-15)

位置:位置菜单\基础计算\筏板冲切

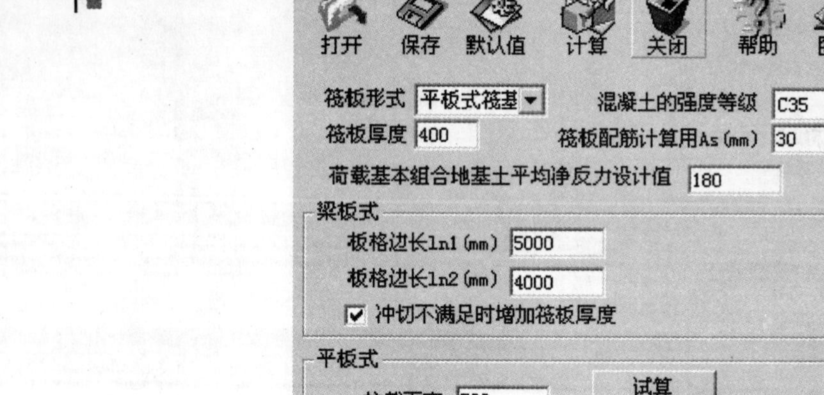

图10-15 筏板冲切

操作说明及规范链接:

○ **〈筏板形式〉**:据实填写。

○ **〈筏板厚度〉**:据实填写。

○ **〈混凝土强度等级〉**:据实填写。

○ **〈筏板配筋计算用 As 值〉**:有垫层取 45,无垫层取 75。

○ **〈平均净反力〉**:据实填写。

○ **〈平板式〉**:据实填写。

○ **〈荷载基本组合值〉**:据实填写。

○ **〈柱墩截面宽〉**:据实填写。

○ **〈柱墩截面高〉**:据实填写。

○ **〈柱墩高〉**:据实填写。

○ **〈试算〉**:点击后进行计算。

4. 人防荷载计算(图 10-16)

位置:位置菜单\人防荷载计算

图 10-16 人防荷载计算

(1) 地下室(查表)(图 10-17)

位置:位置菜单\人防荷载计算\地下室(查表)

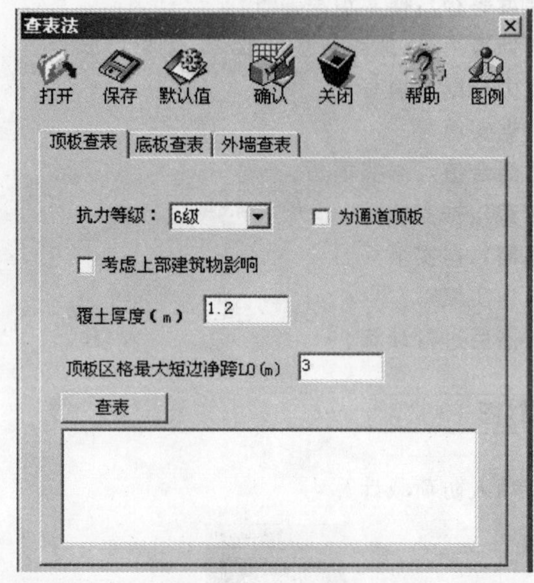

图 10-17 地下室(查表)

操作说明及规范链接:

○ **〈查表〉**:

a. 顶板:

防常武:参见《人民防空地下室设防规范》(GB 50038—2005)第 4.7.2 条;

防核武:参见《人民防空地下室设防规范》(GB 50038—2005)第 4.8.2 条。

b. 底板:

防常武:参见《人民防空地下室设防规范》(GB 50038—2005)第 4.7.4 条;

防核武:参见《人民防空地下室设防规范》(GB 50038—2005)第 4.8.5 条。

c. 外墙:

防常武:参见《人民防空地下室设防规范》(GB 50038—2005)第 4.7.3 条;

防核武:参见《人民防空地下室设防规范》(GB 50038—2005)第 4.8.3 条。

○ **〈抗力等级〉**:按批准的等级确定。

○ **〈为通道顶板〉**:据实确定。

○ **〈考虑上部建筑物影响〉**:有上部建筑物时,勾选,

○ **〈覆土厚度〉**:据实确定。

○ **〈顶板区格最大短边净跨〉**:据实确定。

(2) 地下室(公式)(图 10-18、图 10-19)

位置:位置菜单\人防荷载计算\地下室(公式)

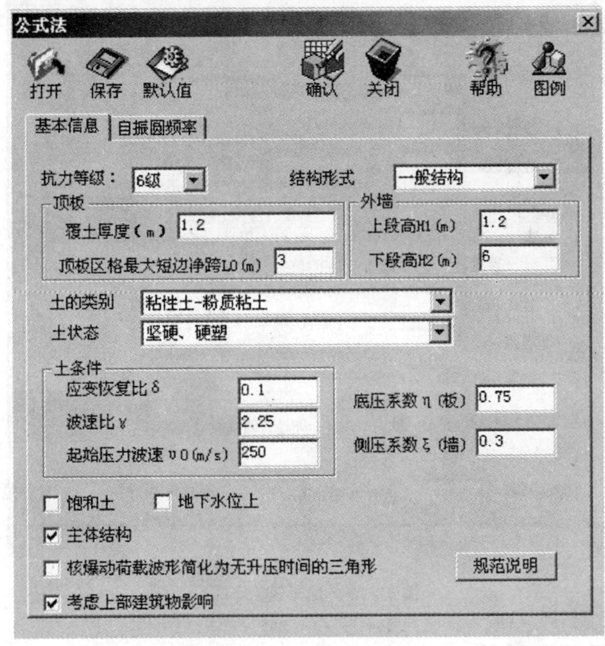

图 10-18 地下室(公式)

操作说明:

○ **〈抗力等级〉:**按批准的等级确定。

○ **〈结构形式〉:**据实选择。

○ **〈顶板〉:**据实确定。

○ **〈外墙〉:**据实确定。

○ **〈土的类别〉:**据地质报告确定。

○ **〈土状态〉:**据地质报告确定。

○ **〈土条件〉:**据地质报告确定。

○ **〈底压系数〉:**据地质报告确定。

○ **〈侧压系数〉:**据地质报告确定。

○ **〈饱和土〉:**据地质报告确定。

○ **〈地下水位上〉:**据地质报告确定。

○ **〈主体结构〉:**据实确定。

○ **〈核爆炸荷载波形简化〉:**可勾选。

○〈**考虑上部建筑物影响**〉:据实确定。

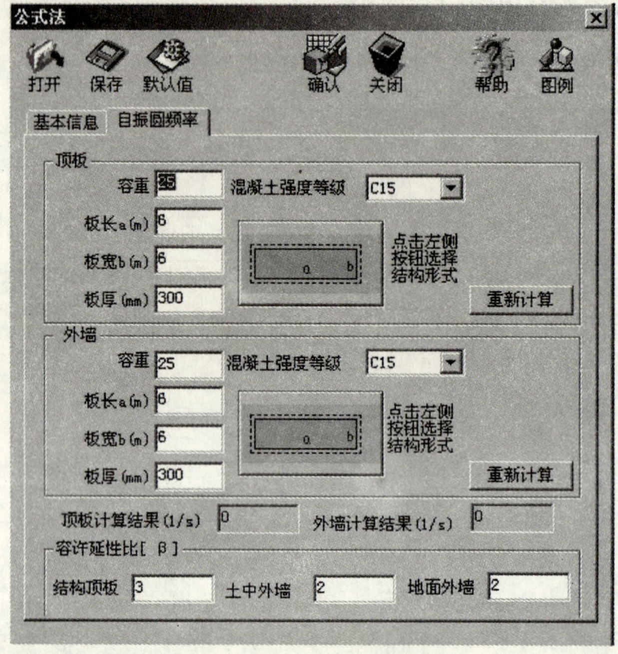

图 10-19　地下室(公式)

操作说明及规范链接:

○〈**顶板**〉:据实确定。

○〈**外墙**〉:据实确定。

○〈**计算结果**〉:重新计算后的结果显示。

○〈**容许延性比**〉:参见《人民防空地下室设防规范》(GB 50038—2005)第4.6.2条。

(3) 门框墙(查表)(图 10-20)

位置:位置菜单\人防荷载计算\门框墙(查表)

操作说明及规范链接:

○〈**抗力等级**〉:按批准的等级确定。

○〈**出入口部位形式**〉:据实确定。

○〈**顶板荷载记入上部建筑物的影响**〉:有上部建筑物时,勾选。

○〈**直通、单向出入口梯段的坡度角<30 度**〉:据实确定。

○〈**门扇形式**〉:据实确定。

○〈**门洞尺寸**〉:据实确定。

○ 防常武:参见《人民防空地下室设防规范》(GB 50038—2005)第4.7.5条;
防核武:参见《人民防空地下室设防规范》(GB 50038—2005)第4.8.7条。

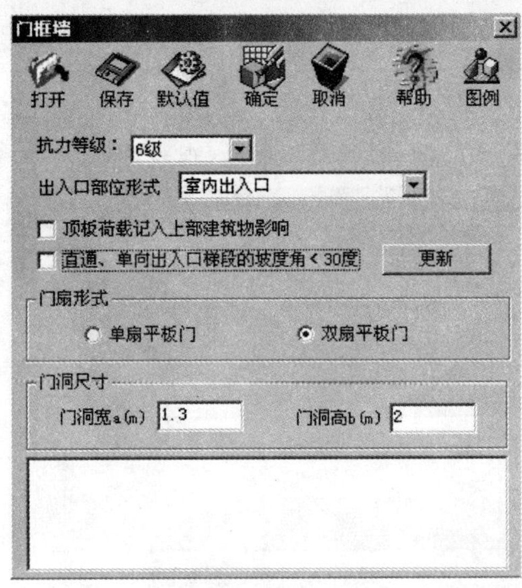

图10-20 门框墙(查表)

(4) 临空墙(查表)(图10-21)

位置:位置菜单\人防荷载计算\临空墙(查表)

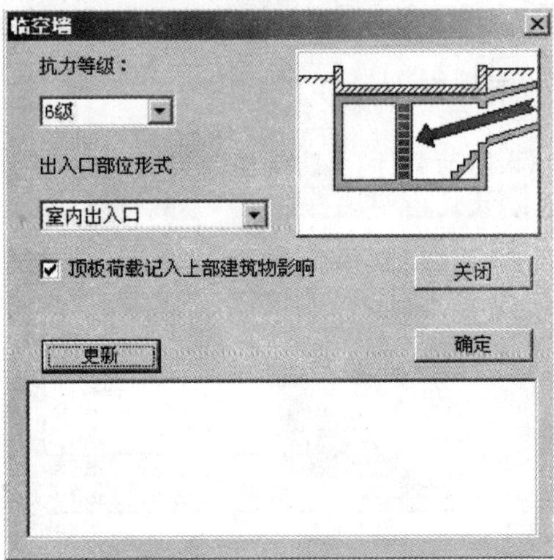

图10-21 临空墙(查表)

操作说明及规范链接:

○ **〈抗力等级〉**:按批准的等级确定。

○ **〈出入口部位形式〉**:据实确定。

○ **〈顶板荷载记入上部建筑物的影响〉**:有上部建筑物时勾选。

○ 防常武:参见《人民防空地下室设防规范》(GB 50038—2005)第 4.7.6 条;
防核武:参见《人民防空地下室设防规范》(GB 50038—2005)第 4.8.8 条。

(5) 单元墙(查表)(图 10-22)

位置:位置菜单\人防荷载计算\单元墙(查表)

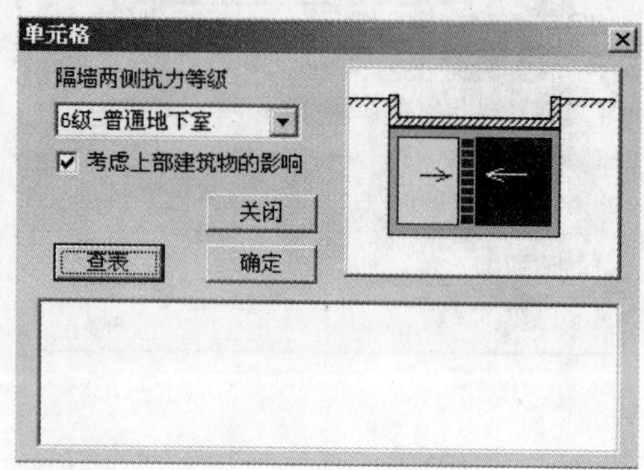

图 10-22 单元墙(查表)

操作说明及规范链接:

○ **〈隔墙两侧抗力等级〉**:按批准的等级确定。

○ **〈考虑上部建筑物的影响〉**:有上部建筑物时勾选。

○ 防核武:参见《人民防空地下室设防规范》(GB 50038—2005)第 4.8.7 条。

(6) 防倒塌棚架(查表)(图 10-23)

位置:位置菜单\人防荷载计算\防倒塌棚架(查表)

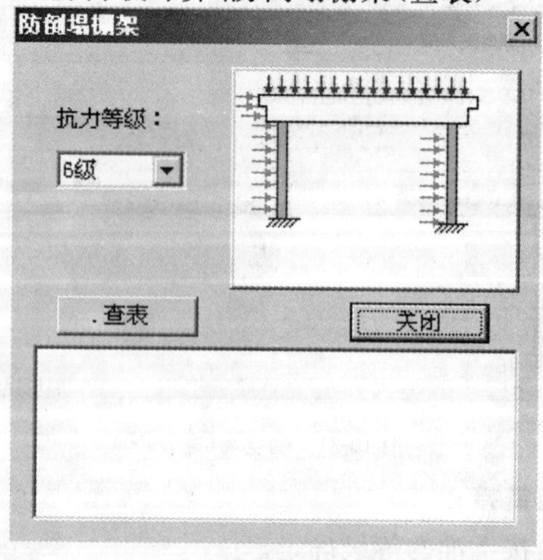

图 10-23 防倒塌棚架(查表)

操作说明：

○ **〈抗力等级〉**：按批准的等级确定。

○ 防核武：参见《人民防空地下室设防规范》(GB 50038—2005)第4.8.10条。

(7) 采光井(查表)(图10-24)

位置：位置菜单\人防荷载计算\采光井(查表)

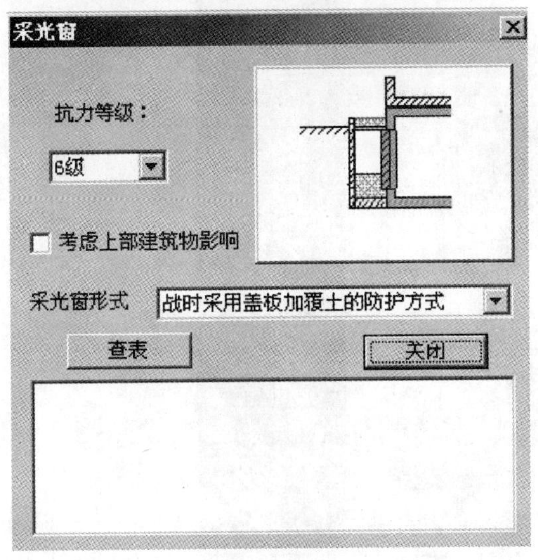

图10-24 采光井(查表)

操作说明及规范链接：

○ **〈抗力等级〉**：按批准的等级确定。

○ **〈考虑上部建筑物的影响〉**：有上部建筑物时勾选。

5. 人防构件计算(图10-25)

位置：位置菜单\人防构件计算

(1) 顶板(图10-26～图10-28)

位置：位置菜单\人防构件计算\顶板

操作说明：

○ **〈板面均布荷载计算〉**：

a.〈导算〉：在图10-27中填入相关数据，其中人防荷载可用**〈查表〉**得到，点击**〈计算〉**，完成**〈板面均布荷载计算〉**。

b.〈荷载导算写入计算书〉：应勾选。

图10-25 人防构件计算

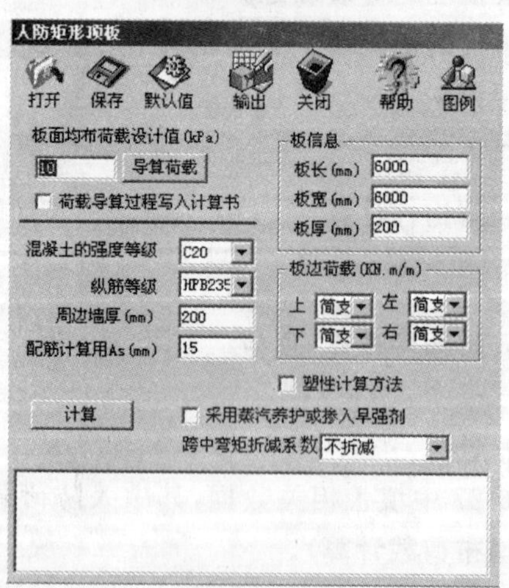

图10-26 顶板

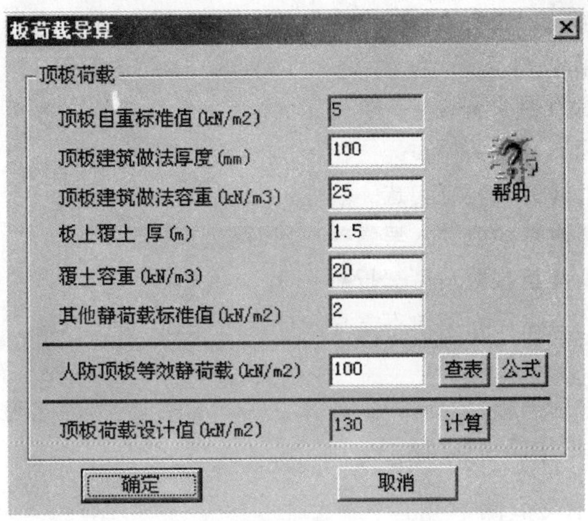

图 10-27　板荷载导算

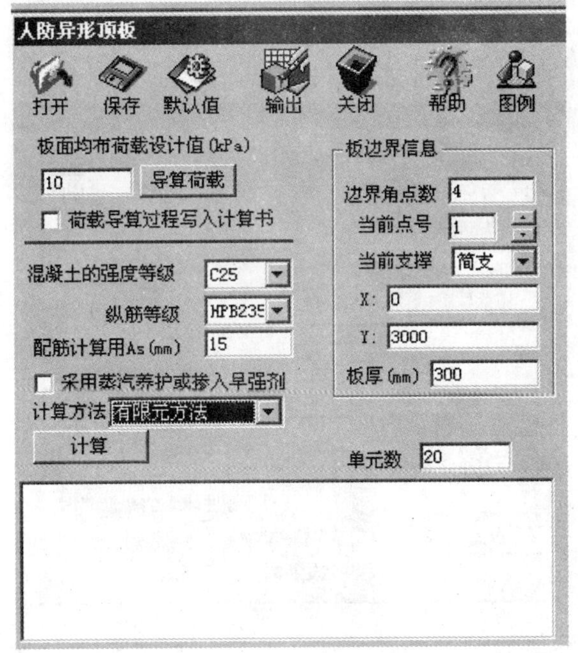

图 10-28　人防异形顶板

○〈**混凝土强度等级**〉:据实填写。

○〈**纵筋等级**〉:据实填写。

○〈**周边墙厚**〉:据实填写。

○ **〈筏板配筋计算用 A_s 值〉**:参见《人民防空地下室设防规范》(GB 50038—2005)第 4.11.5 条。

○ **〈板信息〉**:据实填写。

○ **〈板边荷载〉**:据实填写。

○ **〈塑性计算方法〉**:应勾选。

○ **〈采用蒸汽养护或掺入早强剂〉**:用时应勾选。

○ **〈跨中弯矩折减数〉**:可选折减 0.9。

○ **〈计算〉**:点击后在菜单下方显示计算结果。

操作说明:

○ **〈人防异形顶板〉**的操作,除计算方法有有限元、边界元两种方法可供选择外,其他各项操作同矩形顶板。

(2) 底板(图 10-29、图 10-30)

位置:位置菜单\人防构件计算\底板

操作说明:

○ 参见顶板。

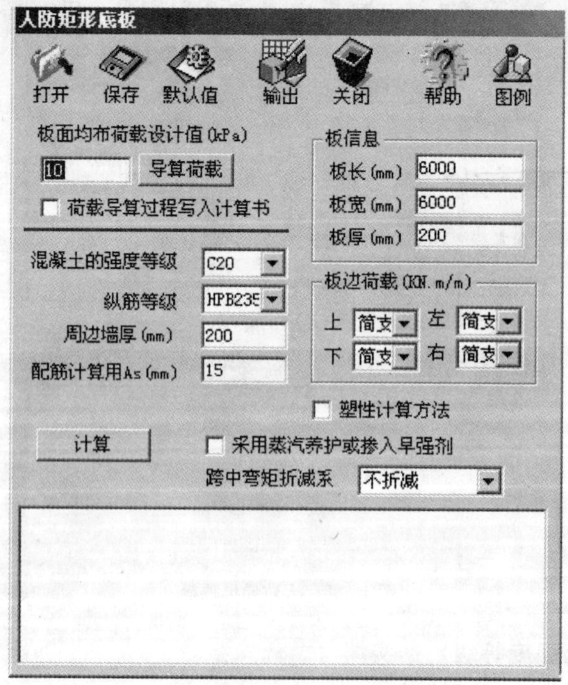

图 10-29 矩形底板

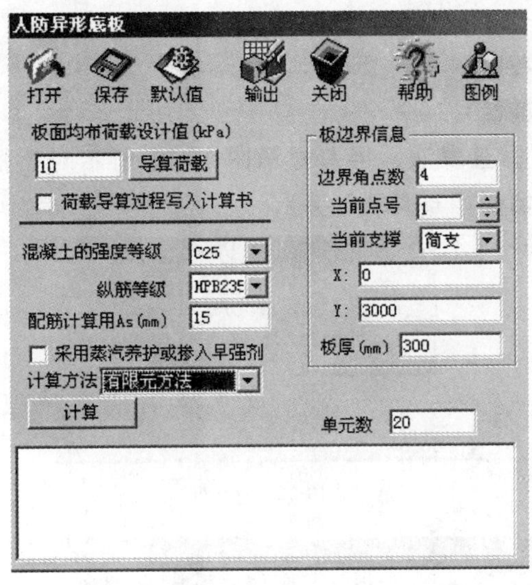

图 10-30　异形底板

操作说明:

○ 参见顶板。

(3) 外墙(图 10-31)

位置:位置菜单\人防构件计算\外墙

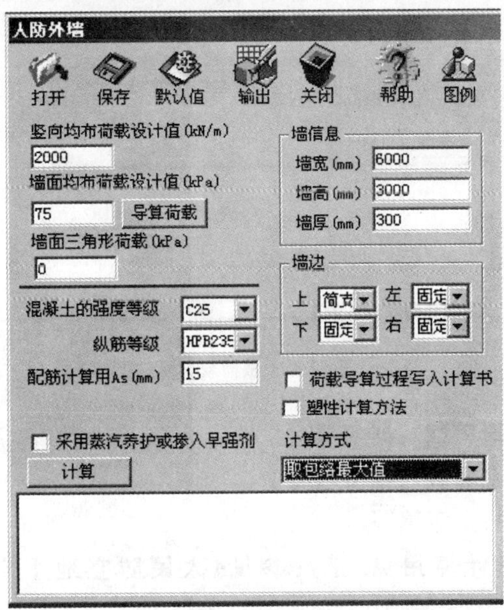

图 10-31　外墙

操作说明：

○〈**竖向均布荷载**〉

○〈**墙面均布荷载**〉

在图 10-32 中选〈**查表法**〉，屏幕显示图 10-33 所示对话框，填入相关数据，点击〈**计算**〉，完成〈**墙面均布荷载计算**〉。

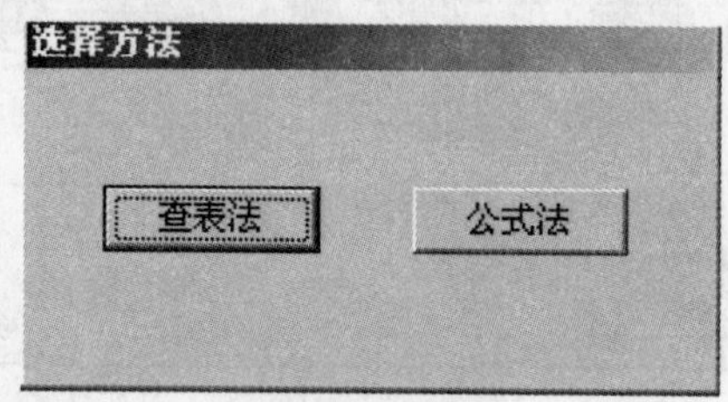

图 10-32　对话框

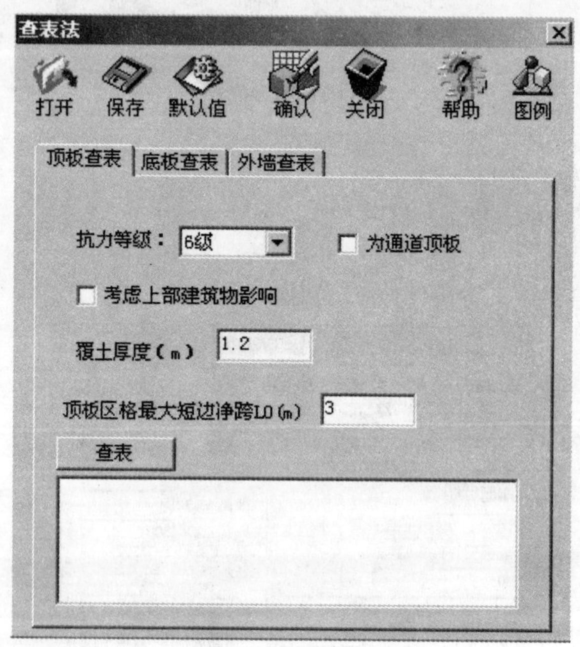

图 10-33　板荷载导算

○〈**墙面三角形荷载**〉：据实填写。

○〈**混凝土强度等级**〉：据实填写。

○〈**纵筋等级**〉：据实填写。

○〈**筏板配筋计算用 A_s 值**〉：参见《人民防空地下室设防规范》（GB 50038—2005）第 4.11.5 条。

○〈**墙信息**〉：据实填写。

○ **〈墙边〉**:据实填写。

○ **〈荷载导算写入计算书〉**:应勾选。

○ **〈塑性计算法〉**:应勾选。

○ **〈采用蒸气养护或掺入早强剂〉**:用时应勾选。

○ **〈计算方法〉**:可取包络最大值。

○ **〈计算〉**:点击后在菜单下方显示计算结果。

(4) 临空墙(图 10-34)

位置:位置菜单\人防构件计算\临空墙

操作说明:

○ 参见外墙。

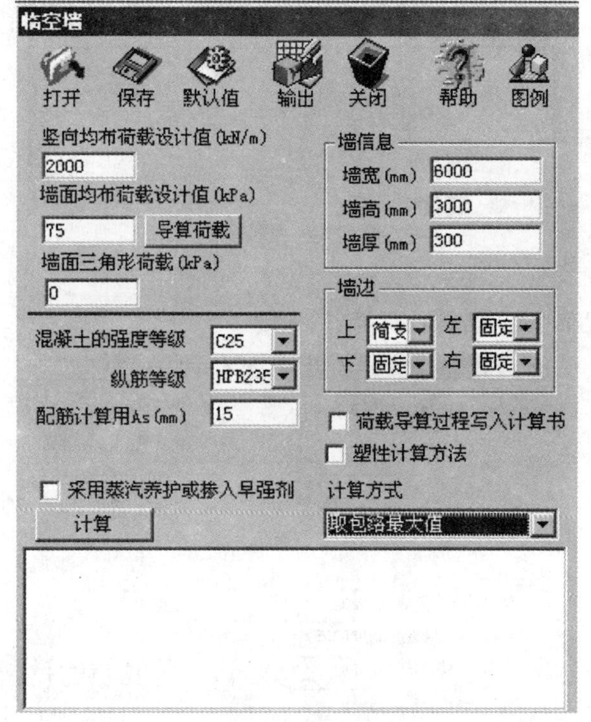

图 10-34 临空墙

(5) 单元隔墙(图 10-35)

位置:位置菜单\人防构件计算\单元隔墙

操作说明:

○ 参见外墙。

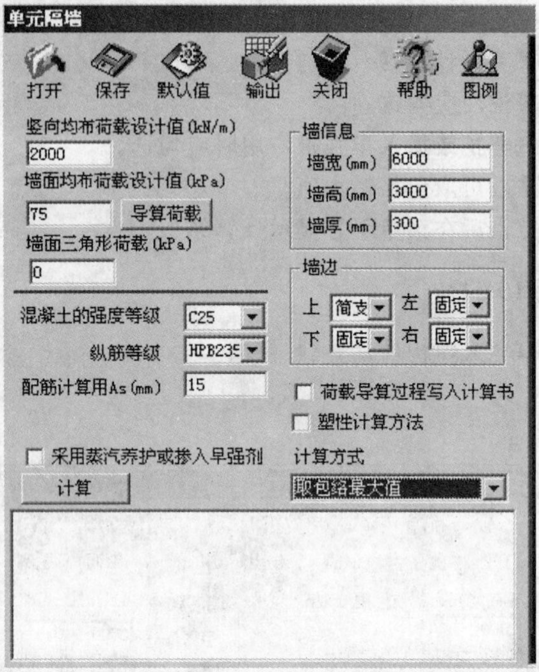

单元隔墙
打开
保存
默认值
输出
关闭
帮助
图例
竖向均布荷载设计值(kN/m)
2000
墙面均布荷载设计值(kPa)
75
导算荷载
墙面三角形荷载(kPa)
0
墙信息
墙宽(mm)
6000
墙高(mm)
3000
墙厚(mm)
300
墙边
上
简支
左
固定
下
固定
右
固定
混凝土的强度等级
C25
纵筋等级
HPB235
配筋计算用As(mm)
15
荷载导算过程写入计算书
塑性计算方法
采用蒸汽养护或掺入早强剂
计算方式
取包络最大值
计算

图 10-35　单元隔墙

(6) 门框墙(图 10-36)

位置:位置菜单\人防构件计算\门框墙

门框墙
打开
保存
默认值
输出
关闭
帮助
图例
L(mm)
900
h(mm)
600
L1(mm)
867
L2(mm)
800
门洞边长La(m)
2.4
混凝土的强度等级
C20
qe(kN/m2)
150
纵筋等级
HPB235
qi(kN/m)
1000
箍筋等级
HPB235
导算荷载
箍筋间距
200
配筋计算用As(mm)
20
计算
采用蒸汽养护或掺入早强剂

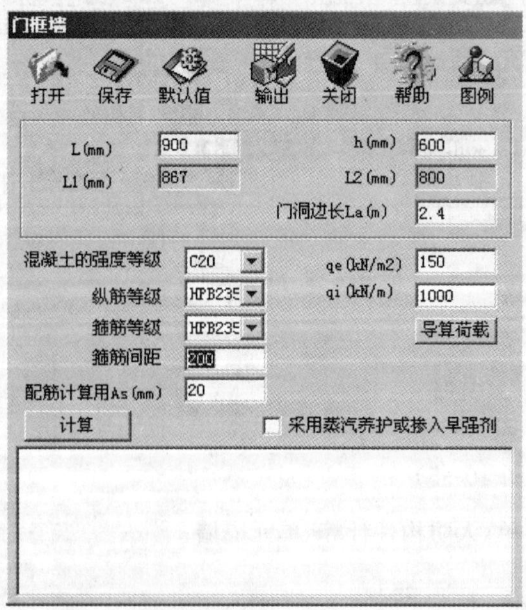

图 10-36　门框墙

操作说明:

○ 参见外墙。

(7) 窗井墙(图 10-37)

位置:位置菜单\人防构件计算\窗井墙

图 10-37 窗井墙

操作说明:

○ 参见外墙。

(8) 梁截面配筋(图 10-38)

位置:位置菜单\人防构件计算\梁截面配筋

操作说明及规范链接:

○ **〈梁的几何参数〉:**据实确定。

○ **〈荷载设计值〉:**据实确定。

○ **〈梁的配筋参数〉:**据实确定。

○ **〈配筋计算用 A_s 值〉:**参见《人民防空地下室设防规范》(GB 50038—2005)第 4.11.5 条。

○ **〈抗震等级〉:**据抗震规范确定。

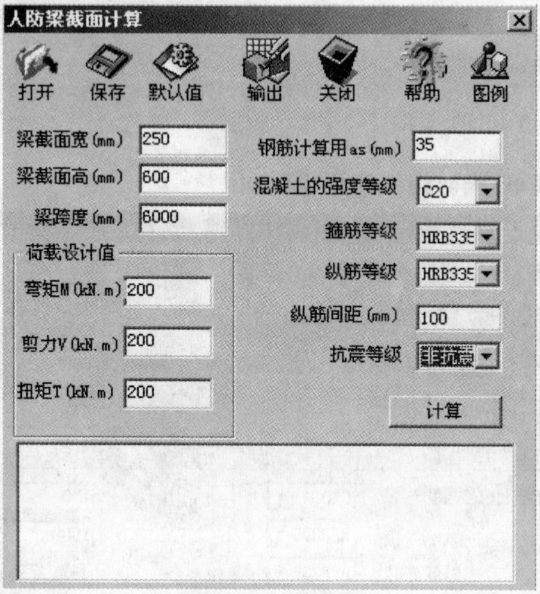

人防梁截面计算
打开
保存
默认值
输出
关闭
帮助
图例
梁截面宽(mm) 250
梁截面高(mm) 600
梁跨度(mm) 6000
荷载设计值
弯矩M(kN.m) 200
剪力V(kN.m) 200
扭矩T(kN.m) 200
钢筋计算用as(mm) 35
混凝土的强度等级 C20
箍筋等级 HRB335
纵筋等级 HRB335
纵筋间距(mm) 100
抗震等级 非抗震
计算

图 10-38　梁截面配筋

○ **〈计算〉**:点击后在菜单下方显示计算结果。

(9) 柱截面配筋(图 10-39)

位置:位置菜单\人防构件计算\柱截面配筋

人防柱截面配筋
打开
保存
默认值
输出
关闭
帮助
图例
柱截面宽(mm) 600
柱截面高(mm) 600
荷载设计值
轴力N(kN) 500
弯矩Mx(kN.m) 100
弯矩My(kN.m) 200
剪力Vx(kN) 100
剪力Vy(kN) 200
X方向计算长度(mm) 4000
Y方向计算长度(mm) 4000
钢筋计算用as(mm) 35
混凝土的强度等级 C20
箍筋等级 HPB235
纵筋等级 HPB235
纵筋间距(mm) 100
抗震等级 非抗震
计算

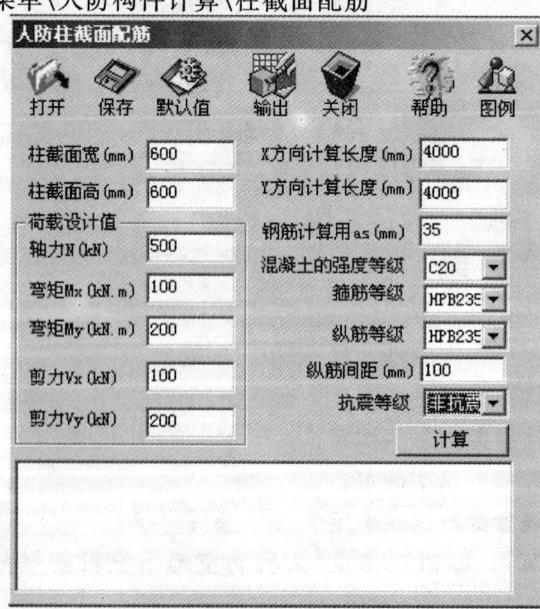

图 10-39　柱截面配筋

操作说明及规范链接:

○ **〈柱的几何参数〉:**据实确定。

○ **〈荷载设计值〉:**据实确定。

○ **〈柱的计算长度〉:**据实确定。

○ **〈柱的配筋参数〉:**据实确定。

○ **〈配筋计算用 A_s 值〉:**参见《人民防空地下室设防规范》(GB 50038—2005)第 4.11.5 条。

○ **〈抗震等级〉:**据抗震规范确定。

○ **〈计算〉:**点击后在菜单下方显示计算结果。

6. 计算书(图 10-40、图 10-41)

位置:位置菜单\计算书

图 10-40　位置菜单

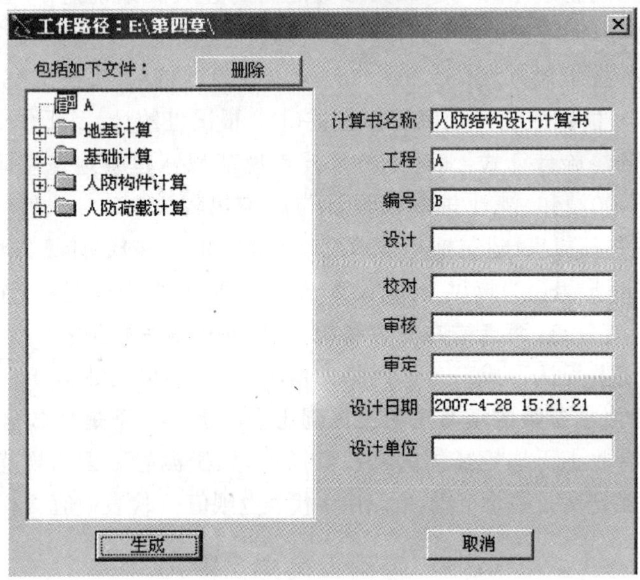

图 10-41　计算书生成对话框

操作说明:

○ 操作本菜单可方便的生成计算书文件。

附录A　200504版JCCAD常见问题解答

A.1　地质资料输入

1. 在观察土层剖面时，在单元之间相交处出现剖面突变，而在单元内不变的原因？

答：可能原因是单元节点编号顺序不对，应为顺时针。

2. 地质资料文件是否可以不填？

答：对于土层分布及参数未知的情况，地质资料文件可以不填，但在进行桩承台设计时要补充一些数据如确定桩长等，在桩筏计算时还需自己确定单桩刚度值等数据。对于其他类型基础没有地质资料文件将不能进行沉降计算，而对其他计算则无影响。

3. 由于现在各地的规范与规程在单桩承载力计算时取值不一致，有时勘察单位给出部分参考数据，如何使用此程序？

答：根据土的物理指标与承载力参数之间的经验关系确定单桩竖向极限承载力是在工程实际中应用多年的传统方法，其广泛应用于各种桩型，尤其是预制桩。《建筑桩基技术规范》(JGJ 94—94)给出了预制桩(229根试桩统计)、水下钻(冲)孔桩(73根试桩统计)、沉管灌注桩(138根试桩统计)及干作业钻孔桩(15根试桩统计)的经验计算式。《建筑桩基技术规范》是《建筑地基基础设计规范》(GB 50007—2002)和《灌注桩基础设计与施工规程》(JGJ 4—80)的总结和完善。本程序现在只提拱《建筑桩基技术规范》(JGJ 94—94)的计算方法，在继续完善过程中将进一步为用户提供上海、天津、沈阳等地方规范或规程的计算方法。

4. 如果只有一点、两点或在一直线的多点，如何填写数据？

答：对于以上无法形成三角形网格的情况，三角形单元数填0。

5. 在物理力学参数的填写说明里提到土质的上、中、下是什么含意？

答：对于有些土无法用具体的物理量描述，如淤泥等。因为规范中桩周围摩擦系数查表时给定的是一个范围，所以用1代表上限值、2代表中值、3代表下限值。

A.2　基础人机交互输入

1. 交互式输入的条件是什么？

答：基础人机交互式输入的条件是必须运行过PMCAD软件的前三项菜单(模型输入、输入次梁楼板、导荷)，并在当前目录(文件夹)下有TATDA1.PM、

LAYDATN. PM、*. JAN三个数据文件，当使用PM恒活荷载时还应有DATW. PM文件。如果使用TAT荷载时还应有TOJLQ. TAT和TATJC. TAT文件，如果使用SATWE荷载时还应有WJC. OUT文件。如果要自动读取TAT的柱钢筋数据还要有COLMGB. TAT和COLUMN. STL文件。以上几个文件均由PMCAD软件、SATWE软件和TAT软件生成。

2. 修改基础参数后，再进行独基条基验算时，独立基础条形基础尺寸不一定改变，这是什么原因？如何处理？

答：JCCAD的独基条基基础验算菜单中只有验算基础的底面积或配筋不够时才会加大基础的相应数据。如果验算时基础所需尺寸配筋小于原有基础的数据时，原有的基础尺寸不改变。

处理方法：先点取"基础布置"菜单中"柱下独基"或"墙下条基"子菜单下的"独基删除"或"条基删除"菜单清除原有基础，然后再点取"自动生成"菜单，这样重新布置就可以使基础尺寸更加合理。

3. 基础荷载与自动生成的基础（独基、条基、承台）底面尺寸不对应是何原因？如何处理？

答：这是由于进行比较的两个基础分别属于不同的归并组，且归并系数较大造成的。

处理方法：先清除原有基础，然后将归并系数减小（也可填0），之后再进行基础验算就可解决上述问题。一般说来基础的底面积较大，归并系数应填相对小一点的数。

4. 计算得到的条形基础的宽比手算的小是何原因？如何处理？

答：基底承载力计算参数中的单位覆土重的数值填的不对。该值是基础以上土重标准值加上基础自重设计值，然后再除以基础底面积，一般取覆土与基础的平均重度乘以覆土厚度。如填0程序自动取平均容重20，覆土厚度取基底高程的绝对值。

5. 节点荷载数值小而算出来的基础（独基、承台）较大是何原因？如何处理？

答：节点荷载的偏心距较大时，则由基础偏心距控制基础底面积尺寸。

处理方法：①增加节点竖向力，可以使上述情况下基础的尺寸减小；②查看单位覆土重是否正确；首层填充墙如果是通过地梁传到独立基础上时，可将填充墙的自重以附加荷载的方式加到节点上。

6. 多柱基础（独基、承台）的角度不合适如何处理？

答：多柱基础的情况比较复杂，在个别情况下可能角度不合适。

处理办法：减小多柱基础的底面积尺寸，然后将基础按所希望的角度布置到基础平面上，并保证原来基础上的柱都在新的基础的底面积范围内，然后进行基础验算。这样，程序即可按用户输入的基础角度进行基础验算，并将其布置到平面上。减小基础底面积的目的，是防止基础底面积过大造成浪费。

7. 在砖混结构中构造柱下生成独立基础如何处理？

答：用户采用的是PM恒+活荷载，该荷载有节点荷载，程序在进行基础计算时读到构造柱所在节点上的荷载（一般由构造柱自重产生），则自动生成独立基础。

处理办法：在“荷载编辑”菜单中，删除构造柱所在节点上的的荷载，并相应增加该节点周围有墙网格上的线荷载。若采用“砖混荷载”则构造柱荷载已转化为均布荷载，也不会产生独立基础。

8. 如何布置钢筋混凝土地基梁的挑梁？如何利用“网格输入”？

答：地基梁的挑梁输入应首先用“网格输入”菜单下的“直线延伸”子菜单将网格线两端挑出，如网格线一端已存在同向网格线，则该端网格线不再挑出。有了网格线就可在其上布置地基梁了。同样利用“网格输入”菜单可任意增加网格线和节点，这样能够处理基础网格线与上部结构不一致的问题。需注意的是，增加网点应在基础布置与荷载布置之前进行，否则容易发生错位。此外删除网点也只能删除在此处增加的网点，而不能删除PM传下来的网点。

9. 如何判断是否形成了弹性地基梁元法计算的数据文件？

答：当点取“退出”菜单时，如已形成弹性地基梁元法计算数据，屏幕上会显示出基底形心位置、上部荷载位置、荷载大小、地基设计承载力、底板反力等信息。如果没有以上信息就意味没有形成弹性地基梁元法计算数据，不能用梁元法计算。对筏板基础来说，不能形成的原因一般是筏板上没有肋梁（包括墙体等代梁）筏板或板带。

10. 基床反力系数 *K* 应如何取值？

答：*K* 的取值请参阅PKPM软件说明书的附录二。在同一类土中，偏硬的土取大值，偏软的土取小值，若考虑垫层的影响，K值还可取大些；当有多种土层时，应按土层的变形情况取加权平均值。*K* 值的改变对荷载均匀的基础内力影响不大，但荷载不均匀时则会对内力产生一定的影响。此时可适当调整 *K* 值，选择相应于内力与变形较理想的 *K* 值，并最好使垂直位移不出现负值。对于基础各部位土质不一样的情况，可先按大面积选取，在地基梁计算时进行再局部修改。

11. 关于梁截面定义中，梁的各个参数如何确定，特别是梁翼缘的宽度如何确定？

答：首先说明一点，梁标准截面中的肋宽、梁高、翼缘宽、翼缘根高、翼缘边高这五项的确定与基础梁类型有关。当采用弹性地基梁元法计算时，梁式基础的肋宽、梁高、翼缘根高、翼缘边高四个参数按实际情况填写，翼缘宽度可按上部荷载的比例任意设定若干种截面类型（但应比梁肋宽些）。在程序运行“退出”菜单

时会自动将平均设计反力与计算出的地基承载力比较，并询问用户是否输入一个新的地基承载力/平均设计反力的比值，如选择“是”，程序将按目前梁翼缘宽度的相对比例，同步扩大或缩小各种梁截面类型的翼缘宽度，从而调整底面积大小达到地基承载力/平均设计反力的比值的预定值要求。一般该预定比例值应大于1.0，对带肋板式基础按实际情况填写肋宽、梁高两个参数，其他参数可不填写；程序在进行梁元法计算时的梁翼缘根高和边高由板厚确定。梁的翼缘宽度取值方法是将房间面积除以周长，得出的值作为周边梁的一侧翼缘宽，最后将两侧的翼缘宽相加就得到梁底总宽度。按这种方法计算出的总反力与总荷载是平衡的。对墙下筏板基础可以采用梁截面定义法、也可采用“墙下布梁”菜单自动布置。墙下布梁方法布置的梁高与板厚相同，一律沿轴线居中布置。梁截面定义方法布置与带肋板式基础相同，只是将墙作为板肋处理，此时肋宽取墙厚度，梁高可按非墙下梁高度取值，或取用户认为适当的值。对于化成板带的平板基础，板带无须定义，程序可自动按升板结构规范确定板带总宽度、柱下板带宽度和跨中板带宽度。

12. 地梁与连梁是否可布置在同一网格线上？

答：从理论上说地基梁与连系梁两者没有同时存在的必要，但如果同时设置了，程序也可以运行，但连梁不加内力计算，绘图时可以画出。

13. 桩筏设计过程中应注意什么？

答：桩筏设计应注意以下几点：

(1)高层建筑箱形、筏板基础下摩擦群桩的设计

当箱形、筏板基础下桩数较少时，桩应尽量布置在墙下或柱下。

当箱形、筏板基础下需要满堂布桩时，应按桩的实际受力情况布桩，在基础平面接近边、角的部位，桩的数量要多于其他部位，布桩系数可按PKPM用户手册附录或地区经验确定。

当桩的中心距s大于3倍桩的直径时，桩间土可以分担部分上部荷载，分担的比例根据地区经验确定。无地区经验时，可按桩间土承担10%的上部荷载考虑。对于可化土、湿陷性土、欠固结土、新填土、有震陷可能的地基土均不考虑桩间土的分担作用。

(2)大直径桩的设计

高层建筑箱形基础的墙下或筏板基础的柱下，可采用大直径桩。

扩底桩是指大直径桩端面积大于桩身面积的桩，其桩端支承在基岩或较坚硬的砂类土、粘性土上。

当桩端直接落在基岩时，只考虑桩端阻力，桩端的沉降变形可不予计算。

在同一整体基础采用不同直径的扩底桩时，除满足桩端阻力外，还应考虑不同扩大头桩的沉降变形协调。

采用单桩的结构形式时，灌注桩的施工质量应严格控制，桩顶应设连系梁。

计算大直径扩底桩的沉降变形时，应以桩顶荷载减去桩周摩擦力作为传递到扩底端的荷载。其沉降计算方法可采用分层总和法。

(3)为了充分发挥单桩的承载能力，通常采用为建筑物的周边多布置，中间少布置的方法。

14. 对于采用板元法计算时，同一块板是否可以用不同的筏板信息(板厚、底高、面荷及基床系数)进行计算?

答:这些不同的信息将在桩筏计算前的有限元网格划分时输入。在交互输入菜单中填写筏板信息时可按主要条件填写，在有限元网格划分时只需要进行局部修改。

15. 如何输入多种类型的混合基础?

答:从原则上来说混合基础的输入与单一基础的输入没有区别，只是各类基础的组合，输入的先后次序不受限制，但从方便的角度出发，最好先输入筏板(有筏板的地方独基、条基会自动避开)，接着独基、条基(除筏板外会自动全部覆盖)，然后桩承台(可覆盖独基)，最后布梁(有条基先删除)。

16. 采用板元计算法如何在平面图上绘出板钢筋?

答:目前新版本的板元计算中，只要在交互输入中输入肋梁(对梁板式、墙下筏板式基础)或布置板带(对柱下平板基础)，就能形成梁元计算数据文件 EF-DATA. EF，即可进行交互配筋设计和在平面图上绘出板钢筋。对梁板式基础，肋梁按实际位置布置;对墙下筏板式基础，应将所有墙下布置肋梁，梁宽与墙体厚度相同，高度可按问题 11 的方法选取或视自己情况任选;对柱下平板基础布置板带时，应注意板带位置，其布置原则是将板带视为暗梁，沿柱网轴线布置，但在抽柱位置不应布置板带，以免将柱下板带布置到跨中。

17. 采用梁元法或板元法计算平板时，参数输入中平板配筋模式如何选用?

答:在第二章已作过一般性介绍。这里推荐采用第三种方法，即不论柱下板带还是跨中板带都采用相同的通长配筋量。该配筋量按柱下板带最大配筋量的50%取，如该量小于跨中板带的最大配筋量则取跨中板带的最大配筋量，柱下局部钢筋不够的地方用短筋补充，挑出长度大于净跨的 1/5。此方法可参见升板结构规范的分离配筋法。板元法计算时应布置板带才能使用上述平板配筋模式。

18. 形成梁元法计算数据 EF-DATA. EF 时，基础自重是如何计算的?

答:计算基础自重时，梁式基础采用:单位自重=[基础混凝土体积×25(混凝土重度)+覆土体积×18(覆土重度)]/底面积。

筏板基础自重采用:单位自重=混凝土板全部体积×25(混凝土重度)/底面积+单位板面荷载+挑板边覆土剩余重量/底面积。

19. 抗震缝、伸缩缝双轴线处如何布置地基梁或肋梁?

答:对抗震缝、伸缩缝下面的弹性地基梁(包括肋梁)采用的方法一般是做一个宽梁来承受上面距离很近的两排柱、墙。一般可将宽梁偏心布置在一条轴线上(最好布置在荷载大的轴线上),另外还要布置另一方向的梁,以保证相邻两个柱节点之间有梁连接,使柱子荷载不丢失并能传到梁上。另一排柱轴线的墙上荷载可利用附加荷载的方法,转移到布宽梁轴线上。另一种布置方法就是直接在双轴线上布置两根肋梁,对于梁式基础可以在双轴线处布置一个筏板,就做成了一个双梁基础。

A.3　基础梁板弹性地基梁法计算

1. 为什么按弹性地基梁元法计算节点下底面积会产生重复利用问题?

答:因为在交叉梁元法计算时,等宽的 X 向梁与等宽的 Y 向梁交叉点下为两个梁宽度乘积的面积矩形被反复利用,即 X 向梁利用完后 Y 向梁再利用一次,因此实际参与计算的梁式基础底面积比实际底面积大。但采用板元法计算没有重复利用问题。

2. 弹性地基梁元法给出的修正系数是如何计算出来的?

答:该问题请参阅 PKPM 软件说明书技术条件第一节中的有关说明,如想进一步了解请参阅国防工业出版社出版的,由中国船舶工业总公司九院编写《弹性地基梁及矩形板计算》一书。至于为什么修正系数总大于 1,这是因为从理论上讲,修正后的附加荷载在计算时会再次被节点下底面积重复利用一次,因此理论上应大于 1。这种修正方法一般来说是偏于安全的。

3. 在实际应用中应如何使用底面积重复利用修正系数?

答:一般来说如按程序计算的修正系数进行了底面积重复利用修正,得到计算结果偏于安全,主要原因如下:

(1)目前程序采用的节点下底面积重复利用修正方法从理论上说是偏于安全的。

(2)在进行基础计算时对基础一些有利的因素没有考虑。

此外在使用上部结构计算出的荷载一般都没有考虑活载折减,因此理论上来说计算结果是偏于安全。

从实际调查结果来看,目前大部分基础钢筋应力一般不超过 30～40MPa,安全系数较大。

从设计实践来看,计算机技术的普及是在近些年才开始的,而以往设计部门没有或很少有计算机,大部分设计人员在设计时都采用手算方法,即交叉地基梁 X 向梁取出一榀,Y 向梁取出一榀,将荷载分配到两个方向的梁上,然后用查弹性地基梁表方法求出内力。这种方法一般都没有考虑节点下底面积重复利用的问题，而这样设计出来的基础都仍在发挥作用。因此从这一方面反映出考虑重复利用修正是偏于安全的。

那么在应用中如何使用底面积重复利用修正系数呢？一般来说梁的底板宽度越大（如梁板基础），修正系数也越大，这样配出来的钢筋可能增加的量很大。而设计单位一般是根据以往的设计实践来判断钢筋量是否合适，这种以往的实践大都是采用不考虑底面积重复利用的手算方法，故而配筋量相对小些。因此修正系数的取值常常取决于各设计单位，一般来说，如设计人员有一定的经验，地基较好，上部结构层数高（6层以上），刚度好，修正系数可取得小些，甚至不进行修正（即修正系数取0）。目前程序梁元法计算中的隐含设置是柱下平板进行修正，其他基础不修正。

4. 如何检查节点、杆件平面布置图？

答：节点、杆件平面布置图的检查很重要，检查的方法是检查各节点位置是否正常，有无多余节点（一般只有柱、梁交叉点、拐点才作为节点，其他多余节点程序能自动的删除）；检查杆件是否正常，特别应注意垂直向杆件的杆件号、截面号是否有错位、反向。如有，则说明在平面输入时垂直轴线有分段输入的可能（轴线最好一次从头到尾输入，同时要避免轴线重复输入）。

5. 荷载图如何检查？

答：主要检查 PM、TAT 和 SATWE 荷载是否正确（建议两种荷载都取恒加活），防止丢荷载。杆件上有墙时应出现均布荷载，节点有柱子时应出现集中荷载，同时注意每根梁上的均布荷载的均布竖线是否均匀，如不均匀意味梁有重叠，造成重叠的原因有可能是由于平面输入时轴线重叠而造成地梁的重叠。

6. 梁元法计算时保存的数据文件中关于修正后的地基反力意义是什么？

答：由于本程序按弹性地基计算，节点下反力比跨中大的多，反力明显不均匀。而实际上土是有塑性变形的，节点的反力没有计算的那么大，特别是用周边节点反力计算底板局部弯矩会增加钢筋用量，因此用平均反力对各节点反力进行修正，使各节点反力在平均反力水平上下波动，这样得出的修正后的节点反力计算底板局部钢筋比较合适。

7. 梁元法计算出的竖向位移值与沉降计算值有何区别？

答：梁元法计算出的竖向位移值是以当前基床反力系数为刚度而得到的弹性位移，它的目标是使地梁的内力正确，并不是结构的最终沉降。沉降计算应采用分层总和法得出，但节点的竖向差却有实际意义。

8. 钢筋连通系数的含义是什么？

答：按基础规范要求，底板跨中钢筋应全部连通，支座边通筋不小于0.10%～0.15%的配筋率。因此程序按用户确定的连通系数乘以最大实际钢筋需要量作为实际钢筋连通量（实际钢筋连通量小于0.15%配筋率时取0.15%配

筋率)，余下支座筋(假如有的话)作为短筋布在梁下，当连通系数大于0.8时，钢筋全部连通，不再设梁下短筋。

9. 连通筋区域如何布置?

答:请参阅PKPM软件说明书中第三章操作过程中的第三节地基板结构计算与配筋。一般来说通长筋的布置与各设计院的习惯有关，通筋区域可分多种形式，最常用矩形板可分一个水平筋区域和一个竖向筋区域，共两个区域。区域应尽量与板的边界线重合，当用光标点取边界拐点时，程序有自动捕捉的功能。

10. 使用本菜单下的刚性假设的整体沉降计算应注意那些问题?

答:第一，应注意本沉降计算只能适用于筏板，不能用于梁式基础;第二，地质资料设置不能太浅，必须深于基础埋深，且压缩模量不能为零;第三，底板区格不能重复布置，必须先清除后再重新布置。

另外，高层与裙房连为一体时，不要采用刚性假设，因为底板不能成为刚性板。建议用户在沿后浇带处按刚性假定单独计算高层部位的沉降。

如果计算梁式基础、条型基础和独立基础沉降，应采用柔性底板假定方法计算，有关内容参阅PKPM用户手册技术条件和沉降计算操作部分。

11. 为什么梁元法与板元法计算结果不相同?

答:由于采用的模型假设不同，所以计算结果不可能完全相同。但只要按说明书的要求去设置，两者计算出的内力变化趋势基本相同，其梁板内力相差不会太大，特别是梁刚度相对于板较大时。

12. 运行本菜单时屏幕显示“没有找到EFDAT.EF文件”，程序不能正常运行是何原因?

答:是因为在交互输入的过程中没有形成梁元法计算所需的文件EFDAT.EF。有关原因及处理方法可以参见问题16的解答。

13. JCCAD中桩筏基础有倒楼盖法及弹性地基法，计算结果相差较大，怎么处理?

答:两种方法有本质的不同:①梁单元模型不同，一个是弹性地基梁模型，另一个为普通梁模型;②由于模型的不同，实际梁承受的反力也不同，一个是支座反力大，跨中反力小，另一个是均布荷载;③由于模型的不同，弹性地基梁考虑了整体弯曲的影响，而倒楼盖底板是一个刚性平面，不考虑整体弯曲的影响;④由于倒楼盖底板是一个刚性平面，因此其各部位的反力为:$N/A+M_x/W_x+M_y/W_y$，由此计算得到的梁端剪力无法与柱荷载相平衡，而弹性地基梁端剪力与柱荷载是平衡的。

综上所述，可以知道两者计算结果当然不一样，一般建议用户用弹性地基梁模型计算，之所以提供倒楼盖法，主要是应一些用户的要求，以便与原来的手算方法对比校核。

14. 弹性地基梁结构计算时，提供了5种计算模式，用户怎么选择？

答：关于5种计算模式的含义可参见第三章第二节中的内容。用户一般可选计算模式1.[按弹性地基梁计算]。当上部结构刚度较大，荷载又不均匀时，且采用计算模式1计算效果不好时，才考虑模式2.[按考虑等代上部结构刚度影响的弹性地基梁计算]。当上部结构刚度更大，如框支剪力墙结构时，可考虑采用模式3.[按上部结构为刚性的弹性地基梁计算]。模式4.[按SAWE、TAT计算出的上部结构刚性影响的弹性地基梁计算]的方法很好，但条件是必须在计算SAWE或TAT时选择把刚度传给基础项，且对剪力墙结构容易出现刚度异常问题，特别是TAT刚度。模式5.[按普通梁单元刚度矩阵的倒楼盖方式计算]除用户自已要求外一般不建议使用(见问题13)。

15. 弹性地基梁结构计算结果抗剪强度不够怎么办？

答：地梁抗剪强度不够是结构分析中常遇到的，一般来说大都伴有扭矩，在弯剪扭联合作用下，很容易出现抗剪强度不足。采用的措施一般是提高混凝土强度、增加大荷载部位的地梁数、不考虑梁的抗扭刚度、增大截面特别是梁宽、考虑上部结构刚度、对局部大荷载部位的地基进行处理从而调高局部基床反力系数。

A.4 独立桩基承台计算

1. 在此菜单下计算时上部荷载是否可以更换？

答：可以。但所选的荷载必须是交互输入菜单中已点取的荷载，如果要选以外的荷载，还须回到交互输入菜单中重新更换荷载。

2. 归并的目的是什么？

答：归并的目的是求出归并的最大计算结果，归并的构件名称将传给“绘桩基平面图”及“绘桩基础详图”，并可以对计算结果进行修改和结果储存。

3. 是否一定要归并？

答：必须进行归并。

A.5 桩筏及筏板有限元计算

1. 单元自动划分有时不成功，如何处理？

答：单元自动划分功能由于增加了三角单元，现在已得到很大的改善，一般基本都能划分成功，对于底层网格太复杂的工程需进行“网格整理”，删除多余网格线。

2. 单元自动划分时有些网格会自动取消，是按什么规律？

答：单元自动划分是在原有PM网格上进行的，而PM有些网格线是相交但没有交点，这是由于用户在交互输入PM信息时人工删除了节点，为了单元自动划分成功，程序自动将其中一条网格删除。但是有时删除了不该删除的网线而

保留了该删除的网线,应采用“删除网线”进行切换。

3. 对于厚板与厚板单元,如何解决“锁定”问题?

答:过去的厚板有限元计算,在计算中采用常规的数值积分,对于很薄的板(梁)发现其结果不收敛于薄板(梁)的理论解,这种现象叫“锁定”,它是由在总势能公式中剪力项中的约束造成的。当板(梁)厚趋向极限0时,剪应变 $\gamma_{xz}=\gamma_{yz}=0$,这种附加束导致了刚度矩阵的恶化。

为了解决剪力“锁定”问题,许多国内外专家进行了研究:在刚度矩阵计算中,采用降阶积分的方法能正常得到好的结果,但是不能全部保证;后来又提出了只对剪力项降阶积分的方法,这种方法得到满意结果,它消除了刚度矩阵中剪力项的多余约束。随着有限元技术研究的不断深入,国外学者又找到了另一种防止锁定现象的计算方法——混合有限元法,而且证明了应用降阶积分的位移法导出的刚度矩阵同混合有限元法的计算是等价的。

A.6 基础平面施工图

1. 桩基础平面图中桩、柱、梁的线型是否可以修改?

答:对桩线型可以选择实线或虚线;对柱可选择涂黑或不涂黑;对肋梁可根据梁肋朝上或朝下自动画实线或虚线。

2. 在什么情况下应用“任意标注”?

答:“任意标注”菜单可以标注任意图素,但是操作比较繁复,所以在无法用其他操作完成时使用。比如桩桩间距也可在此实现,但没“桩桩间距”菜单方便。

3. “标注梁长”菜单有何用途?

答:该菜单主要用于标注挑梁的长度,因其长度不便于用“标注轴线”标出。

4. 为什么进行筏板计算后没有画出板钢筋?

答:筏板计算没有采用梁元法,而目前板元法还没有该功能,所以应用梁元法的功能,通过修改板钢筋来实现画板钢筋。

A.7 弹性地基梁施工图绘制

1. 画梁图时是否要将梁的钢筋连通以及如何连通、修改?

答:一般情况下,建议画梁施工图时将梁的钢筋连通,不设弯起筋。这样做施工图简单,剖面少,安全可靠,便于施工。连通钢筋时,上部钢筋可全部连通,也可部分连通,下面支座仅连通第一排挑筋,第二排挑筋不连通,按需要长度切断。连通操作可按菜单和提示进行。钢筋既连通又修改时,应先连通后再将所画的梁逐根修改(可用相同修改菜单)。修改钢筋时,如要增加钢筋总根数应首先用“一排根数”菜单扩大每排所能容纳钢筋根数,然后再修改。减少钢筋根数无需此操作,直接用修改菜单即可。

2. 当梁很长时，图纸画不下怎么办？

答：不必担心，程序可自动提示是否将梁分成若干段布置在图纸合适位置上，用户可根据具体情况回答。

3. 钢筋表是否会出现问题？

答：一般情况下钢筋表是正确的，但特殊情况下不排除个别错误，故钢筋表应由设计人员校对一下。

4. 如何防止钢筋表、剖面图发生错误？

答：在执行本菜单时注意以下几个问题：

(1)画梁时应将同一轴线相连的梁都画出，不要漏下；

(2)修改连通钢筋方法正确(按前面所述)；

(3)尽量不设弯起筋；

(4)如果不是因特殊情况，一般梁不要自己分段，应由程序自动分段。

5. 梁配筋量是否正确？

答：一般情况都能保证实配筋量大于计算配筋量，但也要与计算配筋量图和计算结果数据文件核对。

A.8 桩基设计

1. 桩基础设计的主要流程？

答：桩基础是由承台将若干根桩的顶部联结成整体共同承受荷载的深基础，承台的结构形式和桩布设方式有很多类型。

设计内容：

(1)选择桩类型和几何尺寸。

选择桩类型、桩长、桩的横截面面积。

初步确定承台底面标高，以便计算单桩承载力。

(2)确定单桩竖向(和水平)承载力。

(3)确定桩的数量、间距和布置方式。

初步估算桩根数时，先不考虑群桩效应，按桩数≤3情况初定。

桩的最小间距应满足规范要求。

布置成方形网格(行列式)、三角形网格(梅花式)、圆环形的形式，也可采用不等距排列。

在条基下的桩，可采用单排或双排布置。

(4)验算桩基的承载力和沉降：

单、群桩的竖向和水平承载力验算(GB 50007—2002 8.5.3～8.5.7)、抗拔验算(GB 50007—2002 8.5.8)和沉降(GB 50007—2002 8.5.10～8.5.11)。

(5)桩身结构设计：

桩身强度验算(GB 50007—2002 8.5.9、8.5.8)。

(6)承台设计：

分为柱下独基承台，柱下或墙下条形承台，以及筏板承台和箱形承台。

单桩承台、多桩承台(三角形、矩形)。

承台材料、强度等级、平面尺寸、厚度、承台内力的受弯、受冲切、受剪和局部受压的强度计算。

A. 承台在柱荷载作用下桩周边的抗冲切验算(GB 50007—2002 8.5.17-1)；

B. 承台板在单桩最大净反力作用处的抗冲切验算(GB 50007—2002 8.5.17-2)；

C. 承台板在桩净反力作用下的抗剪强度验算(GB 50007—2002 8.5.18)；

D. 把在各桩净反力作用下的承台板作为受弯构件的抗弯强度验算(GB 50007—2002 8.5.16)，并配筋；

E. 当承台的混凝土强度等级低于柱或桩的混凝土强度等级时，验算柱下或桩上承台的局部受压承载力(GB 50007—2000第8.5.19条)。

(7)绘制桩基施工图：

桩柱基础是柱下独立桩基础，可以是单根桩或多根桩联合组成，各桩柱基础之间通常设置拉梁或地下室底板适当加强，常用于框架结构或含部分框架结构的建筑结构。

桩梁基础是沿柱网轴线布置一排桩式多排桩，桩顶用刚度很大的基础梁(或称承台梁)相连，使框架柱荷载通过基础梁较均匀地传递给每根桩的桩基础。

2. 承台梁的设计步骤？

答：(1)柱下条形承台梁按弹性地基梁计算，当桩端持力层较硬且桩柱轴线不重合时，可视桩为不动支座，按连续梁计算。

(2)桩墙基础是剪力墙或筒壁下布置单排或多排桩的桩基础。一般在桩顶设条形承台，保证桩与墙体或筒体很好地共同工作。

(3)墙下条形承台梁按倒置地基梁计算。

3. 桩筏基础设计步骤？

答：桩筏基础是筏板下满堂布桩或局部满堂布桩，通过整块钢筋混凝土板把柱、墙(筒)荷载分配给桩，形成筏基与桩基共同工作的联合基础，是一种“万能桩基”，但造价是各种桩基中最贵的。用于软弱地基上的高层建筑，荷载很大的构筑物或水平荷载较大的地震区，防止软土地基上基础倾斜。

A.9 桩基承台详图

1. 桩基础设计的主要流程如何?

答:桩基础设计分为单桩方案设计及承台、承台梁、承台板方案设计。

单桩方案的初步设计可以通过地质资料输入的孔点柱状图中比较各种桩型、各个桩端持力层、各种桩径承载力、水平承载力、抗拔承载力的值,在基础交互输入时输入桩类型、桩径及承载力,程序可自动生成桩长并进行归类,桩长也可修改。

承台、承台梁、承台板方案设计是根据上部结构柱网布置及荷载分布由用户进行设计。

2. 桩承台基础设计及计算的注意事项?

答:一般对于柱网间距较大时,优先采用承台加联梁的方案,计算简单明了。承台方案程序能自动生成,但是对于非节点荷载不能自动考虑,可补加节点荷载或修改桩承台方案。承台及桩的计算及计算结果的输出在"桩基承台及沉降计算"里进行。

3. 桩承台梁基础设计及计算的注意事项?

答:对于柱网规整及间距较密或墙体较多的结构,承台梁下布桩比较经济,且受力整体性好。这种基础桩的布置可由梁下布桩自动完成,或由用户自己布置。这种基础桩的计算应采用"桩筏筏板有限元计算",程序实现梁的配筋计算,计算结果包括桩土反力,沉降图及等值线,梁的弯矩、剪力图及包络值,梁的配筋结果图。

4. 桩承台梁基础设计及计算的注意事项?

答:对于高层建筑或需有地下室的基础,通常采用桩筏基础,筏板的不同标高及厚度可以采用筏板及子筏板的布置进行。如果采用后浇带时,有一个合算与分算的问题,合算的计算结果可能偏大,分算的计算结果偏小。

5. 围桩承台基础的计算方法有几种?

答:对于围桩承台既可用"桩基承台及独基沉降计算"也可用"桩筏筏板有限元计算"。

附录B 地质资料数据文件格式

这个地质资料文件是程序自动生成的，与 PKPM 用户手册附录 D：地质资料数据文件格式示有所不同。

6,4,3,0.000 [总信息：探孔数，三角形单元数，土层数，结束符]

1,4, 2, 1 [三角形单元号，节点顺序号]

2,5,3,2

3,4,5,2

4,5,6,3

4 81 82 [土层名序号]

1,0.00,0.00,0.00,0.00;POINT[探孔号，X 坐标，Y 坐标，孔口标高，地下水位标高，字符]

1，－20.00，10.00，18.00，0.50,5.00，10.00[土层序号，底面标高，重度，内摩擦角，凝聚力，状态参数]

2，－35.00，24.00，50.00，0.00,0.00，0.00

3，－40.00，24.00，50.00，0.00,0.00，0.00

2,12.00，0.00,0.00,0.00;POINT

1，－20.00，10.00，18.00，0.50,5.00，10.00

2，－35.00，24.00，50.00，0.00,0.00，0.00

3，－40.00，24.00，50.00，0.00,0.00，0.00

3,24.00，0.00,0.00,0.00;POINT

1，－20.00，10.00，18.00，0.50,5.00，10.00

2，－35.00，24.00，50.00，0.00,0.00，0.00

3，－40.00，24.00，50.00，0.00,0.00，0.00

4,0.00,15.00，0.00,0.00;POINT

1，－20.00，10.00，18.00，0.50,5.00，10.00

2，－35.00，24.00，50.00，0.00,0.00，0.00

3，－40.00，24.00，50.00，0.00,0.00，0.00

5,12.00，15.00，0.00,0.00;POINT

1，－20.00，10.00，18.00，0.50,5.00，10.00

2，－35.00，24.00，50.00，0.00,0.00，0.00

3，－40.00，24.00，50.00，0.00,0.00，0.00

6,24.00, 15.00, 0.00,0.00;POINT

1, −20.00, 10.00, 18.00, 0.50,5.00, 10.00

2, −35.00, 24.00, 50.00, 0.00,0.00, 0.00

3, −40.00, 24.00, 50.00, 0.00,0.00, 0.00

Fs,Fp DATA:[土层序号,侧阻力,端阻力,压缩模量,重度,内摩擦角,凝聚力,状态参数]

1 55.00 0.00 20.00 18.00 18.00 5.00 10.00 0.50

2 60.00 1200.00 15.00 24.00 50.00 0.00 0.00 0.00

3 60.00 1500.00 5.00 24.00 50.00 0.00 0.00 0.00

e-p DATA:[e-p 值]

1 0

2 0

3 0

参 考 文 献

[1] GB 50007—2002.建筑地基基础设计规范.北京:中国建筑工业出版社,2002.

[2] JGJ 94—94.建筑桩技术规范.北京:中国建筑工业出版社,1994.

[3] GB 50010—2002.混凝土设计规范.北京:中国建筑工业出版社,2002.

[4] PKPM系列S-5JCCAD用户手册及技术条件—2005年4月版.

[5] GB 50009—2001.建筑结构荷载规范.北京:中国建筑工业出版社,2001.

[6] GB 50011—2001.建筑抗震设计规范.北京:中国建筑工业出版社,2001.

[7] GB 50010—2002.混凝土结构设计规范.北京:中国建筑工业出版社,2002.

[8] GB 50003—2001.砌体结构设计规范.北京:中国建筑工业出版社,2001.

[9] GB 50038—2005.人民防空地下室设计规范.北京:中国建筑工业出版社,2005.